高等职业教育（本科）机电类专业系列教材

PLC应用技术
（S7-200 SMART）

主　编◎陈　丽　程德芳
副主编◎韩会山　蒙文强
参　编◎于　娜　王　清

机械工业出版社
CHINA MACHINE PRESS

本书以西门子 S7-200 SMART PLC 的应用为主线，全面而系统地介绍了 PLC 的硬件结构和性能、编程软件的使用、数据类型和程序结构；深入浅出地介绍了 PLC 接口电路的设计，控制程序设计与调试方法，以及项目设计开发过程等。本书共包括初识 S7-200 SMART PLC、S7-200 SMART PLC 控制指示灯、S7-200 SMART PLC 控制电动机、S7-200 SMART PLC 控制自动生产线与组合机床、S7-200 SMART PLC 模拟量控制、S7-200 SMART PLC 运动控制和 S7-200 SMART PLC 通信网络搭建 7 个项目，共 20 个任务。完成这 20 个任务，不仅可以使学生掌握有关基础理论知识，提高实际操作能力，还能培养学生科学严谨、精益求精的工匠精神和团队协作精神、端正文明生产的态度。

本书适合作为高等职业院校电气工程及自动化、自动化技术与应用、电气自动化技术等自动化类相关专业的教材，也可作为其他相关专业和工程技术人员学习 PLC 技术的参考书。

为方便教学，本书配有电子课件、模拟试卷及答案等，凡选用本书作为授课用书的教师，均可来电（010-88379375）索取或登录机械工业出版社教育服务网（www.cmpedu.com）注册下载。

图书在版编目（CIP）数据

PLC 应用技术：S7-200 SMART / 陈丽，程德芳主编．
北京：机械工业出版社，2024.12. --（高等职业教育（本科）机电类专业系列教材）. -- ISBN 978-7-111-77160-9

Ⅰ. TM571.61

中国国家版本馆 CIP 数据核字第 2024NT2113 号

机械工业出版社（北京市百万庄大街 22 号　邮政编码 100037）
策划编辑：王宗锋　　　　　　　责任编辑：王宗锋　赵晓峰
责任校对：韩佳欣　李小宝　　　封面设计：马精明
责任印制：单爱军
北京虎彩文化传播有限公司印刷
2025 年 3 月第 1 版第 1 次印刷
184mm×260mm · 16.25 印张 · 413 千字
标准书号：ISBN 978-7-111-77160-9
定价：49.00 元

电话服务　　　　　　　　网络服务
客服电话：010-88361066　　机　工　官　网：www.cmpbook.com
　　　　　010-88379833　　机　工　官　博：weibo.com/cmp1952
　　　　　010-68326294　　金　书　网：www.golden-book.com
封底无防伪标均为盗版　　机工教育服务网：www.cmpedu.com

前言 PREFACE

　　为了贯彻落实《国家职业教育改革实施方案》，深化职业教育"三教"改革，加快实现中国式现代化，以"科技是第一生产力、人才是第一资源、创新是第一动力"，深入实施科教兴国战略，守正创新，培养结构合理、素质优良的自动化类复合型创新人才，结合高等职业院校的教学要求和办学特色，课程团队编写了本书。

　　本书内容及其实施过程有以下特点：

　　1）本书由"PLC 控制系统编程与实现"国家精品课主讲教师团队，按照职业成长规律，精心研讨并选取实践项目；将在线开放课和课堂教学进行了整体化设计，通过项目任务由简单到复杂，在项目开发过程中培养学生的工程应用能力和"稳、谨、勤、精"的职业素养；将理论教学、实践操作和综合设计训练有机结合，将硬件组态与软件设计相结合。

　　2）本书中的项目均来源于企业实际应用。S7-200 SMART PLC 应用范围广，通俗易学，内容具有较好的可迁移性。书中各任务将知识点和技能点紧密结合，完整再现了设计过程。

　　3）本书以行动为导向，项目引领，任务驱动，促进学生综合职业能力的培养。本书运用工作任务要素（工作对象、工具、工作方式方法、劳动组织形式和工作要求等）梳理工作过程知识，明确学习内容，按照典型性、对知识和能力的覆盖性、可行性原则，遵循"从完成简单工作任务到完成复杂工作任务"的能力形成规律，设计了 7 个项目，共 20 个任务，使学生在职业情境中"学中做、做中学"。

　　4）运用信息技术，展现立体化学习资源，实现线上、线下混合式教学。以微课、动画、技能操作视频、仿真、课件和文本等丰富的数字化资源作为支撑，构建新形态的立体化课程体系。采用动画或仿真直观展示控制对象的动作过程、指令执行的动作；以屏幕录像来演示、讲解软件操作；以拍摄录像、制作动画来展示实际操作；以微课的方式讲解工作原理；使用仿真软件来模拟实训模型，进行设计验证。所有信息化教学资源可通过扫码反复学习，学习后通过在线作业、练习和考试检验学习效果，并可在线答疑、互动。延伸阅读与拓展内容，旨在进一步培养和提高学生的设计能力和创新能力。

　　5）本书打破了传统教材按章节划分的方法，将相关知识分为 20 个学习性任务，将学生应知应会的知识融入这些任务中。任务由任务描述、任务目标、相关知识、任务实施和任务拓展等构成。基础知识安排也打破了传统的知识体系，任务中涉及的知识重点讲解，与任务无关或关系较小的内容就放在拓展知识中，让学生自学。通过完成任务可使学生学有所用、学以致用，与传统的理论灌输有着质的区别。

　　本书由陈丽、程德芳任主编，韩会山、蒙文强任副主编，于娜、王清参编。具体分工如下：陈丽制订编写大纲，并编写项目 2～项目 4；程德芳编写项目 5 和项目 7；韩会山编写项目 6；蒙文强编写项目 1 的任务 1；于娜编写项目 1 的任务 2；王清编写项目 1 的任务 3。

　　由于编者水平有限，书中难免存在疏漏与不足之处，恳请读者批评指正。

编　者

二维码索引 | QR CODE INDEX

（续）

序号	名称	图形	页码	序号	名称	图形	页码
17	接触器继电器法		075	26	变频器与PLC硬线连接		179
18	顺序控制设计法		082	27	S7-200 SMART +V20 系统控制电机运转		199
19	顺控继电器指令		090	28	PLC通信基础		199
20	选择序列顺序功能图		095	29	西门子S7通信协议及 PUT GET 指令		233
21	并行序列顺序功能图		103	30	企业案例 S7-200 SMART PLC 步进小车上料系统控制		—
22	电动机电流采集监控系统的设计与制作		110	31	企业案例 电镀生产线控制		—
23	烘胎房温度控制系统的设计与制作		133	32	企业案例 双面钻孔组合机床控制		—
24	运动控制基础		152	33	企业案例 物料自动分拣控制		—
25	收放卷控制工艺		178	34	企业案例 自动装车上料控制		—

目 录 CONTENTS

项目 1　初识 S7-200 SMART PLC

随着先进制造业对市场需求要做出迅速的反应，生产出小批量、多品种、多规格、低成本和高质量的产品，生产设备和自动生产线的控制系统必须具有极高的可靠性和灵活性，为了顺应这些要求可编程控制器（Programmable Logic Controller，PLC）应运而生。

PLC 是以微处理器为核心的通用工业控制装置，是在继电器 - 接触器基础上发展起来的。随着现代社会生产的发展和技术进步，现代工业生产自动化水平的日益提高以及微电子技术的迅猛发展，当今的 PLC 已将微型计算机技术、控制技术及通信技术融为一体，在控制系统中能起到不同作用，是当代工业生产自动化的重要支柱。

本书以西门子公司的 S7-200 SMART 系列微型 PLC 为主要讲授对象。S7-200 SMART 是 S7-200 的升级换代产品，它继承了 S7-200 的诸多优点，指令、结构和通信功能与 S7-200 基本相同。中央处理器（CPU）分为标准型和紧凑型，CPU 内置的输入 / 输出（I/O）点数最多可达 60 点。标准型增加了以太网端口和信号板，保留了RS-485 端口。编程软件 STEP 7-Micro/WIN SMART 的界面友好，更为人性化。

任务 1　S7-200 SMART PLC 的硬件结构和性能认知

● 任务描述

本任务从 S7-200 SMART PLC 的硬件结构和性能入手，分析 S7-200 SMART PLC 的原理、结构及性能特点，为完成后续各项任务打下基础。

西门子 S7-200
SMART 概述

● 任务目标

1）了解 S7-200 SMART PLC 的硬件结构和各部件的作用。
2）熟悉 S7-200 SMART PLC 端子接线。

● 相关知识

1. 基础知识

（1）S7-200 SMART PLC 的基本结构组成　S7-200 SMART PLC 主要由 CPU 模块、扩展模块、信号板、通信模块和编程软件组成，PLC 控制系统示意图如图 1-1 所示。

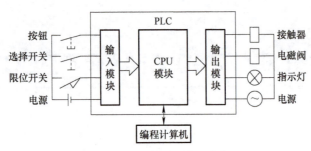

图 1-1　PLC 控制系统示意图

1）CPU 模块。S7-200 SMART PLC 的 CPU 模块（见图 1-2）简称 CPU，主要由微处理器、电源和集成的输入电路、输出电路组成。在 PLC 控制系统中，微处理器相当于人的大脑和心脏，它不断采集输入信号，执行用户程序，刷新系统输出。

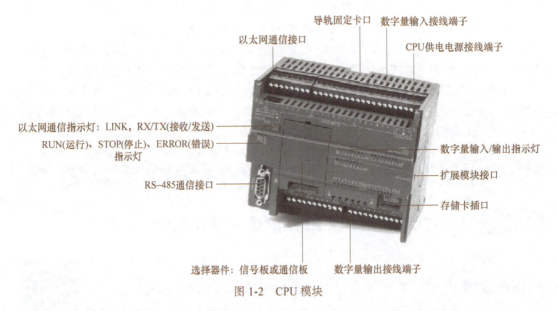

图 1-2　CPU 模块

2）扩展模块、信号板和通信模块　扩展模块、信号板和通信模块与标准型 CPU 配合使用，可以增加 PLC 的功能。扩展模块包括输入模块和输出模块，简称 I/O 模块。扩展模块和 CPU 的输入电路、输出电路是系统的眼、耳、手和脚，是联系外部现场设备和 CPU 的桥梁。

输入模块和 CPU 的输入电路用来接收和采集输入信号，数字量输入用来接收从按钮、选择开关、数字拨码开关、限位开关、接近开关、光电开关和压力继电器等提供的数字量输入信号；模拟量输入用来接收各种变送器提供的连续变化的模拟量信号。数字量输出用来控制接触器、电磁阀、电磁铁、指示灯、数字显示装置和报警装置等输出设备，模拟量输出用来控制调节阀、变频器等执行装置。PLC 检测与控制对象示意图如图 1-3 所示。

CPU 模块的工作电压一般是 DC 5V，而 PLC 外部 I/O 电路的电源电压较高，例如 DC 24V 和 AC 220V。从外部引入的尖峰电压和干扰噪声可能会损坏 CPU 模块中的元器件，或者使 PLC 不能正常工作。在 I/O 电路中，用光电耦合器、光电晶闸管或小型继电器等器件隔离 PLC 的内部电路和外部电路，I/O 模块除了传递信号外，还有电平转换与隔离的作用。

3）编程软件。使用编程软件可以直接生成和编辑梯形图或者指令表程序，以实现不同编程语言之间的相互转换。程序被编译后下载到 PLC，可以将 PLC 中的程序上传到计算机，还可以用编程软件监控 PLC。标准型 CPU 有集成的以太网端口，下载和监控时只需要一根普通的网线，下载速度极快。

4）电源。S7–200 SMART PLC 使用 AC 220V 电源或 DC 24V 电源。CPU 可以为输入电路和外部的电子传感器（如接近开关）提供 DC 24V 电源，驱动 PLC 负载的直流电源一般由用户提供。

（2）S7–200 SMART PLC 的 CPU 模块

1）CPU 的共同特性。S7–200 SMART PLC 各种型号 CPU 的输入映像寄存器 I、输出映像寄存器 Q、位存储器 M 和顺序控制继电器 S 分别为 256 点，主程序、每个子程序和中断程序的临时局部存储器分别为 64B。CPU 均有 2 个分辨率为 1ms 的循环中断、4 个上升沿中断和 4 个下降沿中断，可使用 8 个比例积分微分（PID）回路；布尔运算指令执行时间为 0.15μs，实数数学运算指令执行时间为 3.6μs；子程序和中断程序最多各有 128 个；有 4 个 32 位的累加器、256 个定时器和 256 个计数器；传感器电源的可用电流为 300mA。CPU 和扩展模块各数字量 I/O 点的通断状态用发光二极管（LED）显示，PLC 与外部接线的连接采用可拆卸的插座型端子板，不需要断开端子板上的外部连线，就可以迅速更换模块。

S7–200 SMART PLC 的 CPU 模块外形如图 1-4 所示。

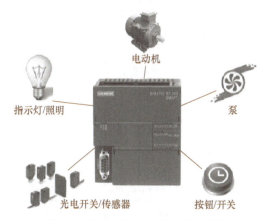

图 1-3　PLC 检测与控制对象示意图

图 1-4　S7–200 SMART PLC 的 CPU 模块外形

2）紧凑型 CPU。2017 年 7 月发布的 S7–200 SMART V2.3 新增了继电器输出的紧凑型 CPU，简要技术规范见表 1-1。其主要特点是仅有 1 个 RS–485 串行端口，没有扩展功能，价格便宜。

表 1-1　紧凑型 CPU 的简要技术规范

特征	CPU CR20s	CPU CR30s	CPU CR40s	CPU CR60s
本机数字量 I/O 点数	12DI/8DQ 继电器	18DI/12DQ 继电器	24DI/16DQ 继电器	36DI/24DQ 继电器
尺寸 /（mm×mm×mm）	90×100×81	110×100×81	125×100×81	175×100×81

紧凑型 CPU 没有以太网端口，用 RS–485 端口和 USB-PPI（通用串行总线 - 点对点

接口）电缆编程。与标准型 CPU 相比，紧凑型 CPU 仅支持 4 个有 PROFIBUS（过程现场总线）/RS-485 功能的 HMI（人机界面），不能扩展信号板和扩展模块，不支持数据记录；没有高速脉冲输出、实时时钟和 Micro SD 卡读卡器；没有基于以太网端口的 S7 通信和开放式用户通信功能，没有运动控制功能，输入点没有脉冲捕捉功能；最多提供 6 个高速计数器，包括单相 100kHz 的 4 个和 A/B 相 50kHz 的 2 个。

紧凑型 CPU 有 12KB 用户程序存储器和 8KB 用户数据存储器，保持性存储器为 2KB。S7-200 SMART PLC 的老产品还有两款带以太网端口和 RS-485 端口的经济型 CPU（CPU CR40/60），它们没有高速脉冲输出和硬件扩展功能。

3）标准型 CPU。标准型 CPU 的简要技术规范见表 1-2，型号中有 SR 的是继电器输出型，有 ST 的是场效应晶体管输出型。标准型 CPU 有 56 个字的模拟量输入（AI）和 56 个字的模拟量输出（AQ）；100kHz 脉冲输出仅适用于场效应晶体管输出型 CPU；保持性存储器为 10KB，可扩展 1 块信号板和最多 6 块扩展模块；适用免维护超级电容的实时时钟精度为 ±120s/ 月，保持时间通常为 7 天，25℃时最少为 6 天；CPU 和可选的信号板最多可以使用 6 个上升沿中断和 6 个下降沿中断。

表 1-2　标准型 CPU 的简要技术规范

特性		CPUSR20 CPUST20	CPUSR30 CPUST30	CPUSR40 CPUST40	CPUSR60 CPUST60
板载数字量 I/O 点数		12DI/8DQ	18DI/12DQ	24DI/16DQ	36DI/24DQ
用户程序存储器		12KB	18KB	24KB	30KB
用户数据存储器		8KB	12KB	16KB	20KB
尺寸 /（mm×mm×mm）		90×100×81	110×100×81	125×100×81	175×100×81
高速计数器共 6 个	单相 / 双相	4 个 200kHz/ 2 个 30kHz	5 个 200kHz/ 1 个 30kHz	4 个 200kHz/ 2 个 30kHz	4 个 200kHz/ 2 个 30kHz
	A/B 相	2 个 100kHz/ 2 个 20kHz	3 个 100kHz/ 1 个 20kHz	2 个 100kHz/ 2 个 20kHz	2 个 100kHz/ 2 个 20kHz
100kHz 脉冲输出		2 个 （仅 CPUST20）	3 个 （仅 CPUST30）	3 个 （仅 CPUST40）	3 个 （仅 CPUST60）
脉冲捕捉输入		12 个	12 个	14 个	14 个

标准型 CPU 有 1 个以太网端口，1 个 RS-485 端口，可以用可选的 RS-232/485 信号板扩展 1 个串行端口。

以太网端口的传输速率为 10Mbit/s 或 100Mbit/s，采用变压器隔离。标准型 CPU 提供 1 个编程设备连接和 8 个 HMI 连接，支持使用 PUT/GET 指令的 S7 通信（8 个客户端连接和 8 个服务器连接）和开放式用户通信（8 个主动连接和 8 个被动连接）。每个串行端口提供 1 个编程设备连接和 4 个 HMI 连接。

通过 PC Access SMART 软件，操作人员可以通过上位机读写 S7-200 SMART PLC 的数据，从而实现设备监控或者进行数据存档管理。

4）CPU 模块中的存储器。PLC 程序分为操作系统程序和用户程序。操作系统程序使 PLC 具有基本的智能，能够完成 PLC 设计者规定的各种工作；操作系统程序由 PLC 生产厂家设计并固化在 ROM（只读存储器）中，用户不能读取。用户程序由用户设计，它使

PLC 能完成用户要求的特定功能；用户程序存储器的容量以字节为单位。

PLC 使用以下三种物理存储器。

① RAM（随机存储器）。用户程序和编程软件可以读出 RAM 中的数据，也可以改写 RAM 中的数据。RAM 是易失性的存储器，RAM 芯片的电源中断后，它存储的信息将会丢失。RAM 的工作速度快、价格便宜、改写方便。在关断 PLC 的外部电源后，可以用锂电池保存 RAM 中的用户程序和某些数据。锂电池可以用 1～3 年，需要更换锂电池时，由 PLC 发出信号通知用户。S7-200 SMART PLC 不使用锂电池。

② ROM。ROM 的内容只能读出，不能改写。ROM 是非易失性的存储器，它的电源消失后，仍能保存存储的内容。ROM 用来存放 PLC 的操作系统程序。

③ EEPROM（电擦除可编程只读存储器）。EEPROM 是非易失性的存储器，掉电后它保存的数据不会丢失。PLC 可以读写它，兼有 ROM 的非易失性和 RAM 的随机读写优点，但是写入数据所需的时间比 RAM 长得多，改写的次数也有限制。S7-200 SMART PLC 用 EEPROM 存储用户程序和需要长期保存的重要数据。

（3）S7-200 SMART PLC 的 I/O 地址分配与外部接线

1）I/O 模块的地址分配。S7-200 SMART PLC 的 CPU 有一定数量的本机 I/O，本机 I/O 有固定的地址。可以用扩展 I/O 模块和信号板增加 I/O 点数，最多可以扩展 6 块扩展模块。扩展模块安装在 CPU 模块的右边，紧靠 CPU 模块的扩展模块为信号模块 0。信号板安装在 CPU 模块上。

CPU 分配给数字量 I/O 模块的地址以字节为单位，1 个字节由 8 点数字量 I/O 组成。某些 CPU 和信号板的数字量 I/O 点如果不是 8 的整倍数，最后 1 个字节中未用的位不会分配给 I/O 链中的后续模块。在每次更新输入时，输入模块的输入字节中未用的位被清零。表 1-3 给出了各模块和信号板的起始 I/O 模块地址。当用系统块组态硬件时，STEP 7-Micro/WIN SMART 自动分配各模块和信号板的地址。

表 1-3　各模块和信号板的起始 I/O 模块地址

CPU	信号板	信号模块 0	信号模块 1	信号模块 2	信号模块 3	信号模块 4	信号模块 5
I0.0	I7.0	I8.0	I12.0	I16.0	I20.0	I24.0	I28.0
Q0.0	Q7.0	Q8.0	Q12.0	Q16.0	Q20.0	Q24.0	Q28.0
—	AIQ12	AIQ16	AIQ32	AIQ48	AIQ64	AIQ80	AIQ96
—	AQW12	AQW16	AQW32	AQW48	AQW64	AQW80	AQW96

2）现场接线的要求。S7-200 SMART PLC 采用 $0.5 \sim 1.5 mm^2$ 的导线，导线尽量成对使用，应将交流线、电流大且变化迅速的直流线与弱电信号线分隔开，干扰较严重时应设置浪涌抑制设备。

3）PLC 的外部接线。使用交流电源和继电器输出的 CPU 外部电路如图 1-5 所示。所有的输入点用同一个电源供电。L+ 和 M 端子分别是 CPU 模块提供的 DC 24V 电源的正极和负极，可以用该电源作输入电路的电源。8 个输出点 Q0.0～Q0.7 分为两组，1L 和 2L 分别是两组输出点内部电路的公共端，可将 1L 和 2L 短接，将两组输出点合并为一组。

PLC 的交流电源接在 L1（相线）和 N（中性线）端，此外还有保护接地端子。DC/DC/DC 型 CPU 的接线与图 1-5 基本相同，只是整机电源和输出回路的电源都是直流电源。

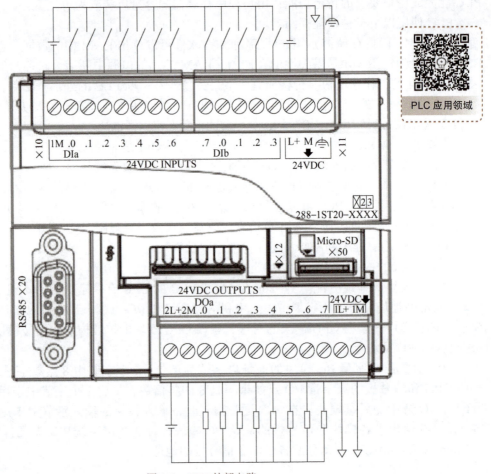

图 1-5　CPU 外部电路

2. 拓展知识

众所周知，继电器控制系统是一种硬件逻辑系统，它采用的是并行工作方式，也就是条件一旦形成，多条支路可以同时动作。PLC 是在继电器控制系统逻辑关系基础上发展演变的，它是一种专用的工业控制计算机，其工作原理是建立在计算机工作原理基础之上的。为了可靠地应用在工业环境下，便于现场电气技术人员的使用和维护，它有大量的接口器件、特定的监控软件和专用的编程器件。这样不但其外观不像计算机，它的操作方法、编程语言及工作过程与计算机控制系统也有区别。

PLC 的工作原理是通过执行反映控制要求的用户程序完成控制任务，PLC 的 CPU 以分时操作方式处理各项任务。计算机在每一瞬间只能做一件事，程序的执行是按程序顺序依次完成相应段落上的动作，所以属于串行工作方式。

（1）PLC 控制系统的等效工作电路　PLC 控制系统的等效工作电路可以分为 3 个部分，即输入部分、内部控制电路部分和输出部分。输入部分就是采集输入信号，输出部分就是系统的执行部件，这两部分与继电器控制电路相同。内部控制电路部分就是用户所编写的程序，可以实现控制逻辑，用软件编程代替继电器电路的功能。PLC 控制系统的等效工作电路如图 1-6 所示。图中的梯形图是为输出侧负载编写的对应程序，因 Q0.1 与

Q0.3 端子上没有接负载，所以也就不用给它们编写程序了。

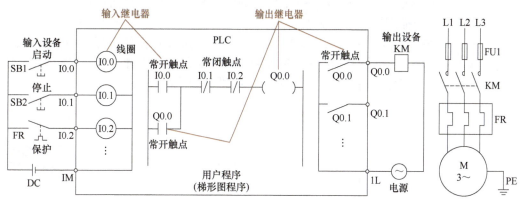

图 1-6   PLC 控制系统的等效工作电路

1）输入部分由外部输入电路、PLC 输入接线端子和输入继电器组成。外部输入信号经 PLC 输入接线端子驱动输入继电器线圈。每个输入接线端子与相同编号的输入继电器有着唯一确定的对应关系。当外部的输入元件处于接通状态时，对应的输入继电器线圈得电。这里的输入继电器是指 PLC 内部的软继电器，这样称呼是便于读者接受，实际上这里不存在真正物理上的继电器，只是存储器中的某一位，它可以提供任意多个常开触点（动合触点）和常闭触点（动断触点），这里所说的触点实际上也是不存在的，而是为了向早期的继电器电路图靠拢，便于读者接受，触点实际上就是这个存储器位的状态。

为使输入继电器的线圈得电，即让外部输入元件的接通状态写入其对应的存储单元，输入回路中要有电流，这个电源可以用 PLC 提供的 DC 24V 电源，也可以由 PLC 外部的独立交流电源或直流电源供电。

2）内部控制电路部分指由用户程序形成的用软继电器替代硬件继电器的控制逻辑，其作用是按照用户编写的程序所规定的逻辑关系，处理输入信号和输出信号。一般用户程序是用梯形图编制的，梯形图程序看上去很像继电器控制电路图，这也是 PLC 设计者所追求的。但是即使 PLC 梯形图程序与继电器控制电路图完全相同，最后的输出结果也不一定相同，这是因为它们处理信号的过程不一样，继电器控制电路中的线圈都是并联关系，机会相等，只要条件允许，就可以同时动作，而 PLC 梯形图程序的工作特点是周期性逐行扫描。

3）输出部分由在 PLC 内部且与内部控制电路隔离的输出继电器的外部常开触点、输出接线端子和外部驱动电路组成，用来驱动外部负载。

每个输出继电器除了为内部控制电路提供编程用的任意多个常开触点、常闭触点外，还为外部输出电路提供 1 个实际的常开触点与输出接线端子相连。需要特别指出的是，输出继电器是 PLC 中唯一存在的实际物理器件，打开 PLC 就会发现在输出侧放置的微型继电器。

（2）PLC 的工作原理   PLC 的工作方式有两个显著特点：一个是周期性顺序扫描，另一个是集中批处理。

PLC 通电后，需要对软硬件都做一些初始化的工作，为了使 PLC 的输出及时地响应各种输入信号，初始化后反复不停地分步处理各种不同的任务，这种周而复始的循环工作方式称为周期性顺序扫描工作方式。

PLC 在运行过程中，总是处在不断循环的顺序扫描过程中，每次扫描所用的时间称为扫描时间，又称扫描周期或工作周期。

由于 PLC 的 I/O 点数较多，采用集中批处理的方法可简化操作过程以便于控制，从而提高系统的可靠性，PLC 的三个批处理过程如图 1-7 所示。因此，PLC 的另一个特点是对输入采样、用户程序执行和输出刷新实施集中批处理。

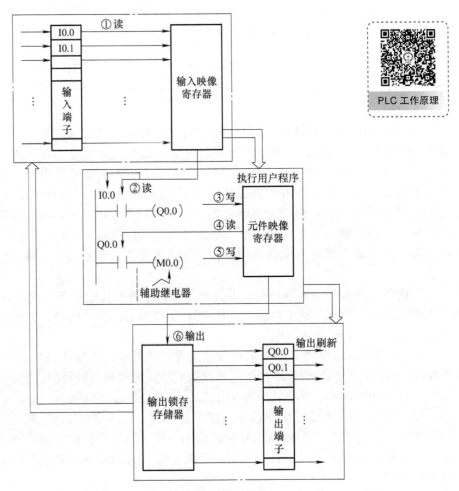

PLC 工作原理

图 1-7　PLC 的三个批处理过程

1）输入采样扫描阶段。在 PLC 的存储器中，设置了一定的区域用于存放输入信号和输出信号的状态，它们分别为输入映像寄存器和输出映像寄存器，CPU 以字节为单位读写输入映像寄存器和输出映像寄存器。

这是第一个集中批处理过程。在这个阶段中，PLC 首先按顺序扫描所有输入端子，并将各输入状态存入相应的输入映像寄存器中。此时输入映像寄存器被刷新，在当前的扫描周期内，用户程序依据的输入信号的状态（ON/OFF）均从输入映像寄存器中读取，而不管此时外部输入信号的状态是否变化。在此程序执行阶段和接下来的输出刷新阶段，输入映像寄存器与外界隔离，即使此时外部输入信号的状态发生变化，也只能在下一个扫描周期的输入采样阶段读取。一般来说，输入信号的宽度要大于一个扫描周期，否则很可能造成信号的丢失。

2）用户程序执行扫描阶段。PLC 的用户程序由若干条指令组成，指令在存储器中按照顺序排列。在运行工作模式的用户程序执行阶段，没有跳转指令时，CPU 从第一条指令开始逐条顺序执行用户程序。

执行指令时，从输入映像寄存器、输出映像寄存器或其他位元件的映像寄存器中读取其 ON/OFF 状态，并根据指令的要求执行相应的逻辑运算，运算的结果写入相应的映像寄存器中。因此除了输入映像寄存器属于只读的之外，各映像寄存器的内容随着程序的执行而变化。

这是第二个集中批处理过程。具体地说，在此阶段 PLC 的工作过程是这样的：CPU 对用户程序按顺序进行扫描，每扫描到一条指令，所需要的输入信号的状态就要从输入映像寄存器中读取，而不是直接使用现场的即时输入信号，因为第一个批处理过程已经结束，"大门"已经关闭，现场的即时信号此刻是进不来的。对于其他信息，则是从 PLC 的元件映像寄存器中读取。在这个顺序扫描过程中，每一次运算的中间结果都立即写入元件映像寄存器中，这样该元件的状态马上就可以被后面将要扫描到的指令所利用，所以指令的先后位置将决定最后的输出结果。输出继电器的扫描结果也不是马上就驱动外部负载，而是将结果写入元件映像寄存器中的输出映像寄存器中，同样该元件的状态也马上就可以被后面将要扫描到的指令所利用，待整个用户程序扫描阶段结束，进入输出刷新扫描阶段时，成批将输出信号的状态送出去。

3）输出刷新扫描阶段。CPU 执行完用户程序后，将输出映像寄存器的 ON/OFF 状态传送到输出模块并锁存起来，当梯形图中某一输出位的线圈得电时，对应的输出映像寄存器为"1"。信号经输出模块隔离和功率放大后，继电器型输出模块中对应硬件继电器的线圈得电，它的常开触点闭合，使外部负载通电工作。到此，一个周期扫描过程中的三个主要过程就结束了，CPU 又进入到下一个扫描周期。

这是第三个集中批处理过程，用时极短，在本周期内，用户程序全部扫描后，就已经定好了某一输出位的状态。进入输出刷新扫描阶段时，信号状态已经送到输出映像寄存器中，也就是说输出映像寄存器的数据取决于输出指令的执行结果，然后再把此数据推到锁存器中锁存，最后一步就是锁存器的数据再送到输出端子上去。在一个周期中锁存器中的数据是不会变的。

PLC 的扫描工作过程如图 1-8 所示。

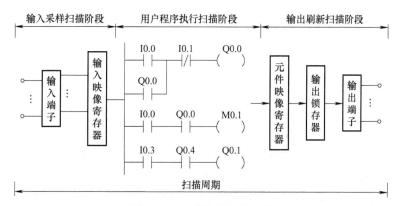

图 1-8　PLC 的扫描工作过程

任务拓展

根据你所要学习使用的 S7–200 SMART PLC 型号，绘制其外部接线图。

任务2 STEP 7–Micro/WIN SMART 编程软件的使用
——一个简单的起保停程序

任务描述

在电力拖动系统中，采用继电器控制方式实现对三相异步电动机的起保停控制，控制电路如图 1-9 所示。其中，控制核心元件是电磁式交流接触器 KM，它通过电磁线圈产生吸力，带动触点动作。通常将继电器控制电路分为主电路和控制电路两部分。

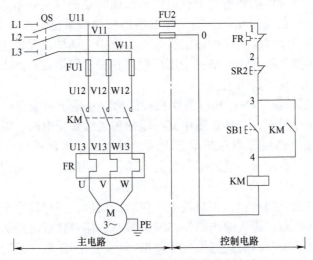

图 1-9　三相异步电动机起保停控制电路

三相异步电动机的起保停控制原理如图 1-10 所示。

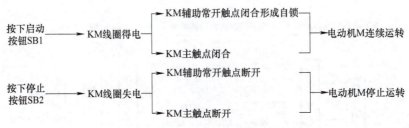

图 1-10　三相异步电动机的起保停控制原理

设计用 PLC 完成三相异步电动机的起保停控制，控制要求如下：

1）当接通三相电源时，电动机 M 不运转。

2）当按下启动按钮 SB1 时，电动机 M 连续运转。

3）当按下停止按钮 SB2 时，电动机 M 停止运转。

4）热继电器 FR 作为过载保护，FR 触点动作，电动机 M 立即停止运转。

本任务通过完成一个三相异步电动机的起保停控制，学习如何使用 STEP 7-Micro/WIN SMART 编程软件进行编程及仿真调试。

任务目标

1）了解 S7-200 SMART PLC 的电气接线。

2）掌握 STEP 7-Micro/WIN SMART 编程软件的使用。

3）初步掌握 S7-200 SMART PLC 的编程。

4）了解以太网通信的连接方式。

相关知识

1. 基础知识

（1）STEP 7-Micro/WIN SMART 编程软件的概述　STEP 7-Micro/WIN SMART 是一款功能强大的软件，此软件用于 S7-200 SMART PLC 编程，支持 3 种模式：梯形图（LAD）、功能块图（FBD）和语句表（STL）。STEP 7-Micro/WIN SMART 可提供程序的在线编辑、监控和调试功能。本书介绍的 STEP 7-Micro/WIN SMART V1.0 版本，可以打开大部分 S7-200 SMART PLC 程序。

西门子 S7-200 SMART 软件介绍

STEP 7-Micro/WIN SMART 读者可在供货商处索要，或者在西门子（中国）有限公司的网站上下载并安装使用。

（2）STEP 7-Micro/WIN SMART 软件的打开　STEP 7-Micro/WIN SMART 软件通常有以下 3 种打开方法。

1）单击"开始"→"Siemens Automation"→"STEP 7-Micro WIN SMART"，如图 1-11 所示，即可打开软件。

2）直接双击桌面上的 STEP 7-Micro/WIN SMART 软件快捷方式，也可以打开软件。这是较快捷的打开方法。

3）在桌面的任意位置，双击以前保存的程序，即可打开软件。

（3）STEP 7-Micro/WIN SMART 软件的界面介绍　STEP 7-Micro/WIN SMART 软件的主界面如图 1-12 所示。STEP 7-Micro/WIN SMART 的界面颜色为彩色，视觉效果更好。其中包含快速访问工具栏、项目树、导航栏、菜单栏、程序编辑器、符号信息表、符号表、状态栏、状态图表和数据块，以下按照顺序依次介绍。

图 1-11　打开软件

①快速访问工具栏。快速访问工具栏显示在菜单选项卡正上方。通过快速访问文件按钮，可简单快速地访问"文件"菜单的大部分功能及最近文档。快速访问工具栏上的其他按钮对应文件功能"新建""打开""保存"和"打印"。单击快速访问文件按钮，弹出如图 1-13 所示的快速访问文件界面。

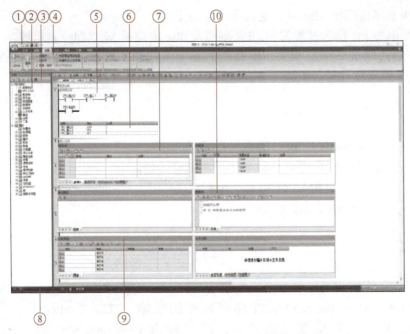

图 1-12　STEP 7–Micro/WIN SMART 软件的主界面

图 1-13　快速访问文件界面

②项目树。编辑项目时，项目树非常必要。项目树可以显示，也可以隐藏，如果项目树未显示，要查看项目树可按以下步骤操作。

单击菜单栏中的"视图"→"组件"→"项目树"，如图 1-14 所示，即可打开项目树。展开后的项目树如图 1-15 所示，项目树中主要有两个项目，一是读者创建的项目，二是指令，这些都是编辑程序常用的。项目树中有"+"，表明这个选项内有内容，可以展开。

在项目树的左上角有一个小钉图标，当这个小钉横放时，项目树会自动隐藏，这样编辑区域会扩大。如果用户希望项目树一直显示，那么只要单击小钉图标，使横放的小钉变成竖放的小钉，项目树就被固定了。

③导航栏。导航栏显示在项目树上方，可快速访问项目树上的对象。单击一个导航栏按钮相当于展开项目树并单击同一选择内容。如果要打开系统块，单击导航按钮上的系统块按钮，与单击项目树上的"系统块"选项的效果相同。其他的用法类似。

图 1-14　打开项目树

图 1-15　项目树

④ 菜单栏。菜单栏包括"文件""编辑""视图""PLC""调试""工具"和"帮助"7 个菜单项。用户可以定制"工具"菜单，在该菜单中增加自己的工具。

⑤ 程序编辑器。程序编辑器是编写和编辑程序的区域，打开程序编辑器有两种方法：一是单击菜单栏中的"文件"→"新建"（"打开"或"导入"）按钮，打开 STEP 7-Micro/WIN SMART 项目；二是在项目树中打开"程序块"文件夹，方法是单击分支展开图标或者双击"程序块" 程序块 图标。然后双击主程序（OB1）、子例程或中断例程，以打开所需的 POU（程序组织单元），也可以选择相应的 POU 并按〈ENTER〉键。程序编辑器界面如图 1-16 所示。

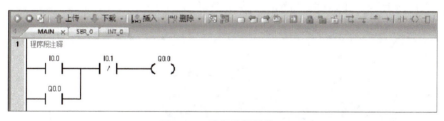

图 1-16　程序编辑器界面

⑥ 符号信息表。要在程序编辑器窗口中查看或隐藏符号信息表，有三种方法：一是在"视图"菜单的"符号"区域单击"符号信息表" 按钮；二是按〈Ctrl+T〉快捷键组合；三是在"视图"菜单的"符号"区域单击"将符号应用到项目" 按钮。

"应用所有符号"命令使用所有新、旧和修改的符号名更新项目。如果当前未显示"符号信息表"，单击此按钮便会显示。

⑦ 符号表。符号是可为存储器地址或常量指定的符号名称，符号表是符号和地址对应关系的列表。打开符号表有三种方法：一是单击导航栏中的符号表按钮；二是单击菜单栏中的"视图"→"组件"→"符号表"；三是单击项目树中的"符号表"选项，选择一个表名称，然后按下〈ENTER〉键或者双击表名称。

⑧ 状态栏。状态栏位于主窗口底部，状态栏可以提供 STEP 7-Micro/WIN SMART 中执行操作的相关信息。在编辑模式下工作时，状态栏显示编辑器信息。状态栏根据具体情

形显示下列信息：简要状态说明、当前程序段编号、当前编辑器的光标位置、当前编辑模式和插入或覆盖。

⑨ 状态图表。"状态"这一术语是指显示程序在 PLC 中执行时的有关 PLC 数据的当前值和能流状态的信息。可使用状态图表和程序编辑器窗口读取、写入和强制 PLC 数值。在控制程序的执行过程中，可用以下三种不同方式查看 PLC 数据的动态改变：状态图表、趋势显示和程序状态。

⑩ 数据块。数据块包含可向 V 存储器地址分配数据值的数据页。如果用户使用指令向导等功能，系统会自动使用数据块。可使用以下方法访问数据块：一是单击导航栏中的数据块按钮；二是单击菜单栏中的"视图"→"组件"→"数据块"。

2. 拓展知识

（1）仿真软件简介　仿真软件可以在计算机或者编程设备中模拟 PLC 运行和测试程序。西门子公司为 S7-300/400 系列 PLC 设计了仿真软件 PLC SIM，但遗憾的是没有为 S7-200 SMART PLC 设计仿真软件。下面将介绍应用较广泛的仿真软件 S7-200 SIM 2.0，这个软件是为 S7-200 PLC 开发的，部分 S7-200 SMART PLC 程序也可以用 S7-200 SIM 2.0 进行仿真。

（2）仿真软件 S7-200 SIM 2.0 的使用　S7-200 SIM 2.0 仿真软件的界面友好，使用非常简单。下面以图 1-17 所示的示例程序的仿真为例介绍 S7-200 SIM 2.0 的使用。

1）在 STEP 7-Micro/WIN SMART 软件中编译如图 1-17 所示的程序，再单击菜单栏中的"文件"→"导出"命令，将导出的文件保存，文件的扩展名为默认的".awl"，文件的全名保存为"123.awl"。

图 1-17　示例程序

2）打开 S7-200 SIM 2.0 仿真软件，单击菜单栏中的"配置"→"CPU 型号"命令，弹出"CPU 型号"对话框，选择所需的 CPU，如图 1-18 所示，再单击"确定"按钮即可。

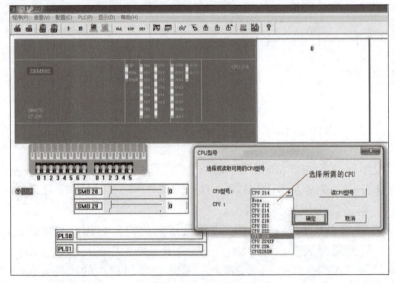

图 1-18　CPU 型号设定

3）装载程序。单击菜单栏中的"程序"→"装入 CPU"命令，弹出"装入 CPU"对话框，装载程序设置如图 1-19 所示，再单击"确定"按钮，弹出"打开"对话框，选中要装载的程序"123.awl"，最后单击"打开"按钮即可。此时，程序已经装载完成。

4）开始仿真。单击工具栏上的运行按钮，运行指示灯亮，单击按钮"I0.0"，按钮向上合上，PLC的输入点 I0.0 有输入，输入指示灯亮，同时输出点 Q0.0 有输出，输出指示灯亮。

与 PLC 相比，仿真软件有省钱、方便等优势，但仿真软件毕竟不是真正的 PLC，它只具备 PLC 的部分功能，不能实现完全仿真。

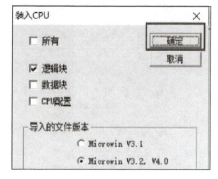

图 1-19　装载程序设置

任务实施

下面以图 1-20 所示的起保停控制梯形图为例，介绍一个程序从输入到下载、运行和监控的全过程。

1. 启动 STEP 7-Micro/WIN SMART 软件

启动 STEP 7-Micro/WIN SMART 软件，弹出如图 1-21 所示的初始界面。

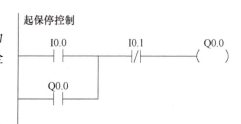

图 1-20　起保停控制梯形图

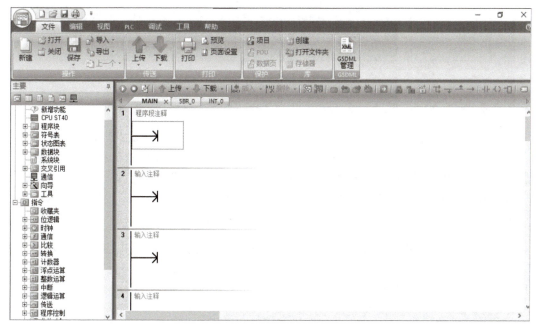

图 1-21　STEP 7-Micro/WIN SMART 软件初始界面

2. 硬件配置

展开项目树中的"项目 1"节点，双击"CPU ST40"（也可以是其他型号的 CPU），这时弹出"系统块"界面，单击下三角按钮，在下拉列表框中选择"CPU ST40（DC/DC/

DC）"（这是本例的机型），然后单击"确定"按钮，如图 1-22 所示。

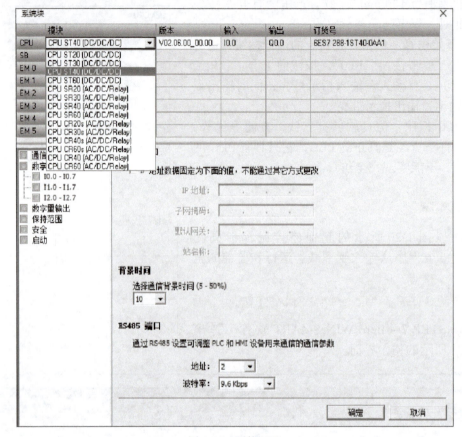

图 1-22 硬件配置

3. 输入程序

展开项目树中的"指令"节点，依次双击常开触点⊣├图标（或者拖入程序编辑器窗口）、常闭触点⊣/├图标、输出线圈─（ ）图标，换行后再双击常开触点⊣├图标，出现程序输入界面，如图 1-23 所示。接着单击问号，输入寄存器及其地址（本例为 I0.0、I0.1 和 Q0.0），输入完毕后如图 1-24 所示。

4. 编译程序

单击标准工具栏的编译图标 ▨ 进行编译，若程序有错误，则输出窗口会显示错误信息。编译后如果有错误，可在下方的输出窗口查看错误，双击该错误即跳转到程序中该错误所在处，根据系统手册中的指令要求进行修改，如图 1-25 所示。

5. 连机通信

选择项目树中的项目下的"通信"选项，如图 1-26 所示，双击该选项，弹出"通信"对话框。单击下三角按钮，选择个人计算机的网卡，这个网卡与计算机的硬件有关，如图 1-27 所示。再用鼠标单击"查找 CPU"和"添加 CPU…"按钮，如图 1-28 所示，显示如图 1-29 所示的界面，表明 PLC 的 IP（互联网协议）地址是"192.168.2.1"。这个 IP 地址很重要，是设置个人计算机时必须要参考的。

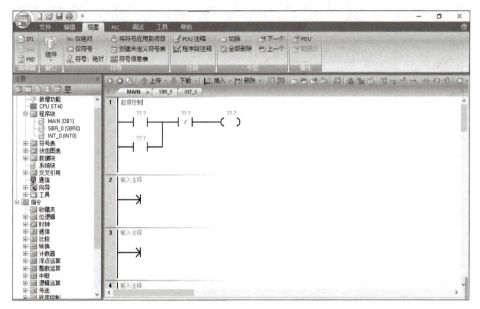

图 1-23　程序输入界面

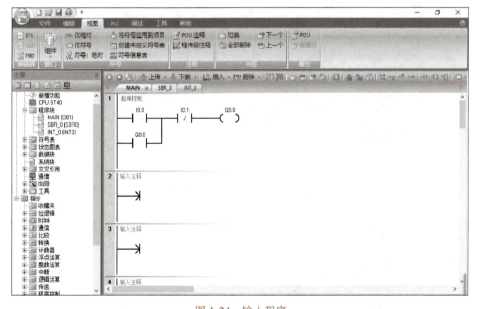

图 1-24　输入程序

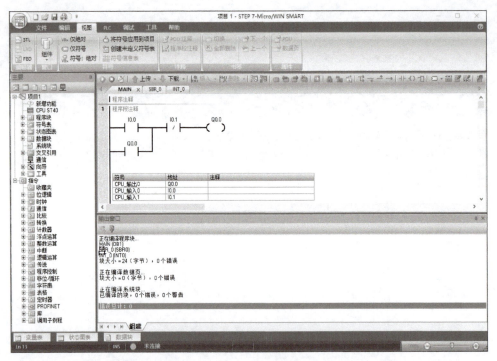

图 1-25　编译程序

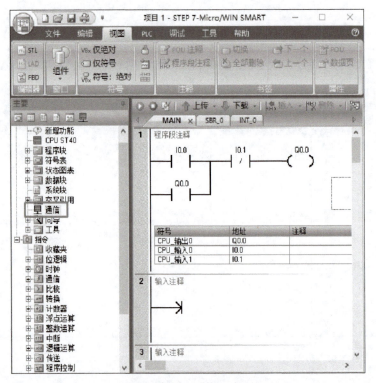

图 1-26　打开"通信"对话框

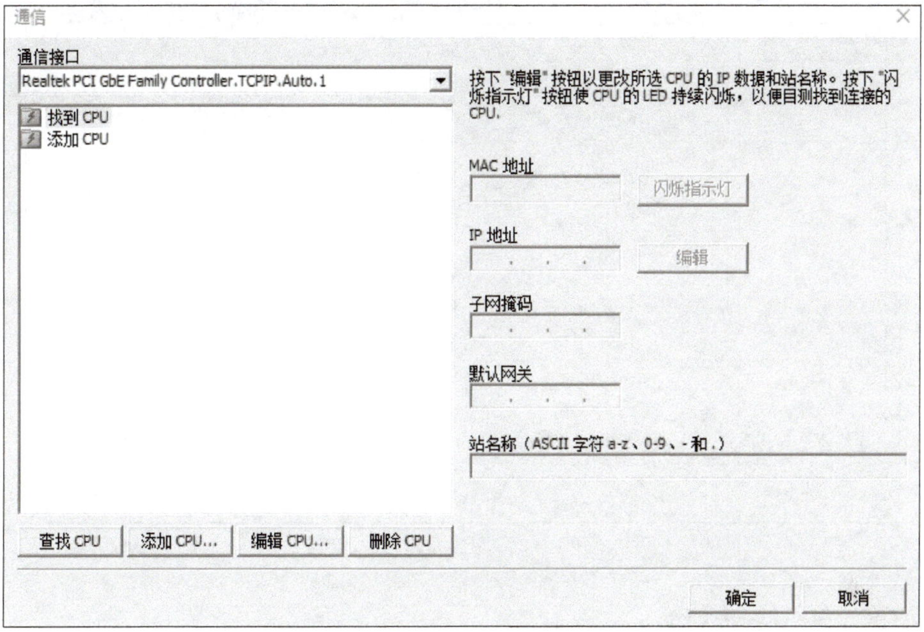

图 1-27　选择个人计算机的网卡

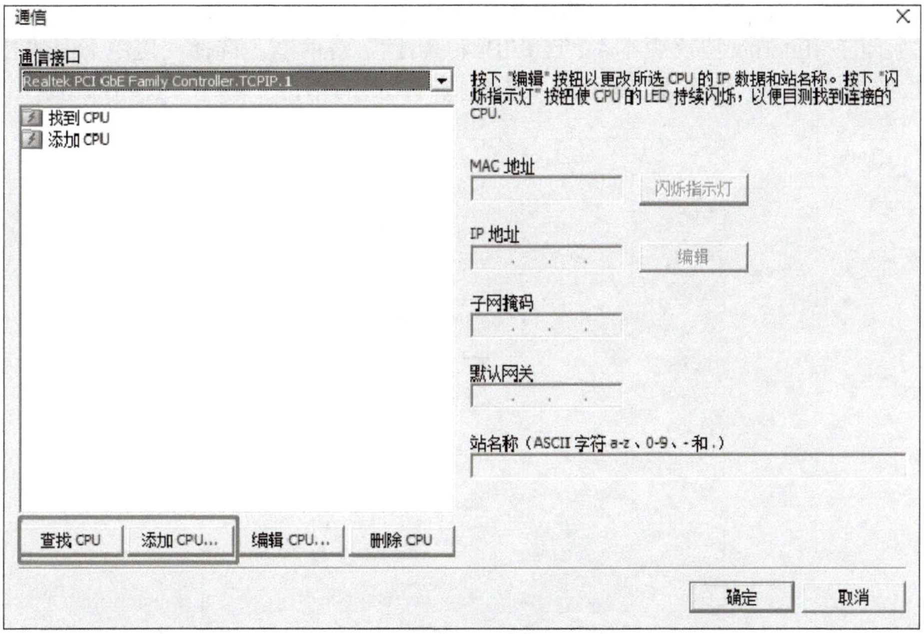

图 1-28　查找 CPU 和添加 CPU

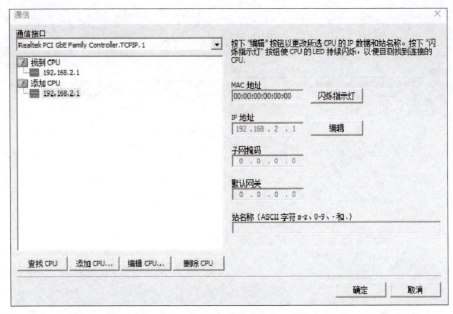

图 1-29 IP 地址

6. 设置计算机的 IP 地址

目前向 S7-200 SMART PLC 下载程序，只能使用 PLC 集成的 PN 口，因此首先要对计算机的 IP 地址进行设置，这是建立计算机与 PLC 通信首先要完成的步骤，具体如下。

首先打开个人计算机的"网络和 Internet"设置界面，单击"更改适配器选项"命令，如图 1-30 所示，右击"以太网"图标，单击"属性"命令，弹出如图 1-31 所示的"以太网属性"对话框，选择"Internet 协议版本 4（TCP/IPv4）"选项，单击"属性"按钮，弹出如图 1-32 所示的"Internet 协议版本 4（TCP/IPv4）属性"对话框，选择"使用下面的 IP 地址"选项，按照如图 1-32 所示设置 IP 地址和子网掩码，最后单击"确定"按钮即可。

图 1-30 "网络和 Internet"设置界面

图 1-31 "以太网属性"对话框

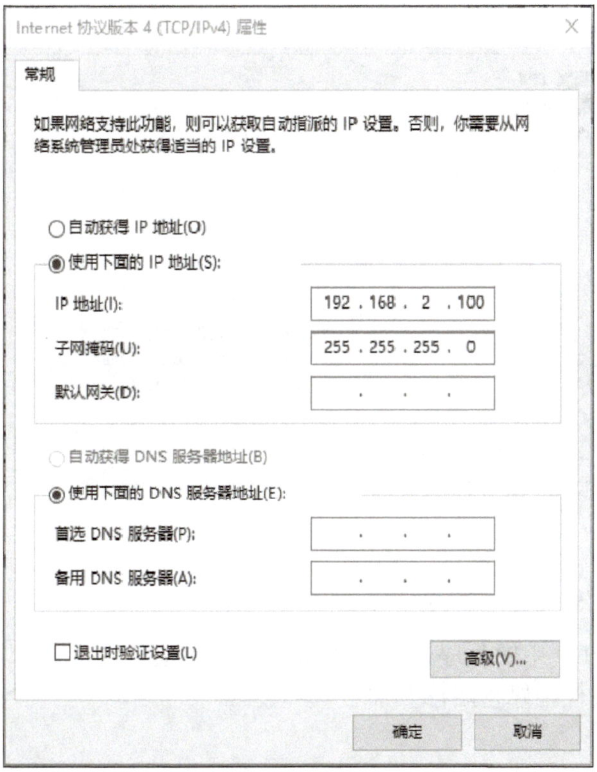

图 1-32 设置 IP 地址和子网掩码

7. 下载程序

单击工具栏中的"下载" 下载图标，弹出"下载"对话框，如图 1-33 所示，将"块"选项组中的"程序块""数据块"和"系统块"三个选项全部勾选，若 PLC 此时处于运行模式，再将 PLC 设置成停止模式，如图 1-34 所示，然后单击"是"按钮，则程序自动下载到 PLC 中。下载成功后，"下载"对话框中有"下载已成功完成！"字样的提示，如图 1-35 所示，最后单击"关闭"按钮。

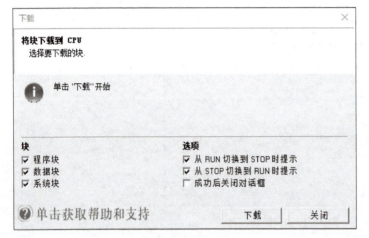

图 1-33 "下载"对话框   图 1-34 PLC 停止运行

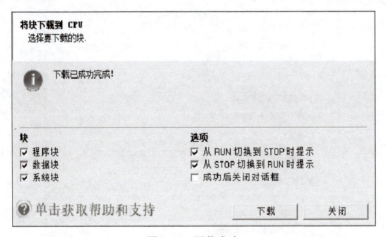

图 1-35 下载成功

8. 运行和停止模式

要运行下载到 PLC 中的程序，只要单击工具栏中运行图标 即可，同理要停止运行程序，只要单击工具栏中停止图标 即可。

9. 程序状态监控

在调试程序时，程序状态监控功能非常有用，当开启此功能时，闭合的触点中有蓝色的矩形，而断开的触点中没有蓝色的矩形，如图 1-36 所示。要开启程序状态监控功能，只需要单击菜单栏中的"调试"→程序状态 图标即可。监控程序之前，程序应处于运行状态。

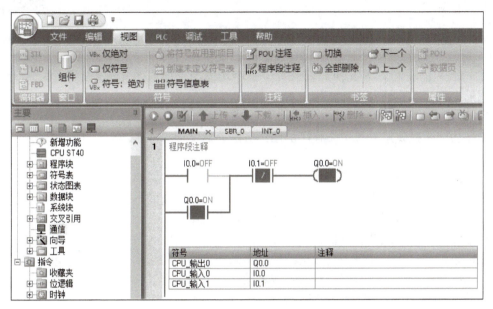

图 1-36 程序状态监控

任务拓展

进一步熟悉 S7–200 SMART PLC 的编程软件 STEP 7–Micro/WIN SMART 的使用，能够熟练运用编程软件，对三相异步电动机点动控制系统进行编程和调试。

任务3 S7-200 SMART PLC 数据类型和程序结构认知

任务描述

本任务从 S7–200 SMART PLC 的数据类型和程序结构入手，分析 S7–200 SMART PLC 的数据类型、寻址方式和存储器，深入认知 S7–200 SMART PLC 实现控制的过程。

任务目标

1）了解 S7–200 SMART PLC 的编程语言和程序结构。

2）熟悉 S7–200 SMART PLC 的数据类型、编址方式和寻址方式。

3）了解 S7–200 SMART PLC CPU 的存储器。

4）熟知 S7–200 SMART PLC 实现控制的过程。

⬤ 相关知识

1. 基础知识

（1）S7-200 SMART PLC 的编程语言　国际电工委员会（IEC）制定的 PLC 标准中的第三部分 IEC 61131-3 是 PLC 编程语言标准，其中详细说明了句法、语义和以下五种编程语言。顺序功能图、梯形图和功能块图是图形编程语言，语句表和结构文本是文字语言。

1）顺序功能图。这是一种位于其他编程语言之上的图形语言，用来编制顺序控制程序。顺序功能图提供了一种组织程序的图形方法，后文项目 4 将详细介绍顺序功能图的使用方法。

2）梯形图。梯形图是使用最多的 PLC 图形编程语言。梯形图与继电器控制系统的电路图相似，具有直观易懂的优点，很容易被熟悉继电器控制的电气人员掌握，特别适合数字逻辑控制。使用编程软件可以直接生成和编辑梯形图。

梯形图由触点、线圈和方框指令组成。触点代表逻辑输入条件，例如外部的开关、按钮和内部条件等；线圈代表逻辑输出结果，用来控制外部的指示灯、交流接触器和内部标志位等；方框指令代表定时器、计数器或者数学运算等指令。

在分析梯形图中的逻辑关系时，为了借用继电器电路图的分析方法，可以想象左右两侧垂直"电源线"之间有一个左正右负的直流电源电压，S7-200 SMART PLC 的梯形图（见图 1-37）省略了右侧的垂直"电源线"。当 I0.0 与 I0.1 的触点接通，或者 Q0.0 与 I0.1 的触点接通时，有一个假想的能流流过 Q0.0 的线圈。利用能流这一概念，可以帮助我们更好地理解和分析梯形图。能流只能从左向右流动。

梯形图程序被划分为若干个程序段，一个程序段只能有一块不能分开的独立电路。在程序段中，逻辑运算按从左到右的方向执行，与能流的方向一致。没有跳转时，各程序段按从上到下的顺序执行，执行完所有的程序后，下一个扫描周期返回最上面的程序段，重新开始执行程序。

3）语句表。S7 系列 PLC 将指令表称为语句表。语句表程序由指令组成，PLC 的指令是一种与微机汇编语言中的指令相似的助记符表达式。图 1-38 是图 1-37 对应的语句表。语句表比较适合熟悉 PLC 和程序设计经验丰富的程序员使用。

4）功能块图。功能块图是一种类似于数字逻辑电路的编程语言。它用类似于与门、或门的方框表示逻辑运算关系，方框的左侧为逻辑运算的输入变量，右侧为输出变量，输入、输出端的小圆圈表示非运算，方框被"导线"连接在一起，信号从左向右流动。图 1-39 中的控制逻辑与图 1-37 相同。

图 1-37　梯形图　　　　图 1-38　语句表　　　　图 1-39　功能块图

5）结构文本。结构文本是为 IEC 61131-3 标准创建的一种高级编程语言，与梯形图相比，它能实现复杂的数学运算，编写的程序非常简洁和紧凑。

6）编程语言的相互转换和选用。在编程软件中，用户可以切换编程语言，选用梯形图、功能块图或语句表编程。

梯形图与继电器电路图的表达方式极为相似，梯形图中的输入信号（触点）与输出信号（线圈）之间的逻辑关系一目了然，易于理解。语句表程序较难阅读，其中的逻辑关系很难一眼看出，所以在设计复杂的数字量控制程序时建议使用梯形图。但是语句表程序输入方便快捷，还可以为每一条语句加上注释，便于程序的阅读，所以在设计通信、数学运算等高级应用程序时，建议使用语句表。

（2）S7-200 SMART PLC 的数据类型

1）字长。S7-200 SMART PLC 的存储单元（即编程元件）存储的数据都是二进制数。数据的长度称为字长，字长可分为位（1 位二进制数，用 bit 表示）、字节（8 位二进制数，用 B 表示）、字（16 位二进制数，用 W 表示）和双字（32 位二进制数，用 D 表示）。

2）数据的类型和范围。S7-200 SMART PLC 的存储单元存储的数据类型可分为布尔型、整数型和实数型（浮点型）。

① 布尔型。布尔型数据只有 1 位，又称位型，用来表示开关量（数字量）的两种不同状态。当某编程元件为 1 时，称该编程元件为 1 状态，或者称该编程元件处于 ON，该编程元件对应的线圈得电，其常开触点闭合，常闭触点断开；当某编程元件为 0 时，称该编程元件为 0 状态，或者称该编程元件处于 OFF，该编程元件对应的线圈失电，其常开触点断开，常闭触点闭合。例如，输出继电器 Q0.0 的数据为布尔型。

② 整数型。整数型数据不带小数点，它分为无符号整数和有符号整数，有符号整数需要占用 1 个最高位表示数据的正负。通常规定：最高位为 0 表示数据为正数，为 1 表示数据为负数。表 1-4 列出了不同字长整数的表示范围。

表 1-4　不同字长的整数的表示范围

整数字长	无符号整数的表示范围		有符号整数的表示范围	
	十进制表示	十六进制表示	十进制表示	十六进制表示
字节（8 位）	0 ～ 255	0 ～ FF	−128 ～ 127	80 ～ 7F
字（16 位）	0 ～ 65535	0 ～ FFFF	−32768 ～ 32767	8000 ～ 7FFF
双字（32 位）	0 ～ 4294967295	0 ～ FFFFFFFF	−2147483648 ～ 2147483647	80000000 ～ 7FFFFFFF

③ 实数型。实数型数据又称浮点型数据，是一种带小数点的数据，它采用 32 位表示（即字长为双字），其数据范围很大，正数范围为 $1.175495E-38 \sim 3.402823E+38$，负数范围为 $-3.402823E+38 \sim -1.175495E-38$。

3）常数的编程书写格式。常数在编程时经常用到。常数的字长可为字节、字或双字，常数在 PLC 中也是以二进制数形式存储的，但编程时常数可以十进制、十六进制、二进制、ASCII 码（美国信息交换标准码）或实数（浮点数）形式编写，然后由编译软件自动编译成二进制下载到 PLC 中。常数的编程书写格式见表 1-5。

表 1-5　常数的编程书写格式

常数	编程书写格式	举例
十进制	十进制值	2105
十六进制	16# 十六进制值	16#3F67A

（续）

常数	编程书写格式	举例
二进制	2# 二进制值	2#1010 000111010011
ASCII 码	'ASCII 码文本'	'very good'
实数（浮点数）	按 ANSI/IEEE Std 754—1985 标准	+1.038267E-36（正数） -1.038267E-36（负数）

（3）S7-200 SMART PLC 的编址方式和寻址方式

1）编址方式。在计算机中使用的数据均为二进制数，二进制数的基本单位是 1 个二进制位，8 个二进制位组成 1 字节，2 字节组成 1 个字，2 个字组成 1 个双字。

存储器的单位可以是位、字节、字和双字，编址方式也可以是位、字节、字和双字。存储器的地址由区域标识符、字节地址和位地址组成。对编址方式分别介绍如下。

① 位编址：区域标识符 + 字节地址 +.+ 位地址，例如 I0.0、M0.1 和 Q0.2 等。

② 字节编址：区域标识符 +B+ 字节地址，例如 IB1、VB20、QB2 等。

③ 字编址：区域标识符 +W+ 起始字节地址，例如 VW20 表示 VB20 和 VB21 这 2 字节组成的字。

④ 双字编址：区域标识符 +D+ 起始字节地址，例如 VD20 表示从 VB20 到 VB23 这 4 字节组成的双字。

位、字节、字和双字编址如图 1-40 所示。

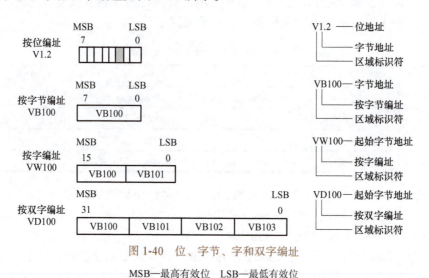

图 1-40 位、字节、字和双字编址

MSB—最高有效位   LSB—最低有效位

2）寻址方式。编写 PLC 程序时会用到存储器的某一位、某一字节、某一个字或某一个双字。如何让指令正确地找到所需要的位、字节、字和双字的数据信息，就要求正确了解位、字节、字和双字的寻址方式，以便在编写程序时使用正确的指令规则。

S7-200 SMART PLC 指令系统的数据寻址方式有立即数寻址、直接寻址和间接寻址三类。

① 立即数寻址：对立即数直接进行读写操作的寻址。立即数寻址的数据在指令中以常数形式出现，常数的大小由字长决定。立即数寻址的数据范围见表 1-6。

表 1-6 立即数寻址的数据范围

数据字长	无符号整数范围		有符号整数范围	
	十进制	十六进制	十进制	十六进制
字节（8位）	0 ~ 255	0 ~ FF	-128 ~ +127	80 ~ 7F
字（16位）	0 ~ 65535	0 ~ FFFF	-32768 ~ +32767	8000 ~ 7FFF
双字（32位）	0 ~ 4294967295	0 ~ FFFFFFFF	-2147483648 ~ +2147483647	80000000 ~ 7FFFFFFF

在 S7-200 SMART PLC 中，常数值可为字节、字或双字。存储器以二进制方式存储所有常数。

② 直接寻址：在指令中直接使用存储器或寄存器的地址编号，直接到指定的区域读取或写入数据，如 I0.0、MB20 和 VW100 等。

③ 间接寻址：使用该寻址方式时，操作数不提供直接数据位置，而是通过使用地址指针读写存储器中的数据。S7-200 SMART PLC 中允许使用指针对 I、Q、M、V、S、T（仅当前值）、C（仅当前值）寄存器进行间接寻址。

使用间接寻址之前，要先创建一个指向该位置的指针，指针为双字值，用来存放一个存储器的地址，只能用 V、L 或 AC 作为指针。建立指针时，必须用双字传送指令（MOVD）将需要间接寻址的存储器地址送到指针中。例如"MOVD & VB202，AC1"，其中"&VB202"表示 VB202 的地址，而不是 VB202 的值，这个指令的含义是将 VB202 的地址送入 AC1 中。

指针建立之后，利用指针存取数据。用指针存取数据时，操作数前加"*"号，表示该操作数为一个指针。例如"MOVW *AC1，AC0"表示将以 AC1 中内容为起始地址的一个字长的数据（即 VB202、VB203 的内容）送到 AC0 中，其传送示意如图 1-41 所示。

图 1-41 间接寻址传送示意

S7-200 SMART PLC 的存储器寻址范围见表 1-7。

表 1-7 S7-200 SMART PLC 的存储器寻址范围

寻址方式	紧凑型 CPU	CPUSR20 CPUST20	CPUSR30 CPUST30	CPUSR40 CPUST40	CPUSR60 CPUST60
位寻址	I0.0 ~ I31.7、Q0.0 ~ Q31.7、M0.0 ~ M31.7、SM0.0 ~ SM1535.7、S0.0 ~ S31.7、T0 ~ T255、C0 ~ C255、L0.0 ~ L63.7				
	V0.0 ~ V8191.7		V0.0 ~ V12287.7	V0.0 ~ V16383.7	V0.0 ~ V20479.7

（续）

字节寻址	IB0 ~ IB31、QB0 ~ QB31、MB0 ~ MB31、SMB0 ~ SMB1535、SB0 ~ SB31、LB0 ~ LB63、AC0 ~ AC3			
	VB0 ~ VB8191	VB0 ~ VB12287	VB0 ~ VB16383	VB0 ~ VB20479
字寻址	IW0 ~ IW30、QW0 ~ QW30、MW0 ~ MW30、SMW0 ~ SMW1534、SW0 ~ SW30、T0 ~ T255、C0 ~ C255、LW0 ~ LW62、AC0 ~ AC3			
	VW0 ~ VW8190	VW0 ~ VW12286	VW0 ~ VW16382	VW0 ~ VW20478
	—	AIW0 ~ AIW110、AQW0 ~ AQW110		
双字寻址	ID0 ~ ID28、QD0 ~ QD28、MD0 ~ MD28、SMD0 ~ SMD1532、SD0 ~ SD28、LD0 ~ LD60、AC0 ~ AC3、HC0 ~ HC3			
	VD0 ~ VD8188	VD0 ~ VD12284	VD0 ~ VD16380	VD0 ~ VD20476

（4）S7-200 SMART PLC CPU 的存储器　PLC 的内存分为程序存储器和数据存储器两大部分。程序存储器用于存放用户程序，它由机器自动按顺序存储程序；数据存储器用于存放 I/O 状态及各种各样的中间运行结果，是用户实现各种控制任务所必须了如指掌的内部资源。

S7-200 SMART PLC 的数据存储器按存储数据的长短可划分为字节存储器、字存储器和双字存储器三类。字节存储器有 7 个，分别是输入映像寄存器 I、输出映像寄存器 Q、变量存储器 V、辅助继电器 M、特殊继电器 SM、局部存储器 L 和顺序控制继电器 S；字存储器有 4 个，分别是定时器 T、计数器 C、模拟量输入寄存器 AI 和模拟量输出寄存器 AQ；双字存储器有 2 个，分别是高速计数器 HC 和累加器 AC。

1）输入映像寄存器 I（输入继电器）：存放 CPU 在输入扫描阶段采样输入接线端子的结果。在工程实践中，常把输入映像寄存器 I 称为输入继电器，它由输入接线端子接入的控制信号驱动，当控制信号接通时，输入继电器得电，即对应的输入映像寄存器位为 1；当控制信号断开时，输入继电器失电，即对应的输入映像寄存器位为 0。输入接线端子可以接常开触点或常闭触点，也可以是多个触点的串并联。

2）输出映像寄存器 Q（输出继电器）：存放 CPU 执行程序的结果，并在输出扫描阶段将其复制到输出接线端子上。在工程实践中，常把输出映像寄存器 Q 称为输出继电器，它通过 PLC 的输出接线端子控制执行电器完成规定的控制任务。

3）变量存储器 V：可以用于存放用户程序执行过程中控制逻辑操作的中间结果，也可以用于保存与工序或任务有关的其他数据。变量存储器地址编号范围根据 CPU 型号不同而不同。

4）辅助继电器 M（中间继电器）：辅助继电器（M0.0 ~ M31.7）又称为标志存储器，作为控制继电器用于存储中间操作状态或其他控制信息，其作用相当于继电接触器控制系统中的中间继电器。S7-200 SMART PLC 的辅助继电器只有 32 个字节，如果不够用，可以用 V 存储器代替。

5）特殊继电器 SM：用于 CPU 与用户之间交换信息。特殊继电器位提供大量的状态和控制功能。特殊继电器地址编号范围随 CPU 的不同而不同。

6）局部存储器 L：S7-200 SMART PLC 将主程序、子程序和中断程序统称为 POU，各 POU 都有自己的 64KB 局部存储器。使用梯形图和功能块图时，将保留局部存储器的最后 4B。局部存储器简称 L 存储器，只在创建它的 POU 中有效，各 POU 不能访问别的 POU 的局部存储器。局部存储器用作暂时存储器，或者用作子程序的输入、输出参数。变量存储器 V 是全局存储器，可以被所有的 POU 访问。S7-200 SMART PLC 给主程序及它调用的 8 个子程序嵌套级别、中断程序及它调用的 4 个子程序嵌套级别各分配 64B 局部存储器。

7）顺序控制继电器 S：又称状态元件，与顺序控制继电器指令配合使用，用于组织设备的顺序操作，详细使用方法见项目 4。

8）定时器 T：相当于继电接触器控制系统中的时间继电器，用于延时控制。S7-200 SMART PLC 有三种定时器，它们的时间基准增量分别为 1ms、10ms 和 100ms。定时器的当前值为 16 位有符号整数，用于存储定时器累计的时间基准增量值（1 ~ 32767）。预设值是定时器指令的一部分。定时器位用来描述定时器延时动作的触点状态，当定时器位为 ON 时，梯形图中对应的定时器的常开触点闭合、常闭触点断开；当定时器位为 OFF 时，梯形图中触点的状态相反。用定时器地址（如 T5）访问定时器的定时器位和当前值，带位操作数的指令用来访问定时器位，带字操作数的指令用来访问当前值。

9）计数器 C：用来累计输入端接收到的脉冲个数，S7-200 SMART PLC 有三种计数器：加计数器、减计数器和加减计数器。计数器的当前值为 16 位有符号整数，用来存放累计的脉冲数。用计数器地址（如 C20）访问计数器的计数器位和当前值，带位操作数的指令用来访问计数器位，带字操作数的指令用来访问当前值。

10）模拟量输入寄存器 AI：S7-200 SMART PLC 的 AI 将现实世界连续变化的模拟量（如温度、电流和电压等）按比例转换为 1 字（16 位）的数字量，用区域标识符 AI、表示数据字长的 W 和起始字节的地址表示模拟量输入的地址，例如 AIW16。因为模拟量输入的长度为一个字，所以应从偶数字节地址开始存放。模拟量输入值为只读数据。

11）模拟量输出寄存器 AQ：S7-200 SMART PLC 的 AQ 将字长为 1 字的数字量转换为现实世界的模拟量，用区域标识符 AQ、表示数据字长度的 W 和起始字节的地址表示模拟量输出的地址，例如 AQW32。因为模拟量输出的字长为 1 字，所以应从偶数字节地址开始存放。模拟量输出值为只写数据，用户不能读取模拟量输出值。

12）高速计数器 HC：用来累计比 CPU 扫描速率更快的事件，计数过程与扫描周期无关，其当前值和预设值为 32 位有符号整数，当前值为只读数据。高速计数器的地址由区域标识符 HC 和高速计数器号组成，例如 HC2。

13）累加器 AC：累加器是一种特殊的存储单元，可以用来向子程序传递参数和从子程序返回参数，或用来临时保存中间的运算结果。CPU 提供了 4 个 32 位累加器（AC0 ~ AC3），可以按字节、字和双字访问累加器中的数据。按字节、字只能访问累加器的低 8 位或者低 16 位，按双字可以访问全部的 32 位，访问的字长由所用的指令决定。例如在指令"MOVW AC2，VW100"中，AC2 按字访问。

2. 拓展知识

S7-200 SMART PLC CPU 的控制程序由主程序、子程序和中断程序组成。

（1）主程序　主程序是程序的主体，每个项目都必须有并且只能有一个主程序。在主程序中可以调用子程序，子程序又可以调用其他子程序。每个扫描周期都要执行一次主程序。

（2）子程序　子程序是可选的，仅在被其他程序调用时执行。同一个子程序可以在不同的地方被多次调用。使用子程序可以简化程序代码，减少扫描时间。

（3）中断程序　中断程序用来及时处理与用户程序执行时序无关的操作，或者用来处理不能事先预测何时发生的中断事件。中断程序不是由用户程序调用，而是在中断事件发生时由操作系统调用。中断程序是用户编写的。

任务拓展

请根据所学的内容阐述 S7-200 SMART PLC 是如何实现控制的。

思考与练习

1. PLC 主要由（　　　）、（　　　）、（　　　）和（　　　）组成。

2. 继电器的线圈得电时，其常开触点（　　　），常闭触点（　　　）。

3. 外部的输入电路接通时，对应的输入映像寄存器为（　　　）状态，梯形图中对应的常开触点（　　　），常闭触点（　　　）。

4. 若梯形图中输出点 Q 的线圈失电，对应的输出映像寄存器为（　　　）状态，在修改输出阶段后，继电器型输出模块中对应硬件继电器的线圈（　　　），其常开触点（　　　），外部负载（　　　）。

5. S7-200 SMART PLC 的指令系统有哪几种表现形式？

6. 简述 PLC 的扫描工作过程。

7. S7-200 SMART PLC 的 I/O 地址是如何进行编号的？

8. S7-200 SMART PLC 是如何编址的？

9. S7-200 SMART PLC 的寻址方式有哪几种？

10. S7-200 SMART PLC 指令的间接寻址是如何操作的？

11. 数字量输出模块有哪几种类型？它们各有什么特点？

12. RAM 与 EEPROM 各有什么特点？

13. 状态图表和程序状态监控这两种功能有什么区别？什么情况下应使用状态图表？

14. 希望在 S7-200 SMART PLC 失电后保持各数字量输出点的状态不变，应如何设置？

15. 怎样将用户程序下载到 S7-200 SMART PLC 的仿真软件中？

项目 2 S7-200 SMART PLC 控制指示灯

日常生活中经常见到各种各样形式变换的彩灯，它们是如何实现控制的呢？本项目将结合 PLC 的基本位逻辑指令、定时器指令、计数器指令、数据处理指令和运算指令等实现对彩灯、密码锁等日常生活常见对象的 PLC 控制。

任务 4 用多个开关控制照明灯

任务描述

采用 PLC 控制方式，用三个开关 S1、S2 和 S3 控制一个照明灯 HL，任何一个开关都可以控制照明灯的亮灭。

任务目标

1）了解基本位逻辑指令概况。
2）掌握基本位逻辑指令及其应用。

相关知识

1. 基础知识

（1）基本位逻辑指令 基本位逻辑指令是 PLC 中应用最多的指令，可分为触点指令和线圈指令两大类。

基本位逻辑指令

1）触点指令。触点分为常开触点和常闭触点，又以其在梯形图中的位置分为与母线相连的常开触点或常闭触点、与前面触点串联的常开触点或常闭触点以及与前面触点并联的常开触点或常闭触点。一些型号的 PLC 还有边沿脉冲触点指令和取反触点指令。边沿脉冲触点指令是在满足工作条件时，接通一个扫描周期，取反触点指令是将送入的能流取反后送出。表 2-1 为 S7-200 SMART PLC 部分触点指令表。

表 2-1 S7-200 SMART PLC 部分触点指令表

指令标识	梯形图符号及名称	说明	操作数	举例
─┤├─	??.? ─┤├─ 常开触点	当 "??.?" 位为 1 时，"??.?" 常开触点闭合；当 "??.?" 位为 0 时，"??.?" 常开触点断开	I、Q、M、SM、T、C、L、S、V	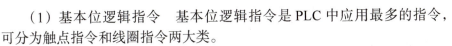 当 I0.1 位为 1 时，I0.1 常开触点闭合，左母线的能流通过 I0.1 触点流到 A 点

（续）

指令标识	梯形图符号及名称	说明	操作数	举例
─┤/├─	??.? ─┤/├─ 常闭触点	当 "??.?" 位为 0 时，"??.?" 常闭触点闭合；当 "??.?" 位为 1 时，"??.?" 常闭触点断开	I、Q、M、SM、T、C、L、S、V	I0.1　A ─┤/├─ ● 当 I0.1 位为 0 时，I0.1 常闭触点闭合，左母线的能流通过触点流到 A 点
─┤NOT├─	─┤NOT├─ 取反	当该触点左方有能流时，经能流取反后右方无能流；当左方无能流时，右方有能流		I0.1　A　　B ─┤├─ ●─┤NOT├─ ● 当 I0.1 常开触点断开时，A 点无能流，经能流取反后，B 点有能流，这里的两个触点组合，功能与一个常闭触点相同
─┤P├─	─┤P├─ 上升沿检测触点	当该指令前面的逻辑运算结果有一个上升沿（0→1）时，会产生一个宽度为一个扫描周期的脉冲，驱动后面的输出线圈		I0.4　　　　P　　Q0.4 ─┤├─────┤P├─（　） 　　　　　　　N　　Q0.5 　　　　────┤N├─（　） I0.4 Q0.4 ┐接通一个周期 Q0.5 　　　　接通一个周期
─┤N├─	─┤N├─ 下降沿检测触点	当该指令前面的逻辑运算结果有一个下降沿（1→0）时，会产生一个宽度为一个扫描周期的脉冲，驱动后面的输出线圈		当 I0.4 触点由断开转为闭合时，会产生一个 0→1 的上升沿，P 触点接通一个扫描周期时间，Q0.4 线圈得电一个周期 当 I0.4 触点由闭合转为断开时，会产生一个 1→0 的下降沿，N 触点接通一个扫描周期时间，Q0.5 线圈得电一个周期
─┤I├─	??.? ─┤I├─ 立即常开触点	当 PLC 的 "??.?" 端子输入为 ON 时，"??.?" 立即常开触点立即闭合；当 PLC 的 "??.?" 端子输入为 OFF 时，"??.?" 立即常开触点立即断开		I0.0　 I0.2　 I0.3　 Q0.0 ─┤I├─┤/I├─┤/├─（　） │ I0.1 ─┤├─ 当 PLC 的 I0.0 端子输入为 ON（如该端子外接开关闭合）时，I0.0 立即常开触点立即闭合，Q0.0 线圈随之得电；当 PLC 的 I0.0 端子输入为 ON 时，如果 PLC 的 I0.1 端子输入也为 ON，I0.1 常开触点并不立即闭合，而是要等到 PLC 运行完后续程序，并再次执行程序时才闭合 同样，当 PLC 的 I0.2 端子输入为 ON 时，可以较 PLC 的 I0.3 端子输入为 ON 时，更快使 Q0.0 线圈失电

2）线圈指令。线圈指令用来表达一段程序的运行结果。线圈指令包括普通线圈指令、置位及复位线圈指令、立即线圈指令等类型。普通线圈指令在工作条件满足时，将该线圈相关存储器置 1，在工作条件失去后复 0；置位线圈指令在相关工作条件满足时，将有关线圈置 1，在工作条件失去后，这些线圈仍保持置 1，复位需用复位线圈指令；立即线圈

指令采用中断方式工作，可以不受扫描周期的影响，将程序运行的结果立即送到输出口。表 2-2 为 S7–200 SMART PLC 的线圈指令表。

表 2-2　S7–200 SMART PLC 的线圈指令表

指令标识	梯形图符号及名称	说明	操作数	举例
─（　）	─（ ??.? ） 输出线圈	当有输入能流时，"??.?"线圈得电，能流消失后，"??.?"线圈马上失电	操作数：I、Q、M、SM、T、C、V、S、L，数据类型为布尔型	
─（ S ）	─（ ??.? S ???? ） 置位线圈	当有输入能流时，将"??.?"开始的"????"个线圈置位（即让这些线圈都得电），能流消失后，这些线圈仍保持为 1（即仍得电）	操作数：I、Q、M、SM、T、C、V、S、L，数据类型为布尔型 操作数类型：VB、IB、QB、MB、SMB、LB、SB、AC、*VD、*AC、*LD、常量，数据类型为字节型，范围为 1～255	
─（ R ）	─（ ??.? R ???? ） 复位线圈	当有输入能流时，将"??.?"开始的"????"个线圈复位（即让这些线圈都失电），能流消失后，这些线圈仍保持为 0（即失电）		
─（ I ）	─（ ??.? I ） 立即输出线圈	当有输入能流时，"??.?"线圈得电，PLC 的"??.?"端子立即产生输出，能流消失后，"??.?"线圈失电，PLC 的"??.?"端子立即停止输出	当 I0.0 常开触点闭合时，Q0.0、Q0.1 和 Q0.2～Q0.4 线圈均得电，PLC 的 Q0.1～Q0.4 端子立即产生输出，Q0.0 端子需要在程序运行结束后才产生输出；当 I0.0 常开触点断开时，Q0.1 端子立即停止输出，Q0.0 端子需要在程序运行结束后才停止输出，而 Q0.2～Q0.4 端子仍保持输出 当 I0.1 常开触点闭合时，Q0.2～Q0.4 线圈均失电，PLC 的 Q0.2～Q0.4 端子立即停止输出	
─（ SI ）	─（ ??.? SI ???? ） 立即置位线圈	当有输入能流时，将"??.?"开始的"????"个线圈置位，PLC 从"??.?"开始的"????"个端子立即产生输出，能流消失后，这些线圈仍保持为 1，其对应的 PLC 端子保持输出		
─（ RI ）	─（ ??.? RI ???? ） 立即复位线圈	当有输入能流时，将"??.?"开始的"????"个线圈复位，PLC 从"??.?"开始的"????"个端子立即停止输出，能流消失后，这些线圈仍保持为 0，其对应的 PLC 端子仍停止输出		

2. 拓展知识

（1）梯形图的基本绘制原则

梯形图绘制
原则

1）NETWORK***：NETWORK 为网络段，后面的 *** 是网络段序号。为了使程序易读，可以在 NETWORK 后面输入程序标题或注释，但不参与程序执行。

2）能流 / 使能：在梯形图中有两种基本类型的输入和输出：一种是能流 / 使能，在此使用能流；另一种是数据。对于功能性指令，EN 为能流输入，为布尔型。若与 EN 相连的逻辑运算结果为 1，则能流可以流过该指令并执行本条指令。ENO 为能流输出，若 EN 为 1，而且正确执行了本条指令，则 ENO 输出能把能流传到下一个单元；否则，指令执行错误，能流在此中止。功能性质的指令都有 EN 输入和 ENO 输出。线圈或线圈性质的指令没有 EN 输入，但有一个与 EN 性质和功能相同的输入端，输出端没有 ENO，但应理解为有能流通过。

3）编程顺序：梯形图按照从上到下、从左到右的顺序绘制，每个逻辑行开始于左母线。一般来说，触点要放在左侧，线圈和指令放在右侧，且线圈和指令的右侧不能再有触点，整个梯形图形成阶梯形结构。

4）编号分配：对外接电路各元件分配编号，编号的分配必须是主机或扩展模块本身实际提供的，而且是用来进行编程的。无论是输入设备还是输出设备，每个元件都必须分配不同的输入点和输出点。两个设备不能共用一个输入点和输出点。

5）内、外触点的配合：在梯形图中应正确选择设备所连接的输入继电器的触点类型。输入触点用以表示用户输入设备的输入信号，用常开触点还是常闭触点与两方面的因素有关：一是输入设备所用的触点类型，二是控制电路要求的触点类型。PLC 无法识别输入设备用的是常开触点还是常闭触点，只能识别输入电路是接通还是断开。

6）触点的使用次数：因为 PLC 的工作是以扫描方式进行的，而且在同一时刻只能扫描梯形图中的一个编程元件的状态。所以在梯形图中，同一编程元件，如 I/O 继电器、通用辅助继电器、定时器和计数器等元件的常开触点、常闭触点可以任意多次重复使用，不受限制。

7）线圈的使用次数：在绘制梯形图时，不同的多个继电器线圈可以并联输出，但同一个继电器的线圈不能重复使用，只能使用一次。

（2）S7-200 SMART PLC 与 S7-200 PLC 的指令比较　两者的指令基本相同。S7-200 SMART PLC 用 GET/PUT 指令取代了 S7-200 PLC 的网络读、写指令 NETR/NETW，用获取非致命错误代码指令 GET_ERROR 取代了诊断 LED 指令 DIAG_LED。S7-200 SMART PLC 还增加了获取 IP 地址指令 GIP、设置 IP 地址指令 SIP，以及 S7-200 SMART PLC 的指令列表的"库"文件夹中的八条开放式用户通信指令。

任务实施

1. I/O 地址分配

根据控制要求，首先确定 I/O 点个数，进行 I/O 地址分配，见表 2-3。画出照明灯 PLC 控制 I/O 接线图，如图 2-1 所示。

表 2-3　I/O 地址分配

输入			输出		
符号	地址	功能	符号	地址	功能
S1	I1.0	1# 开关	HL	Q0.0	照明灯
S2	I1.2	2# 开关			
S3	I1.4	3# 开关			

2. 设计程序

根据控制电路的要求，在计算机中编写程序，照明灯 PLC 控制程序梯形图如图 2-2 所示。

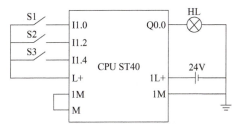

图 2-1　照明灯 PLC 控制 I/O 接线图

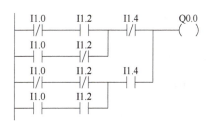

图 2-2　照明灯 PLC 控制程序梯形图

3. 安装配线

首先按照图 2-1 进行配线，安装方法及要求与继电器 – 接触器电路相同。

4. 运行调试

1）在断电状态下，连接好通信电缆。

2）打开 PLC 的前盖，将运行模式开关拨到 STOP 位置，或者单击工具栏中的"STOP"按钮，使 PLC 处于停止状态，可以进行程序编写。

3）在作为编程器的计算机上运行 STEP 7–Micro/WIN SMART 编程软件。

4）创建新项目并进行设备组态。

5）打开程序编辑器，录入梯形图。

6）单击执行"编辑"菜单下的"编译"子菜单命令，编译程序。

7）将控制程序下载到 PLC。

8）将运行模式选择开关拨到 RUN 位置，或者单击工具栏中的"RUN"按钮，使 PLC 进入运行状态。

9）拨动开关，观察照明灯亮灭情况是否正常。

任务拓展

有三层楼，每层有两个开关，采用 PLC 控制方式，任意层均可控制层间灯的亮灭。根据控制要求编制 PLC 控制程序并进行调试。

任务5 抢答器自动控制

任务描述

抢答器的三个输入分别为 I0.0、I0.1 和 I0.2，输出分别为 Q0.0、Q0.1 和 Q0.2，复位输入为 I0.4。要求三个人任意抢答，谁先按按钮，谁的指示灯就优先亮，且只能亮一盏灯；进行下一问题时，主持人按复位按钮，抢答重新开始。

任务目标

1）掌握 RS（复位/置位）/SR（置位/复位）触发器指令。
2）掌握边沿检测指令的使用方法。

相关知识

1. 基础知识

（1）RS/SR 触发器　RS/SR 触发器示例如图 2-3 所示，RS/SR 触发器输入与输出的对应关系见表 2-4。

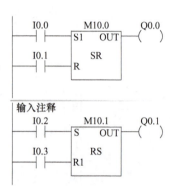

图 2-3　RS/SR 触发器示例

表 2-4　RS/SR 触发器输入与输出的对应关系

RS 触发器（复位优先）				SR 触发器（置位优先）			
输入状态		输出状态	说明	输入状态		输出状态	说明
S I0.2	R1 I0.3	Q Q0.1	当各个状态断开后，输出状态保持	R I0.1	S1 I0.0	Q Q0.0	各个状态断开后，输出状态保持
1	0	1		1	0	0	
0	1	0		0	1	1	
1	1	0		1	1	1	

1）SR：置位/复位触发器（置位优先）。若 R 输入端的信号状态为 1，S1 输入端的信号状态为 0，则复位；若 R 输入端的信号状态为 0，S1 输入端的信号状态为 1，则置位；若两个输入端的 RLO（逻辑运算结果）状态均为 1，则置位；若两个输入端的 RLO 状态均为 0，则保持触发器以前的状态。

2）RS：复位/置位触发器（复位优先）。若 S 输入端的信号状态为 1，R1 输入端的信号状态为 0，则置位；若 S 输入端的信号状态为 0，R1 输入端的信号状态为 1，则复位；若两个输入端的 RLO 状态均为 1，则复位；若两个输入端的 RLO 状态均为 0，则保持触发器以前的状态。

（2）上升沿和下降沿检测指令　上升沿和下降沿检测指令有扫描操作数的信号下降沿和扫描操作数的信号上升沿的作用。

1）上升沿检测指令 FP 检测 RLO 从 0 跳转到 1 时的上升沿，并保持 RLO=1 一个扫描周期。每个扫描周期期间，都会将 RLO 的信号状态与上一个周期获取的状态比较，以判断是否改变。上升沿检测指令的梯形图与时序图示例如图 2-4 所示。

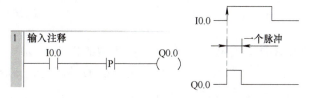

图 2-4 上升沿检测指令的梯形图与时序图示例

2）下降沿检测指令 FN 检测 RLO 从 1 跳转到 0 时的下降沿，并保持 RLO=1 一个扫描周期。每个扫描周期期间，都会将 RLO 的信号状态与上一个周期获取的状态比较，以判断是否改变。下降沿检测指令的梯形图与时序图示例如图 2-5 所示。

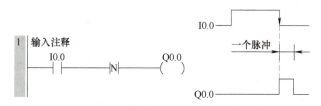

图 2-5 下降沿检测指令的梯形图与时序图示例

（3）边沿检测指令的应用

1）图 2-6 所示为边沿检测指令示例，如果按钮 I0.0 按下，闭合 1s 后弹起，请分析程序运行结果。

分析：边沿检测指令示例时序图如图 2-7 所示。当 I0.0 按下时，产生上升沿，触点产生一个扫描周期的时钟脉冲，驱动输出线圈 Q0.1 得电一个扫描周期，Q0.0 也得电，使输出线圈 Q0.0 置位，并保持。

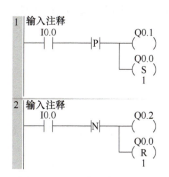

图 2-6 边沿检测指令示例

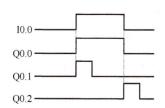

图 2-7 边沿检测指令示例时序图

当按钮 I0.0 弹起时，产生下降沿，触点产生一个扫描周期的时钟脉冲，驱动输出线圈 Q0.2 得电一个扫描周期，使输出线圈 Q0.0 复位并保持，Q0.0 共得电 1s。

2）设计一个程序，实现用一个按钮控制一盏灯的亮和灭，即奇数次按下按钮时灯亮，偶数次按下按钮时灯灭。

分析：梯形图如图 2-8 所示。当 I0.0 第一次合上时，M10.0 接通一个扫描周期，使得 Q0.0 线圈得电一个扫描周期，当下一个扫描周期到达时，Q0.0 常开触点闭合自锁，灯亮。

当 I0.0 第二次合上时，M10.0 线圈得电一个扫描周期，使得 M10.0 常闭触点断开，灯灭。

2. 拓展知识

经验设计法又称试凑法，是指在掌握了一些典型的控制环节和电路设计的基础上，根据被控对象对控制系统的具体要求，凭经验进行选择、组合的方法。有时为了得到一个满意的设计结果，需要反复进行多次调试和修改，增加一些辅助触点和中间编程环节。这种设计方法没有普遍规律可循，具有一定的试探性和随意性，与设计所用的时间、设计的质量及设计者经验多少有关。

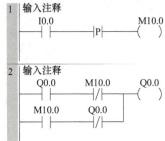

图 2-8　梯形图

经验设计法对一些比较简单的控制系统的设计比较有效，可以得到快速、简单的效果。但是，由于这种方法主要是依靠设计者的经验进行设计，所以对设计者的要求也比较高，特别是要求设计者有一定的实践经验，对工业控制系统和工业上常用的各种典型环节比较熟悉。对于复杂的系统，经验设计法一般设计周期长、不易掌握，系统交付使用后，维护困难。

采用经验设计法设计 PLC 控制程序的一般步骤如下：

① 分析控制要求，选择控制方案。可将生产机械的工作过程分成各个独立的简单运动，再分别设计这些简单运动的基本控制程序。

② 设计主令元件和检测元件，确定 I/O 信号。

③ 设计基本控制程序，根据制约关系，在程序中加入联锁触点。

④ 设置必要的保护措施，检查、修改和完善程序。

经验设计法

经验设计法也存在一些缺陷，需引起注意，生搬硬套的设计未必能达到理想的控制结果。另外，设计结果往往因人而异，程序设计不够规范，也会给使用和维护带来不便。所以，经验设计法一般只适合于较简单或与某些典型系统相类似的控制系统的设计。

任务实施

1. I/O 地址分配

根据控制要求，首先确定 I/O 点个数，进行 I/O 地址分配，见表 2-5。画出抢答器 PLC 控制 I/O 接线图，如图 2-9 所示。

表 2-5　I/O 地址分配

输入			输出		
符号	地址	功能	符号	地址	功能
SB1	I0.0	1# 抢答按钮	HL1	Q0.0	1# 抢答指示灯
SB2	I0.1	2# 抢答按钮	HL2	Q0.1	2# 抢答指示灯
SB3	I0.2	3# 抢答按钮			
SB4	I0.4	复位按钮	HL3	Q0.2	3# 抢答指示灯

2. 设计程序

编写梯形图程序，抢答器 PLC 控制程序梯形图如图 2-10 所示。

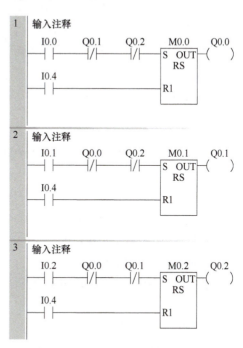

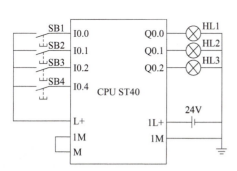

图 2-9　抢答器 PLC 控制 I/O 接线图　　　　图 2-10　抢答器 PLC 控制程序梯形图

3. 安装配线

首先按照图 2-9 所示进行配线，安装方法及要求与继电器－接触器电路相同。

4. 运行调试

1）在断电状态下，连接好通信电缆。

2）打开 PLC 的前盖，将运行模式开关拨到 STOP 位置，或者单击工具栏中的"STOP"按钮，使 PLC 处于停止状态，可以进行程序编写。

3）在作为编程器的计算机上运行 STEP 7–Micro/WIN SMART 编程软件。

4）创建新项目并进行设备组态。

5）打开程序编辑器，录入梯形图。

6）单击执行"编辑"菜单下的"编译"子菜单命令，编译程序。

7）将控制程序下载到 PLC。

8）将运行模式选择开关拨到 RUN 位置，或者单击工具栏中的"RUN"按钮，使 PLC 进入运行状态。

9）按下按钮，观察抢答器亮灭情况是否正常。

任务拓展

抢答器的四个输入分别为 I0.0、I0.1、I0.2 和 I0.3，输出分别为 Q0.0、Q0.1、Q0.2 和 Q0.3，复位输入为 I0.4。要求四个人任意抢答，谁先按按钮，谁的指示灯就优先亮，且只能亮一盏灯；进行下一问题时，主持人按复位按钮，抢答重新开始。

请结合以上控制要求，完成抢答器的 PLC 控制。

任务 6 霓虹灯自动控制

任务描述

有一组由八个彩灯构成的霓虹灯，当按下启动按钮 I0.0 时，彩灯 Q0.0 ～ Q0.7 按照亮 3s、灭 2s 的频率闪烁；当按下停止按钮 I0.1 时，彩灯 Q0.0 ～ Q0.7 停止闪烁后熄灭。

任务目标

1）掌握定时器指令（TONR、TON 和 TOF）及其应用。

2）掌握传送指令的使用方法。

3）掌握移位指令的使用方法。

4）了解移位寄存器指令的使用方法。

相关知识

1. 基础知识

定时器常用基本应用电路

（1）定时器指令 定时器是 PLC 中最常用元件之一，准确用好定时器对于 PLC 程序设计非常重要。S7-200 SMART PLC 的定时器有三种类型：保持接通延时型定时器（即有记忆的接通延时型定时器）TONR、接通延时型定时器 TON 和断开延时型定时器 TOF。定时器指令用来规定定时器的功能，表 2-6 为 S7-200 SMART PLC 定时器指令表，三条定时器指令规定了三种不同功能的定时器。

表 2-6 S7-200 SMART PLC 定时器指令表

定时器类型	保持接通延时型定时器	接通延时型定时器	断开延时型定时器
指令的表达式	T×× — IN TONR — PT ××ms	T×× — IN TON — PT ××ms	T×× — IN TOF — PT ××ms
参数	T×× 为字型，常数 T0 ～ T255，指定定时器号 IN 为位型，操作数为 I、Q、V、M、SM、S、T、C、L、能流，启动定时器 PT 为整数型，操作数为 IW、QW、VW、MW、SMW、T、C、LW、AC、AIW、*VD、*LD、*AC、常数，预置值输入端		

注：带 "*" 的存储单元具有变址功能。

S7-200 SMART PLC 定时器使用的基本要素如下。

1）编号、类型及精度。S7-200 SMART PLC 配置了 256 个定时器，编号为 T0 ～ T255。定时器有 1ms、10ms、100ms 这三种精度，1ms 的定时器有 4 个，10ms 的

定时器有 16 个，100ms 的定时器有 236 个。编号和类型与精度有关，例如 T2 定时器的精度是 10ms，类型为保持接通延时型定时器。选用前应先查表 2-7 以确定合适的编号，从表 2-7 中可知，有记忆的定时器均为保持接通延时型定时器，无记忆的定时器可通过指令指定为接通延时型定时器或断开延时型定时器，使用时还须注意，一个程序中不能把同一个定时器同时用作不同类型，例如既有 TON37 又有 TOF37。

表 2-7　定时器的精度及编号

定时器类型	定时精度 /ms	最大当前值 /s	定时器编号
TONR （有记忆）	1	32.767	T0、T64
	10	327.67	T1 ～ T4、T65 ～ T68
	100	3276.7	T5 ～ T31、T69 ～ T95
TON，TOF （无记忆）	1	32.767	T32、T96
	10	327.67	T33 ～ T36、T97 ～ T100
	100	3276.7	T37 ～ T63、T101 ～ T255

2）预置值。预置值又称设定值，即编程时设定的延时时间的长短，PLC 定时器采用时基计数值与预置值比较的方式确定设定时间是否达到，时基计数值称为当前值，存储在当前值寄存器中，预置值在使用梯形图编程时，标在定时器功能框的 PT 端。

3）工作条件。工作条件又称使能输入，从梯形图的角度看，定时器功能框的 IN 端连接的是定时器的工作条件。对于接通延时型定时器来说，有能流流到 IN 端时开始计时；对于断开延时型定时器来说，能流从有变化到无时开始计时；对于无记忆的定时器来说（如接通延时型定时器），当工作条件失去，能流从有变到无时，无论是否达到预置值，定时器均复位，前面的计数值清 0；对于有记忆的定时器来说，可累计分段的定时时间，这种定时器的复位需依靠复位指令。

4）工作对象。当工作对象指定时间到时，利用定时器的触点控制的元件或工作过程。S7-200 SMART PLC 定时器的工作过程可以描述如下：

当接通延时型定时器和保持接通延时型定时器在 IN 端接通，定时器的当前值大于或等于 PT 端的预置值时，该定时器位被置位。达到设定时间后，接通延时型定时器和保持接通延时型定时器继续计时，后者的当前值可以分段累加，一直到最大值 32767。

当断开延时型定时器在 IN 端接通时，定时器位立即接通，并把当前值设为 0。当 IN 端断开时，启动计时，达到预置值 PT 时，定时器位断开，并且停止当前值计数。当 IN 端断开的时间短于预置值时，定时器位保持接通。

（2）S7-200 SMART PLC 定时器的使用

1）TON。TON 的特点是：当 TON 的 IN 端输入为 ON 时开始计时，计时达到设定时间后状态变为 1，驱动同编号的触点产生动作，TON 达到设定时间后会继续计时直到最大值，但后续的计时并不影响定时器的输出状态；在计时期间，若 TON 的 IN 端输入变为 OFF，定时器马上复位，当前值和输出状态值都清 0。

TON 指令使用举例如图 2-11 所示。当 I0.0 触点闭合时，TON 定时器 T37 的 IN 端输入为 ON，开始计时，当计时达到预置值 10（10×100ms=1s）时，T37 定时器状态变为 1，T37 定时器常开触点闭合，线圈 Q0.0 得电，T37 定时器继续计时，直到最大值 32767，然后保持最大值不变；当 I0.0 触点断开时，T37 定时器的 IN 端输入为 OFF，T37 定时器当前值和状态均清 0，T37 定时器常开触点断开，线圈 Q0.0 失电。

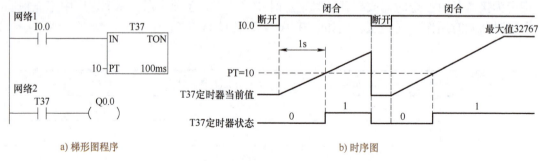

图 2-11　TON 指令使用举例

2）TOF。TOF 的特点是：当 TOF 的 IN 端输入为 ON 时，TOF 的状态变为 1，同时当前值被清 0，当 TOF 的 IN 端输入变为 OFF 时，TOF 的状态仍保持为 1，同时 TOF 开始计时，当前值达到预置值后 TOF 的状态变为 0，当前值保持不变。

TOF 指令使用举例如图 2-12 所示。当 I0.0 触点闭合时，TOF 定时器 T33 的 IN 端输入为 ON，T33 定时器状态变为 1，同时当前值清 0；当 I0.0 触点由闭合转为断开时，T33 定时器的 IN 端输入为 OFF，T33 定时器开始计时，当计时达到预置值 100（100×10ms=1s）时，T33 定时器状态变为 0，当前值不变；当 I0.0 重新闭合时，T33 定时器状态变为 1，同时当前值清 0。T33 定时器通电时状态为 1，T33 定时器常开触点闭合，线圈 Q0.0 得电；T33 定时器断电后开始计时，计时达到预置值时状态变为 0，T33 定时器常开触点断开，线圈 Q0.0 失电。

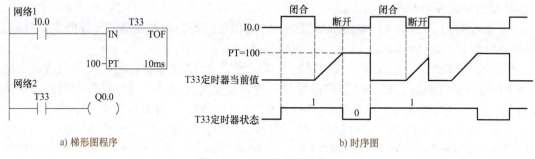

图 2-12　TOF 指令使用举例

3）TONR。TONR 的特点是：当 TONR 的 IN 输入端通电时开始计时，计时达到预置值后状态置 1，然后 TONR 会继续计时直到最大值，在后续计时期间定时器的状态仍为 1；在计时期间，如果 TONR 的输入端失电，其计时值不会复位，而是将失电前瞬间的计时值记忆下来，当输入端再次通电时，TONR 会在记忆值上继续计时，直到最大值。失电不会使 TONR 状态复位、计时清 0，要让 TONR 状态复位、计时清 0，必须用到复位指令。

TONR 指令使用举例如图 2-13 所示。当 I0.0 触点闭合时，TONR 定时器 T1 的 IN 端输入为 ON，开始计时，如果当前值未达到预置值 I0.0 触点就断开，T1 将当前计时值记忆下来；当 I0.0 触点再闭合时，T1 在记忆的计时值上继续计时，当前值达到预置值 100（100×10ms=1s）时，T1 状态变为 1，T1 常开触点闭合，线圈 Q0.0 得电，T1 继续计时，直到达到最大计时值 32767。在计时期间，如果 I0.1 触点闭合，执行复位指令，T1 被复位，T1 状态变为 0，当前值也被清 0；如果 I0.1 触点断开且 I0.0 触点闭合，T1 重新开始计时。

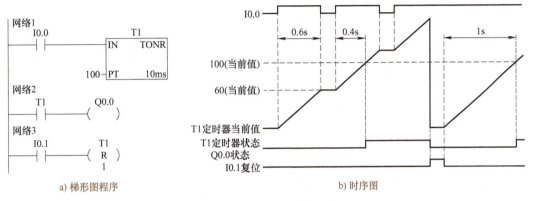

图 2-13　TONR 指令使用举例

（3）定时器常见的基本应用电路

1）延时断开控制电路，对应的梯形图程序和时序图如图 2-14 所示。I0.0 用于启动 Q0.0，Q0.0 启动后，不论如何操作 I0.0，Q0.0 总是在 I0.0 断电后 20s 断电。

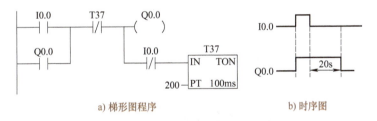

图 2-14　延时断开控制电路的梯形图程序和时序图

2）延时通断控制电路。系统启动时延时启动，系统停止时延时停止，这是生产实践中为了协调各设备之间正常工作常用的一种控制手段。

假定 I0.0、I0.1 分别为系统的启动按钮和停止按钮，Q0.1 为系统的输出，则对应的梯形图程序和时序图如图 2-15 所示。按下 I0.0，系统启动，T37 开始定时，9s 后 T37 的常开触点接通，使 Q0.1 得电，此时系统启动标志 M0.0 使 T38 复位；按下 I0.1，M0.0 变为 OFF，T38 开始定时，7s 后 T38 的常闭触点断开，使 Q0.1 失电，T38 复位。

3）定时器扩展电路。PLC 的定时器有一定的时间设定范围，如果需要超出设定范围，可通过几个定时器串联，达到扩充预置值的目的。图 2-16 所示为定时器扩展电路的梯形图程序和时序图。图 2-16 中通过两个定时器的串联使用，可以实现延时 1300s。T37 的预置值为 800s，T38 的预置值为 500s。当 I0.0 闭合时，T37 就开始计时，达到 800s 后 T37 的常开触点闭合，使 T38 得电开始计时；再延时 500s 后，T38 的常开触点闭合，使 Q0.0 线圈得电，获得延时 1300s 的输出信号。

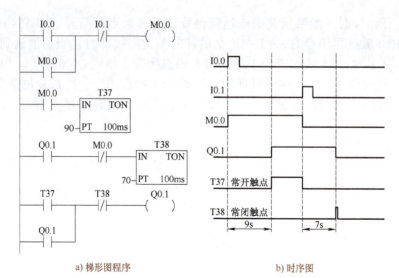

a) 梯形图程序   b) 时序图

图 2-15　延时通断控制电路的梯形图程序和时序图

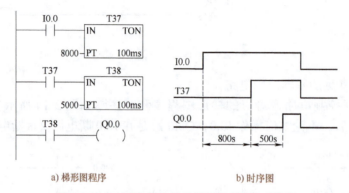

a) 梯形图程序   b) 时序图

图 2-16　定时器扩展电路的梯形图程序和时序图

传送类指令与
移位指令应用
实例

2. 拓展知识

（1）传送指令　传送指令用于在各个编程元件之间进行数据传送。根据每次传送数据的数量可分为单个传送指令和块传送指令。

1）单个传送指令 MOVB、MOVW、MOVD 和 MOVR。单个传送指令每次传递 1 个数据，根据传送数据的类型分为字节传送、字传送、双字传送和实数传送。影响允许输出端 ENO 正常工作的出错条件：SM4.3（运行时间）、0006（间接寻址）。表 2-8 列出了单个传送指令。单个传送指令中 IN 端和 OUT 端的寻址范围见表 2-9。

表 2-8　单个传送指令

指令名称	梯形图与助记符	功能说明	举例
字节传送	MOV_B EN ENO ????-IN OUT-???? MOVB IN, OUT	将 IN 端指定字节单元中的数据送入 OUT 端指定的字节单元中	I0.1 MOV_B ┤├─EN ENO├─ IB0-IN OUT-QB0 当 I0.1 触点闭合时，将 IB0（I0.0 ～ I0.7）单元中的数据送入 QB0（Q0.0 ～ Q0.7）单元中。IN 端也可以输入常数，例如将 IB0 改为"3"，则将"3"送入 QB0

（续）

指令名称	梯形图与助记符	功能说明	举例
字传送	MOV_W EN ENO ????-IN OUT-???? MOVW IN, OUT	将 IN 端指定字单元中的数据送入 OUT 端指定的字单元中	I0.2 MOV_W EN ENO IW0-IN OUT-QW0 当 I0.2 触点闭合时，将 IW0（I0.0～I1.7）单元中的数据送入 QW0（Q0.0～Q1.7）单元中
双字传送	MOV_DW EN ENO ????-IN OUT-???? MOVD IN, OUT	将 IN 端指定双字单元中的数据送入 OUT 端指定的双字单元中	I0.3 MOV_DW EN ENO ID0-IN OUT-QD0 当 I0.3 触点闭合时，将 ID0（I0.0～I3.7）单元中的数据送入 QD0（Q0.0～Q3.7）单元中
实数传送	MOV_R EN ENO ????-IN OUT-???? MOVR IN, OUT	将 IN 端指定双字单元中的实数送入 OUT 端指定的双字单元中	I0.4 MOV_R EN ENO 0.1-IN OUT-AC0 当 I0.4 触点闭合时，将实数"0.1"的数据送入 AC0（32位）中

表 2-9　单个传送指令中 IN 端和 OUT 端的寻址范围

指令名称	操作数	数据类型	寻址范围
字节传送	IN	字节	VB、IB、QB、MB、SMB、LB、SB、AC、*AC、*LD、*VD 和常数
	OUT	字节	VB、IB、QB、MB、SMB、LB、SB、AC、*AC、*LD 和 *VD
字传送	IN	字	VW、IW、QW、MW、SMW、LW、SW、AC、*AC、*LD、*VD、T、C 和常数
	OUT	字	VW、IW、QW、MW、SMW、LW、SW、AC、*AC、*LD、*VD、T 和 C
双字传送	IN	双字	VD、ID、QD、MD、SMD、LD、AC、HC、*AC、*LD、*VD 和常数
	OUT	双字	VD、ID、QD、MD、SMD、LD、AC、*AC、*LD 和 *VD
实数传送	IN	实数	VD、ID、QD、MD、SMD、LD、AC、HC、*AC、*LD、*VD 和常数
	OUT	实数	VD、ID、QD、MD、SMD、LD、AC、*AC、*LD 和 *VD

　　2）块传送指令 BMB、BMW 和 BMD。块传送类指令用来进行 1 次传送多个数据，将最多 255 个数据组成 1 个数据块，数据块的类型可以是字节块、字块和双字块。影响允许输出端 ENO 正常工作的出错条件是：SM4.3（运行时间）、0006（间接寻址）和 0091（操作数超界）。表 2-10 列出了块传送指令的类别。块传送指令中 IN 端、N 端、OUT 端的寻址范围见表 2-11。

表 2-10　块传送指令的类别

指令名称	梯形图与助记符	功能说明	举例
字节块传送	BLKMOV_B EN　ENO ????－IN　OUT－???? ????－N BMB　IN, OUT, N	将 IN 端指定首地址的 N 个字节单元中的数据送入 OUT 端指定首地址的 N 个字节单元中	I0.1　BLKMOV_B EN　ENO VB10－IN　OUT－VB20 3－N 当 I0.1 触点闭合时，将以 VB10 为首地址的 3 个连续字节单元中的数据送入以 VB20 为首地址的 3 个连续字节单元中，其中 VB10→VB20、VB11→VB21、VB12→VB22
字块传送	BLKMOV_W EN　ENO ????－IN　OUT－???? ????－N BMW　IN, OUT, N	将 IN 端指定首地址的 N 个字单元中的数据送入 OUT 端指定首地址的 N 个字单元中	I0.2　BLKMOV_W EN　ENO VW10－IN　OUT－VW20 3－N 当 I0.2 触点闭合时，将以 VW10 为首地址的 3 个连续字单元中的数据送入以 VW20 为首地址的 3 个连续字单元中
双字块传送	BLKMOV_D EN　ENO ????－IN　OUT－???? ????－N BMD　IN, OUT, N	将 IN 端指定首地址的 N 个双字单元中的数据送入 OUT 端指定首地址的 N 个双字单元中	I0.3　BLKMOV_D EN　ENO VD10－IN　OUT－VD20 3－N 当 I0.3 触点闭合时，将以 VD10 为首地址的 3 个连续双字单元中的数据送入以 VD20 为首地址的 3 个连续双字单元中

表 2-11　块传送指令中 IN 端、N 端、OUT 端的寻址范围

指令名称	操作数	数据块类型	寻址范围
字节块传送	IN、OUT	字节	VB、IB、QB、MB、SMB、LB、HC、AC、*AC、*LD 和 *VD
	N	字节	VB、IB、QB、MB、SMB、LB、AC、*AC、*LD 和 *VD
字块传送	IN、OUT	字	VW、IW、QW、MW、SMW、LW、AIW、AC、AQW、HC、C、T、*AC、*LD 和 *VD
	N	字节	VB、IB、QB、MB、SMB、LB、AC、*AC、*LD 和 *VD
双字块传送	IN、OUT	双字	VD、ID、QD、MD、SMD、LD、SD、AC、HC、*AC、*LD 和 *VD
	N	字节	VB、IB、QB、MB、SMB、LB、AC、*AC、*LD、*VD 和常数

（2）移位指令

1）左移和右移指令。移位指令在 PLC 控制中是比较常用的，根据移位数据的长度可分为字节型移位、字型移位和双字型移位；根据移位的方向可分为左移和右移，还可以进行循环移位，指令有右移指令、左移指令、循环右移指令和循环左移指令。移位指令见表 2-12。

表 2-12　移位指令

指令名称	梯形图符号	助记符	功能说明
字节左移	SHL_B EN　ENO IN　OUT N	SLB OUT，N	以功能框的形式编程，当允许输入端 EN 有效时，将字节型输入数据 IN 左移 N 位（$N \leqslant 8$）后，送到 OUT 端指定的字节存储单元中
字节右移	SHR_B EN　ENO IN　OUT N	SRB OUT，N	以功能框的形式编程，当允许输入端 EN 有效时，将字节型输入数据 IN 右移 N 位（$N \leqslant 8$）后，送到 OUT 端指定的字节存储单元
字左移	SHL_W EN　ENO IN　OUT N	SLW OUT，N	以功能框的形式编程，当允许输入端 EN 有效时，将字型输入数据 IN 左移 N 位（$N \leqslant 16$）后，送到 OUT 端指定的字存储单元
字右移	SHR_W EN　ENO IN　OUT N	SRW OUT，N	以功能框的形式编程，当允许输入端 EN 有效时，将字型输入数据 IN 右移 N 位（$N \leqslant 16$）后，送到 OUT 端指定的字存储单元
双字左移	SHL_DW EN　ENO IN　OUT N	SLD OUT，N	以功能框的形式编程，当允许输入端 EN 有效时，将双字型输入数据 IN 左移 N 位（$N \leqslant 32$）后，送到 OUT 端指定的双字存储单元
双字右移	SHR_DW EN　ENO IN　OUT N	SRD OUT，N	以功能框的形式编程，当允许输入端 EN 有效时，将双字型输入数据 IN 右移 N 位（$N \leqslant 32$）后，送到 OUT 端指定的双字存储单元

左移指令和右移指令的特点如下：

① 被移位的数据是无符号的。

② 进行移位时，存放被移位数据的编程元件的移出端与特殊继电器 SM1.1 连接，移出位进入 SM1.1（溢出），另一端自动补 0。

③ 移位次数 N 与移位数据的长度有关，若 N 小于实际的数据长度，则执行 N 次移位，若 N 大于实际的数据长度，则执行移位的次数等于实际数据长度的位数。

④ 移位次数 N 为字节型数据。

影响允许输出端 ENO 正常工作的出错条件：SM4.3（运行时间）、0006（间接寻址）。

2）循环左移指令和循环右移指令。循环移位的特点如下：

① 被移位的数据是无符号的。

② 进行移位时，存放被移位数据的编程元件的移出端既与另一端连接，又与特殊继电器 SM1.1 连接，移出位在被移到另一端的同时，也进入 SM1.1（溢出）。

③ 移位次数 N 与移位数据的长度有关，若 N 小于实际的数据长度，则执行 N 次移位，若 N 大于数据长度，则执行移位的次数为 N 除以实际数据长度的余数。

④ 移位次数 N 为字节型数据。

如果执行循环移位操作，移出的最后 1 位的数值存放在溢出位 SM1.1。如果实际移位次数为 0，零标志位 SM1.0 被置 1。字节操作是无符号的，如果对有符号的字或双字进行操作，符号位也一起移动。循环移位指令见表 2-13。

表 2-13　循环移位指令

指令名称	梯形图符号	助记符	功能说明
字节循环左移	ROL_B EN　ENO IN　OUT N	RLB OUT, N	以功能框的形式编程，当允许输入端 EN 有效时，将字节型输入数据 IN 循环左移 N 位后，送到 OUT 端指定的字节存储单元
字节循环右移	ROR_B EN　ENO IN　OUT N	RRB OUT, N	以功能框的形式编程，当允许输入端 EN 有效时，将字节型输入数据 IN 循环右移 N 位后，送到 OUT 端指定的字节存储单元
字循环左移	ROL_W EN　ENO IN　OUT N	RLW OUT, N	以功能框的形式编程，当允许输入端 EN 有效时，将字型输入数据 IN 循环左移 N 位后，送到 OUT 端指定的字存储单元
字循环右移	ROR_W EN　ENO IN　OUT N	RRW OUT, N	以功能框的形式编程，当允许输入端 EN 有效时，将字型输入数据 IN 循环右移 N 位后，送到 OUT 端指定的字存储单元
双字循环左移	ROL_DW EN　ENO IN　OUT N	RLD OUT, N	以功能框的形式编程，当允许输入端 EN 有效时，将双字型输入数据 IN 循环左移 N 位后，送到 OUT 端指定的双字存储单元
双字循环右移	ROR_DW EN　ENO IN　OUT N	RRD OUT, N	以功能框的形式编程，当允许输入端 EN 有效时，将双字型输入数据 IN 循环右移 N 位后，送到 OUT 端指定的双字存储单元

3）循环移位指令使用举例。循环移位指令的使用如图 2-17 所示。当 I1.0 触点闭合时，执行 RRW 指令，将 AC0 中的数据循环右移 2 位，最后一位移出值 0 同时保存在溢出标志位 SM1.1 中。

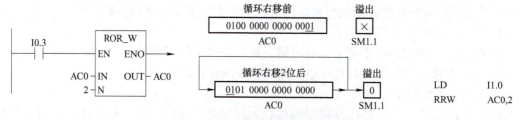

图 2-17　循环移位指令的使用

如果移位数 N 大于或等于最大允许值（字节操作为 8，字操作为 16，双字操作为 32），在执行循环移位之前，会执行取模操作，例如对于字节操作，取模操作过程是将 N 除以 8 取余数作为实际移位数，字节操作实际移位数是 0～7，字操作是 0～15，双字操作是 0～31。如果移位次数为 0，循环移位指令不执行。

执行循环移位指令时，最后一个移位值会同时移入溢出标志位 SM1.1。当循环移位结果是 0 时，零标志位 SM1.0 被置 1。字节操作是无符号的，对于字和双字操作，当使用有符号数时，符号位也被移位。

（3）传送类指令与循环指令应用实例

1）控制要求：用一个按钮控制彩灯循环，方法是第一次按下按钮为启动循环，第二次按下按钮为停止循环，以此为奇数次启动，偶数次停止。用另一个按钮控制循环方向，第一次按下按钮左循环，第二次按下按钮右循环，由此交替。假设彩灯初始状态为 00000101，循环移动周期为 1s。

2）I/O 分配：I0.0 为启动停止按钮，I0.1 为左、右循环按钮，Q0.0 ～ Q0.7 为彩灯对应位（共 1 字节）。

3）程序注释：单按钮控制彩灯循环的梯形图程序如图 2-18 所示，程序中 SM0.1 是特殊继电器，利用特殊继电器将 PLC 从停止状态转换为运行状态只接通一个扫描周期的特点为彩灯设置初始值 16#05（00000101），利用字节传送指令 MOVB 将 16#05 送到 QB0 中，按下启动按钮，I0.0 为 ON，使 M0.0 置位，定时器 T37

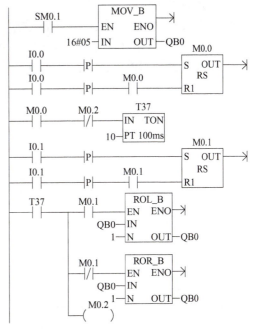

图 2-18　单按钮控制彩灯循环的梯形图程序

开始计时，时间为 1s，计时到以后是左循环还是右循环要由 M0.1 是否吸合来判断，若吸合则为左循环，所用指令为 RLB，若没吸合则为右循环，所用指令为 RRB，而 M0.1 是否吸合由 I0.1 决定，I0.1 单数次接通时为左循环，I0.1 双数次接通时为右循环，每隔 1s 循环移动 1 位。

（4）移位寄存器指令　移位寄存器指令的功能是将 1 个数值移入移位寄存器中。使用该指令，1 个扫描周期整个移位寄存器的数据移动 1 位。

移位寄存器指令见表 2-14。

表 2-14　移位寄存器指令

指令名称	梯形图与助记符	功能说明	操作数	
			DATA、S_BIT	N
移位寄存器指令	SHRB EN ENO DATA S_BIT N SHRB DATA, S_BIT, N	将 S_BIT 端为最低地址的 N 个位单元设为移位寄存器，DATA 端指定数据输入的位单元，N 指定移位寄存器的长度和移位方向。当 N 为正值时正向移动，输入数据从最低位 S_BIT 移入，最高位移出，移出的数据放在溢出标志位 SM1.1 中；当 N 为负值时反向移动，输入数据从最高位移入，最低位 S_BIT 移出，移出的数据放在溢出标志位 SM1.1 中。移位寄存器的最大长度为 64 位，可正可负	I、Q、V、M、SM、S、T、C 和 L（位型）	IB、QB、VB、MB、SMB、SB、LB、AC、*VD、*LD、*AC 和常数（字节型）

移位寄存器指令使用举例如图 2-19 所示。当 I1.0 触点第一次闭合时，P 触点接通一个扫描周期，执行 SHRB 指令，将以 V100.0（S_BIT）为最低地址的 4（N）个连续位单元 V100.3 ～ V100.0 定义为一个移位寄存器，并把 I0.3（DATA）位单元送来的数据 1 移入 V100.0 单元中，V100.3 ～ V100.0 原先的数据都会随之移动 1 位，V100.3 中先前的数

据 0 被移到溢出标志位 SM1.1 中；当 I1.0 触点第二次闭合时，P 触点又接通一个扫描周期，又执行 SHRB 指令，将 I0.3 送来的数据 0 移入 V100.0 单元中，V100.3 ～ V100.1 的数据也都会移动一位，V100.3 中的数据 1 被移到溢出标志位 SM1.1 中。在图 2-19 中，如果 $N=-4$，I0.3 位单元送来的数据会从移位寄存器的最高位 V100.3 移入，最低位 V100.0 移出的数据会移到溢出标志位 SM1.1 中。

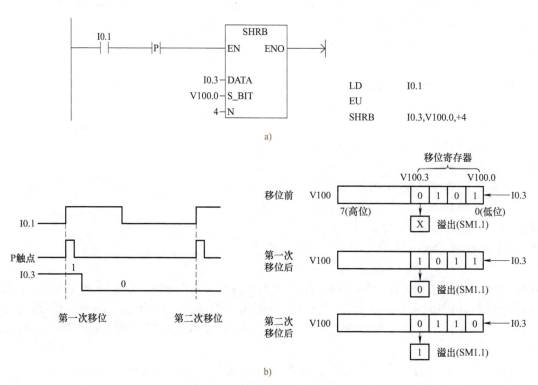

图 2-19　移位寄存器指令使用举例

任务实施

1. I/O 地址分配

根据控制要求，首先确定 I/O 点个数，进行 I/O 地址分配见表 2-15。画出霓虹灯 PLC I/O 接线图，如图 2-20 所示。

表 2-15　I/O 地址分配

输入			输出		
符号	地址	功能	符号	地址	功能
SB1	I0.0	启动按钮	HL1	Q0.0	1# 彩灯
			HL2	Q0.1	2# 彩灯
			HL3	Q0.2	3# 彩灯
			HL4	Q0.3	4# 彩灯

（续）

输入			输出		
符号	地址	功能	符号	地址	功能
			HL5	Q0.4	5# 彩灯
			HL6	Q0.5	6# 彩灯
SB2	I0.1	停止按钮	HL7	Q0.6	7# 彩灯
			HL8	Q0.7	8# 彩灯

2. 设计程序

根据控制电路要求在计算机中编写程序，霓虹灯 PLC 控制程序梯形图如图 2-21 所示。

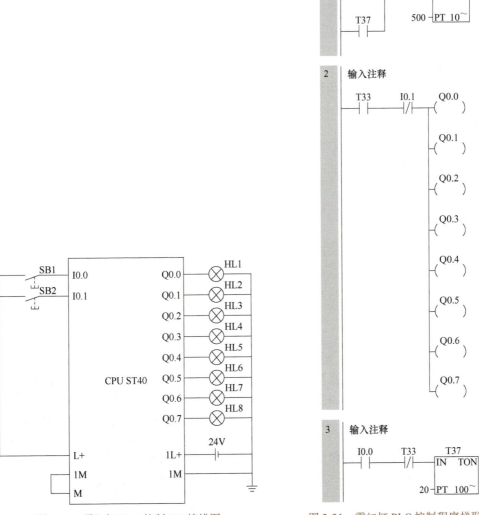

图 2-20 霓虹灯 PLC 控制 I/O 接线图   图 2-21 霓虹灯 PLC 控制程序梯形图

3. 安装配线

首先按照图 2-20 所示进行配线，安装方法及要求与继电器–接触器电路相同。

4. 运行调试

1）在断电状态下，连接好通信电缆。

2）打开 PLC 的前盖，将运行模式开关拨到 STOP 位置，或者单击工具栏中的"STOP"按钮，使 PLC 处于停止状态，可以进行程序编写。

3）在作为编程器的计算机上，运行 STEP 7-Micro/WIN SMART 编程软件。

4）创建新项目并进行设备组态。

5）打开程序编辑器，录入梯形图。

6）单击执行"编辑"菜单下的"编译"子菜单命令，编译程序。

7）将控制程序下载到 PLC。

8）将运行模式选择开关拨到 RUN 位置，或者单击工具栏中的"RUN"按钮，使 PLC 进入运行状态。

9）按下按钮，观察霓虹灯亮灭情况是否正常。

🔴 任务拓展

有九盏灯构成闪光灯控制系统，控制要求如下：

1）隔两灯闪烁：L1、L4、L7 亮，1s 后灭，接着 L2、L5、L8 亮，1s 后灭，接着 L3、L6、L9 亮，1s 后灭，接着 L1、L4、L7 亮，1s 后灭，如此循环。试编制程序，并上机调试运行。

2）发射型闪烁：L1 亮，2s 后灭，接着 L2、L3、L4、L5 亮，2s 后灭，接着 L6、L7、L8、L9 亮，2s 后灭，接着 L1 亮，2s 后灭，如此循环。试编制程序，并上机调试运行。

任务 7 交通信号灯控制

🔴 任务描述

图 2-22 所示为一条公路与人行横道之间的交通信号灯顺序控制时序图。当没有人横穿公路时，公路绿灯与人行横道红灯始终都是亮的；当有人需要横穿公路时，按路边设有的按钮（两侧均设）SB1 或 SB2，15s 后公路绿灯灭、黄灯亮，再过 10s，公路黄灯灭、红灯亮，然后过 5s 人行横道红灯灭、绿灯亮，绿灯亮 10s 后又闪烁 4s，5s 后红灯又亮了，再过 5s，公路红灯灭、绿灯亮。在这个过程中按路边的按钮是不起作用的，只有当整个过程结束后，也就是公路绿灯与人行横道红灯同时亮时再按按钮才起作用。

交通信号灯
控制

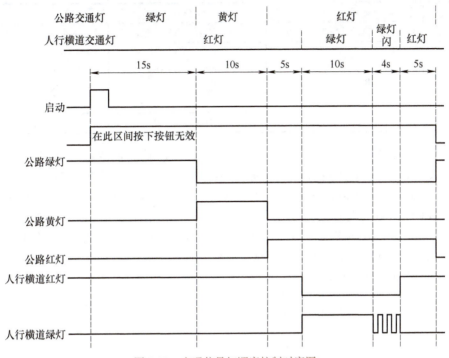

图 2-22　交通信号灯顺序控制时序图

任务目标

1）掌握计数器指令（CTU、CTD 和 CTUD）。

2）了解计数器指令的应用。

相关知识

1. 基础知识

（1）计数器指令　S7-200 SMART PLC 的普通计数器有三种类型：递增计数器 CTU、递减计数器 CTD 和增减计数器 CTUD，共计 256 个，编号为 C0 ～ C255。可根据实际编程需要，对某个计数器的类型进行定义。不能重复使用同一个计数器的线圈编号，即每个计数器的线圈编号只

计数器指令

能使用一次。每个计数器有 16 位当前值寄存器和 1 个状态位，最大计数值为 32767。计数器预置值 PV 的数据类型为整数型，寻址范围为 VW、IW、QW、MW、SW、SMW、LW、AIW、T、C、AC、*VD、*AC、*LD 和常数。

计数器用来累计输入脉冲的次数，在实际应用中用来对产品进行计数或完成复杂的逻辑控制任务。计数器的使用和定时器基本类似，编程时各输入端都应有位控制信号，计数器累计它的脉冲输入端信号上升沿的个数。依据预置值和计数器类型决定动作时刻，以便完成计数控制任务。计数器指令见表 2-16。

表 2-16　计数器指令

格式	名称		
	递增计数器	递减计数器	增减计数器
梯形图	CTU —CU　CTU —R —PV	CTD —CD　CTD —LD —PV	CTUD —CU　CTUD —CD —R —PV
助记符	CTU C***, PV	CTD C***, PV	CTUD C***, PV

1）递增计数器 CTU。在梯形图中，递增计数器以功能框的形式编程，指令名称为 CTU（见表 2-16）。递增计数器有三个输入端：CU、R 和 PV。递增计数器的梯形图和语句表如图 2-23 所示。当复位输入端 R 电路断开时，加计数脉冲输入端 CU 电路由断开变为接通（即 CU 信号的上升沿），计数器计数 1 次，当前值增加 1 个单位，PV 为预置值输入端，当前值达到预置值时，计数器动作，计数器位为 ON，当前值可继续计数到 32767 后停止计数。当复位输入端 R 为 ON 或对计数器执行复位指令时，计数器自动复位，即计数器状态位为 OFF，当前值为 0。

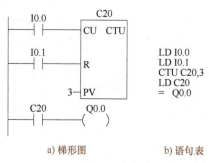

a) 梯形图　　　　b) 语句表

图 2-23　递增计数器的梯形图和语句表

2）递减计数器 CTD。在梯形图中，递减计数器以功能框的形式编程，指令名称为 CTD（见表 2-16）。递减计数器有三个输入端：CD、LD 和 PV。递减计数器的梯形图、语句表和时序图如图 2-24 所示。当复位输入端 LD 电路断开时，减计数脉冲输入端 CD 电路由断开变为接通（即 CD 信号的上升沿），计数器计数 1 次，当前值减去 1 个单位，PV 为预置值输入端，当前值减到 0 时，计数器动作，计数器位为 ON，计数器的当前值保持为 0。当复位输入端 LD 为 ON 或对计数器执行复位指令，计数器自动复位，计数器状态位为 OFF，当前值为预置值。

3）增减计数器 CTUD。在梯形图中，增减计数器以功能框的形式编程，指令名称为 CTUD（见表 2-16）。增减计数器有四个输入端：CU 输入端用于递增计数，CD 输入端用于递减计数，R 输入端用于复位，PV 为预置值输入端。CU 端输入的每个上升沿都使计数器当前值加 1，CD 端输入的每个上升沿都使计数器当前值减 1，当前值达到预置值时，计数器动作，其状态位为 ON。当复位输入端 R 为 ON 或使用复位指令时，计数器复位，状态位变为 OFF，当前值清 0。

增减计数器当前值计数到 32767（最大值）后，下一个 CU 端输入的上升沿将使当前值跳变为 –32767（最小值）；当前值达到 –32767 后，下一个 CD 端输入的上升沿将使当前值跳变为 32767。图 2-25 所示为增减计数器的梯形图、语句表和时序图。

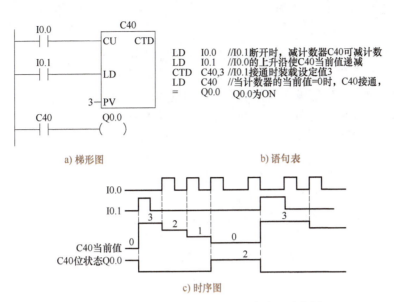

图 2-24　递减计数器的梯形图、语句表和时序图

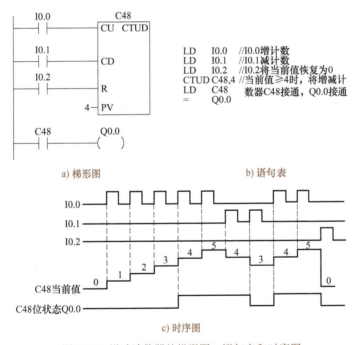

图 2-25　增减计数器的梯形图、语句表和时序图

（2）计数器的串级组合　PLC 单个计数器的计数次数是有限的。在 S7-200 SMART PLC 中，单个计数器的最大计数范围是 32767，当所需的计数次数超过这个最大值时，可通过计数器串级组合的方式扩大计数器的计数范围。

例如，某产品的生产个数达到 50 万个时，将有一个输出动作，假定 I0.0 为计数开关，I0.1 为清 0 开关，Q0.0 为 50 万个时的输出位，50 万个数用一个计数器是实现不了的，这里使用了两个。两个计数器串级组合的梯形图程序如图 2-26 所示，C1 的预置值为 25000，C2 的预置值为 20，当达到 C2 预置值时，对 I0.0 的计数次数已达到 25000×20=500000 次。

2. 拓展知识

（1）辅助继电器 M 编制 PLC 程序时，经常需要用一些辅助继电器，其功能与传统继电器控制电路中的中间继电器相同。辅助继电器与外部没有任何联系，不可能直接驱动任何负载。每个辅助继电器对应着数据存储器的一个基本单元，可以由所有编程元件的触点（当然包括它自己的触点）驱动，其状态同样可以无限制使用。借助于辅助继电器，可使输入与输出之间建立复杂的逻辑关系和联锁关系，以满足不同的控制要求。在 S7-200 SMART PLC 中，有时也称辅助继电器为位存储区的内部标志位，所以辅助继电器一般以位为单位使用，采用"字节.位"的编址方式，每 1 位相当于 1 个中间继电器，S7-200 SMART PLC 的辅助继电器的数量为 256 个（32 字节，256 位）。辅助继电器也可以字节、字和双字为单位，用作数据存储。

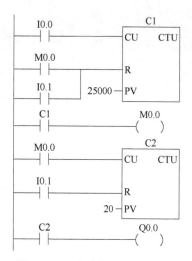

图 2-26　两个计数器串级组合的梯形图程序

（2）特殊继电器 SM 特殊继电器用来存储系统的状态变量及有关的控制参数和信息。特殊继电器是用户程序与系统程序之间的界面，用户可以通过特殊继电器沟通 PLC 与被控对象之间的信息，PLC 通过特殊继电器为用户提供一些特殊的控制功能和系统信息，用户也可以将对操作的特殊要求通过特殊继电器通知 PLC。例如，读取程序运行过程中的设备状态和运算结果信息，并利用这些信息实现一定的控制动作。用户也可以通过对某些特殊继电器的直接设置使设备实现某种功能。

S7-200 SMART PLC 的特殊继电器为 SM0.0 ～ SM299.7。

SMB0：有 8 个状态位。在每个扫描周期的末尾，由 S7-200 SMART PLC 的 CPU 更新这 8 个状态位。因此这 8 个特殊继电器为只读型特殊继电器，这些特殊继电器的功能和状态是由系统软件决定的，与输入继电器一样，不能通过编程的方式改变其状态，只能通过使用这些特殊继电器的触点使用其状态。

任务实施

1. I/O 地址分配

根据控制要求，首先确定 I/O 点个数，进行 I/O 地址分配，见表 2-17。画出交通信号灯 PLC 控制接线图，如图 2-27 所示。

表 2-17　I/O 地址分配

输入			输出		
符号	地址	功能	符号	地址	功能
SB1	I0.0	行人过路按钮	HL1	Q0.0	公路绿灯
			HL2	Q0.1	公路黄灯
			HL3	Q0.2	公路红灯
SB2	I0.1	行人过路按钮	HL4	Q0.3	人行横道红灯
			HL5	Q0.4	人行横道绿灯

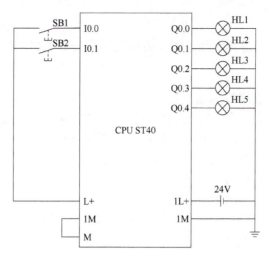

图 2-27　交通信号灯 PLC 控制接线图

2. 设计程序

根据控制电路要求在计算机中编写程序，交通信号灯 PLC 控制程序梯形图如图 2-28 所示。

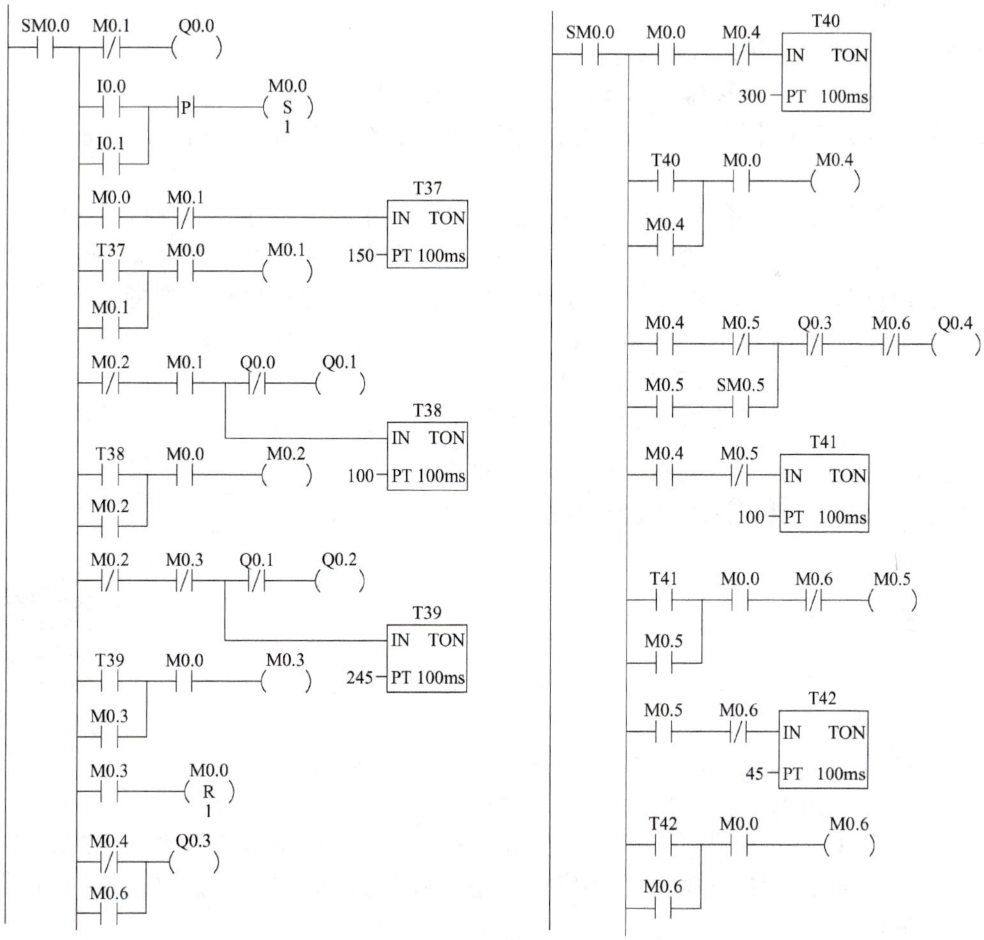

图 2-28　交通信号灯 PLC 控制程序梯形图

3. 安装配线

首先按照图 2-27 所示进行配线，安装方法及要求与继电器 – 接触器电路相同。

4. 运行调试

1）在断电状态下，连接好通信电缆。

2）打开 PLC 的前盖，将运行模式开关拨到 STOP 位置，或者单击工具栏中的 "STOP" 按钮，使 PLC 处于停止状态，可以进行程序编写。

3）在作为编程器的计算机上，运行 STEP 7–Micro/WIN SMART 编程软件。

4）创建新项目并进行设备组态。

5）打开程序编辑器，录入梯形图。

6）单击执行 "编辑" 菜单下的 "编译" 子菜单命令，编译程序。

7）将控制程序下载到 PLC。

8）将运行模式选择开关拨到 RUN 位置，或者单击工具栏中的 "RUN" 按钮，使 PLC 进入运行状态。

9）按下按钮，观察指示灯亮灭情况是否正常。

任务拓展

交通信号灯控制系统的控制要求：

1）信号灯由一个按钮控制其启动，一个按钮控制其停止。

2）信号灯分为南北绿灯、南北黄灯、南北红灯、东西绿灯、东西黄灯、东西红灯及报警灯。

3）南北红灯亮，并维持 25s。在南北红灯亮时，东西绿灯也亮，维持 20s 后，东西绿灯闪烁 3s 后熄灭，然后东西黄灯亮 2s 后熄灭。接着东西红灯亮，南北绿灯亮。

4）东西红灯亮，并维持 30s。在东西红灯亮时，南北绿灯也亮，维持 25s 后，南北绿灯闪烁 3s 后熄灭，然后南北黄灯亮 2s 后熄灭。接着南北红灯亮，东西绿灯亮。

5）交通灯按照以上方式周而复始地工作。

根据控制要求编制 PLC 控制程序并进行调试。

任务 8　电子密码锁自动控制

任务描述

密码锁控制

掌握比较指令的应用，能熟练运用比较指令设计 PLC 程序实现对电子密码锁的控制。

密码锁控制系统有五个按键 SB1 ～ SB5，其控制要求如下：

1）SB1 为启动键，按下 SB1 键，才可进行开锁工作。

2）SB2、SB3 为可按压键。开锁条件为：SB2 设定按压次数为 3 次，SB3 设定按压次数为 2 次。同时，SB2、SB3 是有顺序的，先按 SB2，后按 SB3。如果按上述规定按压，密码锁自动打开。

3）SB5 为报警键，一旦按压，警报器就会发出警报。

4）SB4 为复位键，按下 SB4 键后，可重新进行开锁作业。若按错键，则必须进行复位操作，所有的计数器都被复位。

任务目标

1）进一步熟悉计数器指令的应用。
2）掌握比较指令的使用方法。
3）掌握算术运算指令、增减指令和逻辑运算指令的应用。

相关知识

1. 基础知识

比较指令

比较指令又称触点比较指令，其功能是将两个数据按指定条件进行比较，条件成立时触点闭合，否则触点断开。根据比较数据类型不同，可分为字节比较、整数比较、双字整数比较、实数比较和字符串比较；根据比较运算关系不同，数值比较可分为 =（等于）、>=（大于或等于）、>（大于）、<（小于）、<=（小于或等于）和 <>（不等于）共六种，而字符串比较只有 =（等于）和 <>（不等于）共两种。比较指令有与（LD）、串联（A）和并联（O）三种触点。

（1）字节比较指令　字节比较指令用于比较两个字节型整数值 IN1 和 IN2 的大小，字节比较指令比较的数值是无符号的。字节比较指令见表 2-18。

表 2-18　字节比较指令

梯形图与助记符	功能说明	举例	操作数（IN1、IN2）
IN1 —| ==B |— IN2 LDB=　IN1, IN2	当 IN1＝IN2 时，"==B" 触点闭合	IB0　　　　Q0.1 —| ==B |—（　） MB0 LDB=　IB0, MB0 =　　　Q0.1 当 IB0＝MB0（即两单元的数据相等）时，"==B" 触点闭合，Q0.1 线圈得电	
IN1 —| <>B |— IN2 LDB<>　IN1, IN2	当 IN1 ≠ IN2 时，"<>B" 触点闭合	QB0　　　IB0　　　Q0.1 —| <>B |—| ==B |—（　） MB0　　　MB0 LDB<>　QB0, MB0 AB=　　IB0, MB0 =　　　Q0.1 当 QB0 ≠ MB0，且 IB0＝MB0 时，两触点均闭合，Q0.1 线圈得电。需要注意的是，串联 "==B" 比较指令用 "AB=" 表示	I B、Q B、V B、MB、SMB、SB、LB、AC、*VD、*LD、*AC 和常数（字节型）
IN1 —| >=B |— IN2 LDB>=　IN1, IN2	当 IN1≥IN2 时，">=B" 触点闭合	IB0　　　　Q0.1 —| >=B |—（　） MB0 QB0 —| <>B |— MB0 LDB>=　IB0, MB0 OB<>　　QB0, MB0 当 IB0≥MB0 时，">=B" 触点闭合，或当 QB0 ≠ MB0 时，"<>B" 触点闭合，Q0.1 线圈均会得电。需要注意的是，并联 "<>B" 比较指令用 "OB<>" 表示	

（续）

梯形图与助记符	功能说明	举例	操作数（IN1、IN2）
IN1 |<=B| IN2 LDB<= IN1，IN2	当 IN1≤IN2 时，"<=B"触点闭合	IB0　　　　Q0.1 |<=B|—( ) 8 LDB<= IB0，8 = Q0.1 当 IB0 单元中的数据≤8 时，触点闭合，Q0.1 线圈得电	IB、QB、VB、MB、SMB、SB、LB、AC、*VD、*LD、*AC 和常数（字节型）
IN1 |>B| IN2 LDB> IN1，IN2	当 IN1>IN2 时，">B"触点闭合	IB0　　　　Q0.1 |>B|—( ) MB0 LDB> IB0，MB0 当 IB0>MB0 时，">B"触点闭合，Q0.1 线圈得电	
IN1 |<B| IN2 LDB< IN1，IN2	当 IN1<IN2 时，"<B"触点闭合	IB0　　　　Q0.1 |<B|—( ) MB0 LDB< IB0，MB0 = Q0.1 当 IB0<MB0 时，"<B"触点闭合，Q0.1 线圈得电	

（2）整数比较指令　整数比较指令用于比较两个字型整数值 IN1 和 IN2 的大小，整数比较指令比较的数值是有符号的，比较的整数范围是 –32768～32767，用十六进制表示为 16#8000～16#7FFFF。整数比较指令见表 2-19。

表 2-19　整数比较指令

梯形图与助记符	功能说明	操作数（IN1、IN2）
IN1 |==I| IN2 LDW= IN1，IN2	当 IN1=IN2 时，"==I"触点闭合	IW、QW、VW、MW、SMW、SW、LW、T、C、AC、AIW、*VD、*LD、*AC 和常数（整数型）
IN1 |<>I| IN2 LDW<> IN1，IN2	当 IN1≠IN2 时，"<>I"触点闭合	
IN1 |>=I| IN2 LDW>= IN1，IN2	当 IN1≥IN2 时，">=I"触点闭合	
IN1 |<=I| IN2 LDW<= IN1，IN2	当 IN1≤IN2 时，"<=I"触点闭合	
IN1 |>I| IN2 LDW> IN1，IN2	当 IN1>IN2 时，">I"触点闭合	
IN1 |<I| IN2 LDW< IN1，IN2	当 IN1<IN2 时，"<I"触点闭合	

（3）双字整数比较指令　双字整数比较指令用于比较两个双字型整数值 IN1 和 IN2 的大小，双字整数比较指令比较的数值是有符号的，比较的整数范围是 –2147483648～2147483647，用十六进制表示为 16#80000000～16#7FFFFFFF。双字整数比较指令见表 2-20。

表 2-20　双字整数比较指令

梯形图与助记符	功能说明	操作数（IN1、IN2）
IN1 —| ==D |— IN2 LDD=　IN1, IN2	当 IN1=IN2 时，"==D" 触点闭合	
IN1 —| <>D |— IN2 LDD<>　IN1, IN2	当 IN1 ≠ IN2 时，"<>D" 触点闭合	
IN1 —| >=D |— IN2 LDD>=　IN1, IN2	当 IN1 ≥ IN2 时，">=D" 触点闭合	ID、QD、VD、MD、SMD、SD、LD、AC、HC、*VD、*LD、*AC 和常数（双整数型）
IN1 —| <=D |— IN2 LDD<=　IN1, IN2	当 IN1 ≤ IN2 时，"<=D" 触点闭合	
IN1 —| >D |— IN2 LDD>　IN1, IN2	当 IN1>IN2 时，">D" 触点闭合	
IN1 —| <D |— IN2 LDD<　IN1, IN2	当 IN1<IN2 时，"<D" 触点闭合	

（4）实数比较指令　实数比较指令用于比较两个双字长实数值 IN1 和 IN2 的大小，实数比较指令比较的数值是有符号的，负实数范围是 $-3.402823E+38 \sim -1.175495E-38$，正实数范围是 $1.175495E-38 \sim 3.402823E+38$。实数比较指令见表 2-21。

表 2-21　实数比较指令

梯形图与助记符	功能说明	操作数（IN1、IN2）
IN1 —| ==R |— IN2 LDR=　IN1, IN2	当 IN1=IN2 时，"==R" 触点闭合	
IN1 —| <>R |— IN2 LDR<>　IN1, IN2	当 IN1 ≠ IN2 时，"<>R" 触点闭合。	
IN1 —| >=R |— IN2 LDR>=　IN1, IN2	当 IN1 ≥ IN2 时，">=R" 触点闭合	ID、QD、VD、MD、SMD、SD、LD、AC、*VD、*LD、*AC 和常数（实数型）
IN1 —| <=R |— IN2 LDR<=　IN1, IN2	当 IN1 ≤ IN2 时，"<=R" 触点闭合	
IN1 —| >R |— IN2 LDR>　IN1, IN2	当 IN1>IN2 时，">R" 触点闭合	
IN1 —| <R |— IN2 LDR<　IN1, IN2	当 IN1<IN2 时，"<R" 触点闭合	

（5）字符串比较指令　字符串比较指令用于比较字符串 IN1 和 IN2 的 ASCII 码，满足条件时触点闭合，否则断开。字符串比较指令见表 2-22。

表 2-22　字符串比较指令

梯形图符号及名称	功能说明	操作数（IN1、IN2）
IN1 —⊢==S⊢— IN2 LDS= IN1，IN2	当 IN1=IN2 时，"==S" 触点闭合	VB、LB、*VD、*LD、*AC 和 常数（IN2 不能为常数）（字符型）
IN1 —⊢<>S⊢— IN2 LDS<> IN1，IN2	当 IN1 ≠ IN2 时，"<>S" 触点闭合	

（6）比较指令应用举例　有一个 PLC 控制的自动仓库，该自动仓库最多装货量为 600，在装货数量达到 600 时入仓门自动关闭，在出货数量为 0 时自动关闭出仓门，仓库采用一个指示灯指示是否有货，灯亮表示有货。图 2-29 所示为自动仓库控制程序。I0.0 用作入仓检测，I0.1 用作出仓检测，I0.2 用作计数清 0，Q0.0 用作有货指示，Q0.1 用来关闭入仓门，Q0.2 用来关闭出仓门。

自动仓库控制程序工作原理如下：装货物前，让 I0.2 闭合一次，对计数器 C30 进行复位清 0；装货时，每入仓一个货物，I0.0 闭合一次，计数器 C30 的计数值增 1，当 C30 计数值大于 0 时，网络 2 的触点闭合，Q0.0 得电，有货指示灯亮，当 C30 计数值等于 600 时，网络 3 的触点闭合，Q0.1 得电，关闭入仓门，禁止再装入货物；卸货时，每出仓一个货物，I0.1 闭合一次，计数器 C30 的计数值减 1，当 C30 计数值为 0 时，网络 2 的触点断开，Q0.0 失电，有货指示灯灭，同时网络 4 的触点闭合，Q0.2 得电，关闭出仓门。

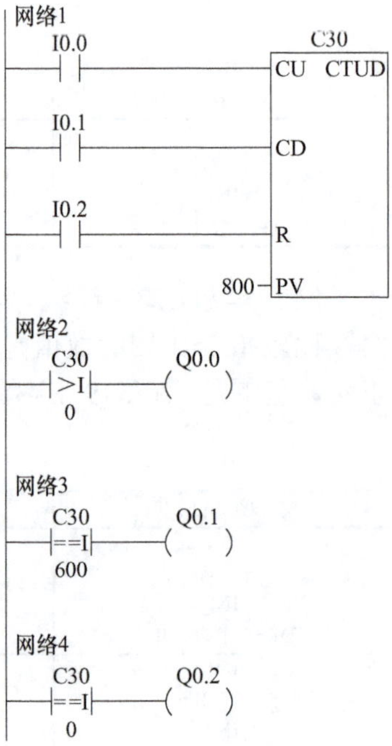

2. 拓展知识

（1）算术运算指令　在算术运算中，数据类型为整数、双整数和实数，对应的运算结果分别为整数、双整数和实数，除法不保留余数。运算结果如超出允许范围，溢出位被置 1。

表 2-23 为常用的加法运算指令，表 2-24 为算术运算指令中操作数的寻址范围。

表 2-23　常用的加法运算指令

指令名称	梯形图符号	助记符	指令功能
整数加法	ADD_I —EN　ENO— —IN1　OUT— —IN2	+I IN1，OUT	以功能框的形式编程，当允许输入端 EN 有效时，将 2 个字型有符号整数 IN1 和 IN2 相加，产生 1 个字型整数和 OUT（字存储单元），这里 IN2 与 OUT 是同一存储单元

网络1

```
  I0.0              C30
—┤ ├—            CU  CTUD
  I0.1
—┤ ├—            CD
  I0.2
—┤ ├—            R
              800—PV
```

网络2

```
  C30        Q0.0
—┤>I├—      —( )—
   0
```

网络3

```
  C30        Q0.1
—┤==I├—     —( )—
  600
```

网络4

```
  C30        Q0.2
—┤==I├—     —( )—
   0
```

图 2-29　自动仓库控制程序

（续）

指令名称	梯形图符号	助记符	指令功能
双整数加法	ADD_DI EN　ENO IN1　OUT IN2	+D IN1，OUT	以功能框的形式编程，当允许输入端 EN 有效时，将 2 个双字型有符号整数 IN1 和 IN2 相加，产生 1 个双字型整数和 OUT（双字存储单元），这里 IN2 与 OUT 是同一存储单元
实数加法	ADD_R EN　ENO IN1　OUT IN2	+R IN1，OUT	以功能框的形式编程，当允许输入端 EN 有效时，将 2 个双字长实数 IN1 和 IN2 相加，产生 1 个双字长实数和 OUT（双字存储单元），这里 IN2 与 OUT 是同一存储单元

表 2-24　算术运算指令中操作数的寻址范围

指令类型	操作数	数据类型	寻址范围
整数运算	IN1、IN2	整数	VW、IW、QW、MW、SMW、LW、SW、AC、*AC、*LD、*VD、T、C、AIW 和常数
	OUT	整数	VW、IW、QW、MW、SMW、LW、SW、T、C、AC、*AC、*LD 和 *VD
双整数运算	IN1、IN2	双整数	VD、ID、QD、MD、SMD、LD、SD、AC、*AC、*LD、*VD、HC 和常数
	OUT	双整数	VD、ID、QD、MD、SMD、LD、SD、AC、*AC、*LD 和 *VD
实数运算	IN1、IN2	实数	VD、ID、QD、MD、SMD、LD、AC、SD、*AC、*LD、*VD 和常数
	OUT	实数	VD、ID、QD、MD、SMD、LD、AC、*AC、*LD、*VD 和 SD
完全整数运算	IN1、IN2	整数	VW、IW、QW、MW、SMW、LW、SW、AC、*AC、*LD、*VD、T、C、AIW 和常数
	OUT	双整数	VD、ID、QD、MD、SMD、LD、SD、AC、*AC、*LD 和 *VD

　　加法运算指令是对两个有符号数进行相加操作，减法运算指令是对两个有符号数进行相减操作。表 2-25 为常用的减法运算指令，与加法运算指令一样，也可分为整数减法指令、双整数减法指令和实数减法指令。

表 2-25　常用的减法运算指令

指令名称	梯形图符号	助记符	指令功能
整数减法	SUB_I EN　ENO IN1　OUT IN2	–I IN2，OUT	以功能框的形式编程，当允许输入端 EN 有效时，将 2 个字型有符号整数 IN1 和 IN2 相减，产生 1 个字型整数和 OUT（字存储单元），这里 IN1 与 OUT 是同一存储单元
双整数减法	SUB_DI EN　ENO IN1　OUT IN2	–D IN2，OUT	以功能框的形式编程，当允许输入端 EN 有效时，将 2 个双字型有符号整数 IN1 和 IN2 相减，产生 1 个双字型整数和 OUT（双字存储单元），这里 IN1 与 OUT 是同一存储单元
实数减法	SUB_R EN　ENO IN1　OUT IN2	–R IN2，OUT	以功能框的形式编程，当允许输入端 EN 有效时，将 2 个双字长实数 IN1 和 IN2 相减，产生 1 个双字长实数和 OUT（双字存储单元），这里 IN1 与 OUT 是同一存储单元

表 2-26 为常用的乘（除）法运算指令，乘（除）法运算指令是对两个有符号数进行相乘（除）运算，可分为整数乘（除）法指令、完全整数乘（除）法指令、双整数乘（除）法指令和实数乘（除）法指令。乘法运算指令中 IN2 与 OUT 为同一个存储单元，而除法运算指令中 IN1 与 OUT 为同一个存储单元。

表 2-26　常用的乘（除）法运算指令

指令名称	梯形图符号	助记符	指令功能
整数乘法	MUL_I EN ENO IN1 OUT IN2	×I IN1，OUT	以功能框的形式编程，当允许输入端EN有效时，将 2 个字型有符号整数 IN1 和 IN2 相乘，产生 1 个字型整数积 OUT（字存储单元），这里 IN2 与 OUT 是同一存储单元
完全整数乘法	MUL EN ENO IN1 OUT IN2	MUL IN1，OUT	以功能框的形式编程，当允许输入端EN有效时，将 2 个字型有符号整数 IN1 和 IN2 相乘，产生 1 个双字型整数积 OUT（双字存储单元），这里 IN2 与 OUT 的低 16 位是同一存储单元
双整数乘法	MUL_DI EN ENO IN1 OUT IN2	×D IN1，OUT	以功能框的形式编程，当允许输入端EN有效时，将 2 个双字长有符号整数 IN1 和 IN2 相乘，产生 1 个双字型整数积 OUT（双字存储单元），这里 IN2 与 OUT 是同一存储单元
实数乘法	MUL_R EN ENO IN1 OUT IN2	×R IN1，OUT	以功能框的形式编程，当允许输入端EN有效时，将 2 个双字长实数 IN1 和 IN2 相乘，产生 1 个实数积 OUT（双字存储单元），这里 IN2 与 OUT 是同一存储单元
整数除法	DIV_I EN ENO IN1 OUT IN2	/IN2，OUT	以功能框的形式编程，当允许输入端EN有效时，用字型有符号整数 IN1 除以 IN2，产生 1 个字型整数商 OUT（字存储单元，不保留余数），这里 IN1 与 OUT 是同一存储单元
完全整数除法	DIV EN ENO IN1 OUT IN2	DIV IN2，OUT	以功能框的形式编程，当允许输入端EN有效时，用字型有符号整数 IN1 除以 IN2，产生 1 个双字型结果 OUT，低 16 位存商，高 16 位存余数。低 16 位运算前存放被除数，这里 IN1 与 OUT 的低 16 位是同一存储单元
双整数除法	DIV_DI EN ENO IN1 OUT IN2	/DIN2，OUT	以功能框的形式编程，当允许输入端EN有效时，将双字长有符号整数 IN1 除以 IN2，产生 1 个整数商 OUT（双字存储单元，不保留余数），这里 IN1 与 OUT 是同一存储单元
实数除法	DIV_R EN ENO IN1 OUT IN2	/RIN2，OUT	以功能框的形式编程，当允许输入端EN有效时，双字长实数 IN1 除以 IN2，产生 1 个实数商 OUT（双字存储单元），这里 IN1 与 OUT 是同一存储单元

（2）增减指令　增减指令又称自动加 1 指令或自动减 1 指令。数据长度可以是字节、字和双字，表 2-27 列出了这三种不同数据长度的增减指令。表 2-28 为增减指令中操作数的寻址范围。

表 2-27　增减指令

指令名称	梯形图符号	助记符	指令功能
字节加 1	INC_B EN　ENO IN　OUT	INCB OUT	以功能框的形式编程，当允许输入端 EN 有效时，将 1 字节长的无符号数 IN 自动加 1，输出结果 OUT 为 1 字节长的无符号数，指令执行结果：IN+1=OUT
字节减 1	DEC_B EN　ENO IN　OUT	DECB OUT	以功能框的形式编程，当允许输入端 EN 有效时，将 1 字节长的无符号数 IN 自动减 1，输出结果 OUT 为 1 字节长的无符号数，指令执行结果：IN−1=OUT
字加 1	INC_W EN　ENO IN　OUT	INCW OUT	以功能框的形式编程，当允许输入端 EN 有效时，将 1 字长的有符号数 IN 自动加 1，输出结果 OUT 为 1 字长的有符号数，指令执行结果：IN+1=OUT
字减 1	DEC_W EN　ENO IN　OUT	DECW OUT	以功能框的形式编程，当允许输入端 EN 有效时，将 1 字长的有符号数 IN 自动减 1，输出结果 OUT 为 1 字长的有符号数，指令执行结果：IN−1=OUT
双字加 1	INC_D EN　ENO IN　OUT	INCD OUT	以功能框的形式编程，当允许输入端 EN 有效时，将 1 个双字长（32 位）的有符号数 IN 自动加 1，输出结果 OUT 为 1 个双字长的有符号数，指令执行结果：IN+1=OUT
双字减 1	DEC_D EN　ENO IN　OUT	DECD OUT	以功能框的形式编程，当允许输入端 EN 有效时，将 1 个双字长（32 位）的有符号数 IN 自动减 1，输出结果 OUT 为 1 个双字长的有符号数，指令执行结果：IN−1=OUT

表 2-28　增减指令中操作数的寻址范围

指令类型	操作数	数据长度	寻址范围
字节增减	IN	字节	VB、IB、MB、QB、LB、SB、SMB、AC、*AC、*LD、*VD 和常数
	OUT	字节	VB、IB、MB、QB、SMB、LB、SB、AC、*AC、*LD 和 *VD
字增减	IN	字	VW、IW、QW、MW、SMW、LW、SW、AC、*AC、*LD、*VD 和常数
	OUT	字	VW、IW、QW、MW、SMW、LW、SW、AC、*AC、*LD 和 *VD
双字增减	IN	双字	VD、ID、QD、MD、SMD、LD、SD、AC、*AC、*LD、*VD 和常数
	OUT	双字	VD、ID、QD、MD、SMD、LD、SD、AC、*AC、*LD 和 *VD

（3）逻辑运算指令　逻辑运算指令是对逻辑数（无符号数）进行处理，包括逻辑与、逻辑或、逻辑异或和取反等逻辑操作，数据长度可以是字节、字和双字。逻辑运算指令见表 2-29。

表 2-29　逻辑运算指令

指令名称	梯形图符号	助记符	指令功能
字节与	WAND_B EN　ENO IN1　OUT IN2	ANDB IN1, OUT	以功能框的形式编程，当允许输入端 EN 有效时，将 2 个 1 字节长的逻辑数 IN1 和 IN2 按位相与，产生 1 字节的运算结果放入 OUT，这里 IN2 与 OUT 是同一存储单元
字节或	WOR_B EN　ENO IN1　OUT IN2	ORB IN1, OUT	以功能框的形式编程，当允许输入端 EN 有效时，将 2 个 1 字节长的逻辑数 IN1 和 IN2 按位相或，产生 1 字节的运算结果放入 OUT，这里 IN2 与 OUT 是同一存储单元
字节异或	WXOR_B EN　ENO IN1　OUT IN2	XORB IN1, OUT	以功能框的形式编程，当允许输入端 EN 有效时，将 2 个 1 字节长的逻辑数 IN1 和 IN2 按位异或，产生 1 字节的运算结果放入 OUT，这里 IN2 与 OUT 是同一存储单元
字节取反	INV_B EN　ENO IN　OUT	INVB OUT	以功能框的形式编程，当允许输入端 EN 有效时，将 1 字节长的逻辑数 IN 按位取反，产生 1 字节的运算结果放入 OUT，这里 IN 与 OUT 是同一存储单元
字与	WAND_W EN　ENO IN1　OUT IN2	ANDW IN1, OUT	以功能框的形式编程，当允许输入端 EN 有效时，将 2 个 1 字长的逻辑数 IN1 和 IN2 按位相与，产生 1 字长的运算结果放入 OUT，这里 IN2 与 OUT 是同一存储单元
字或	WOR_W EN　ENO IN1　OUT IN2	ORW IN1, OUT	以功能框的形式编程，当允许输入端 EN 有效时，将 2 个 1 字长的逻辑数 IN1 和 IN2 按位相或，产生 1 个字长的运算结果放入 OUT，这里 IN2 与 OUT 是同一存储单元
字异或	WXOR_W EN　ENO IN1　OUT IN2	XORW IN1, OUT	以功能框的形式编程，当允许输入端 EN 有效时，将 2 个 1 字长的逻辑数 IN1 和 IN2 按位异或，产生 1 字长的运算结果放入 OUT，这里 IN2 与 OUT 是同一存储单元
字取反	INV_W EN　ENO IN　OUT	INVW OUT	以功能框的形式编程，当允许输入端 EN 有效时，将 1 个字长的逻辑数 IN 按位取反，产生 1 个字长的运算结果放入 OUT，这里 IN 与 OUT 是同一存储单元
双字与	WAND_D EN　ENO IN1　OUT IN2	ANDD IN1, OUT	以功能框的形式编程，当允许输入端 EN 有效时，将 2 个双字长的逻辑数 IN1 和 IN2 按位相与，产生 1 个双字长的运算结果放入 OUT，这里 IN2 与 OUT 是同一存储单元

（续）

指令名称	梯形图符号	助记符	指令功能
双字或	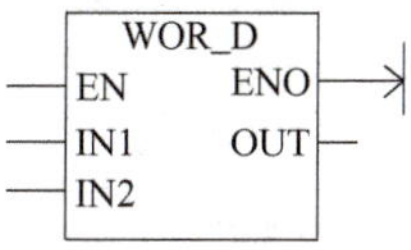 WOR_D EN　ENO IN1　OUT IN2	ORD IN1， OUT	以功能框的形式编程，当允许输入端 EN 有效时，将 2 个双字长的逻辑数 IN1 和 IN2 按位相或，产生 1 个双字长的运算结果放入 OUT，这里 IN2 与 OUT 是同一存储单元
双字异或	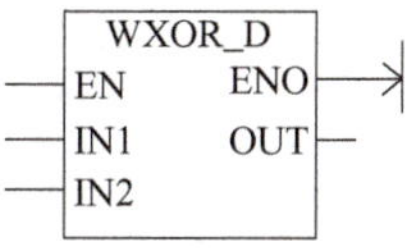 WXOR_D EN　ENO IN1　OUT IN2	XORD IN1， OUT	以功能框的形式编程，当允许输入端 EN 有效时，将 2 个双字长的逻辑数 IN1 和 IN2 按位异或，产生 1 个双字长的运算结果放入 OUT，这里 IN2 与 OUT 是同一存储单元
双字取反	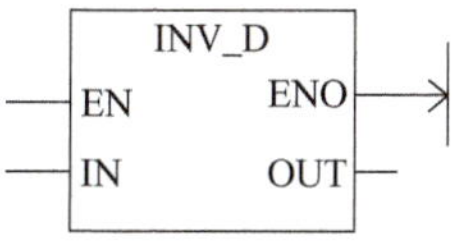 INV_D EN　ENO IN　OUT	INVD OUT	以功能框的形式编程，当允许输入端 EN 有效时，将 1 个双字长的逻辑数 IN 按位取反，产生 1 个双字长的运算结果放入 OUT，这里 IN 与 OUT 是同一存储单元

表 2-30 为逻辑运算指令中操作数的寻址范围。

表 2-30　逻辑运算指令中操作数的寻址范围

指令类型	操作数	数据长度	寻址范围
字节逻辑	IN1、IN2 IN	字节	VB、IB、MB、QB、LB、SB、SMB、AC、*AC、*LD、*VD 和常数
	OUT	字节	VB、IB、MB、QB、SMB、LB、SB、AC、*AC、*LD 和 *VD
字逻辑	IN1、IN2 IN	字	VW、IW、QW、MW、SMW、LW、SW、AC、*AC、*LD、*VD、T、C 和常数
	OUT	字	VW、IW、QW、MW、SMW、LW、SW、AC、*AC、*LD、*VD、T 和 C
双字逻辑	IN1、IN2 IN	双字	VD、ID、QD、MD、SMD、LD、AC、HC、*AC、*LD、*VD 和常数
	OUT	双字	VD、ID、QD、MD、SMD、LD、AC、*AC、*LD 和 *VD

任务实施

1. I/O 地址分配

根据控制要求，首先确定 I/O 点个数，进行 I/O 地址分配，见表 2-31。画出密码锁 PLC 控制 I/O 接线图，如图 2-30 所示。

表 2-31 I/O 地址分配

输入			输出		
符号	地址	功能	符号	地址	功能
SB1	I0.0	启动键	KM	Q0.0	开锁
SB2	I0.1	可按压键			
SB3	I0.2	可按压键			
SB4	I0.3	复位键	HA	Q0.1	报警
SB5	I0.4	报警键			

2. 设计程序

根据控制电路要求在计算机中编写程序，密码锁 PLC 控制程序梯形图如图 2-31 所示。

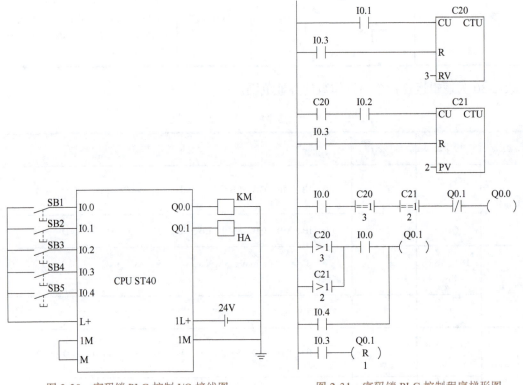

图 2-30 密码锁 PLC 控制 I/O 接线图　　　图 2-31 密码锁 PLC 控制程序梯形图

3. 安装配线

首先按照图 2-30 进行配线，安装方法及要求与继电器 – 接触器电路相同。

4. 运行调试

1）在断电状态下，连接好通信电缆。

2）打开 PLC 的前盖，将运行模式开关拨到 STOP 位置，或者单击工具栏中的 "STOP" 按钮，使 PLC 处于停止状态，可以进行程序编写。

3）在作为编程器的计算机上，运行 STEP 7-Micro/WIN SMART 编程软件。

4）创建新项目并进行设备组态。

5）打开程序编辑器，录入梯形图。

6）单击执行"编辑"菜单下的"编译"子菜单命令，编译程序。

7）将控制程序下载到 PLC。

8）将运行模式选择开关拨到 RUN 位置，或者单击工具栏的"RUN"按钮，使 PLC 进入运行状态。

9）按下按键，观察指示灯亮灭情况是否正常。

任务拓展

密码锁控制系统有六个按键 SB1 ～ SB6，其控制要求如下：

1）SB1 为千位按钮，SB2 为百位按钮，SB3 为十位按钮，SB4 为个位按钮。

2）开锁密码为 2345，即按顺序按下 SB1 两次、SB2 三次、SB3 四次、SB4 五次，再按下确认键 SB5 后电磁阀 YV 动作，密码锁被打开。

3）按钮 SB6 为撤销键，如有操作错误可按此键撤销后重新操作。

4）当输入错误密码三次时，按下确认键后报警灯 HL 发亮，蜂鸣器 HA 发出报警声响。

请根据以上控制要求，运用比较指令设计 PLC 程序，实现对电子密码锁的控制。

思考与练习

1. 设 Q0.0、Q0.1 和 Q0.2 分别驱动三台电动机的电源接触器，I0.6 为三台电动机依次起动的起动按钮，I0.7 为三台电动机同时停止的按钮，要求三台电动机依次起动的时间间隔为 10s，试采用定时器指令与比较指令配合或计数器指令与比较指令配合编写程序。

2. 有四台电动机，希望能够同时起动、同时停止。试采用移动操作指令编程实现。

3. 在 M0.0 的上升沿，用三个拨码开关设置定时器的时间，每个拨码开关的输出占用 PLC 的 4 位数字量输入点，个位拨码开关接 I1.0 ～ I1.3，I1.0 为最低位；十位和百位拨码开关分别接 I1.4 ～ I1.7 和 I0.0 ～ I0.3。设计语句表程序，读入拨码开关输出的 BCD（二进制编码的十进制）码，转换为二进制数后存放在 MW10 中，作为通电延时定时器的时间设定值。定时器在 I0.1 为 ON 时开始定时。

4. 一圆的半径值（小于 10000 的整数）存放在 VW100 中，取 π=3.1416，用实数运算指令计算圆周长，结果四舍五入转为整数后，存放在 VW200 中。

5. 设定时器的预置值为 30s、40s 和 50s，分别通过开关 I0.0、I0.1 和 I0.2 对预置值进行设定，试用数据移位操作指令通过编程来实现。

6. 由定时器和比较指令组成占空比可调的脉冲发生器。

7. 当 MW2=3592 或 MW4>27369 时将 M6.6 置位，反之将 M6.6 复位。用比较指令设计出满足此要求的程序。

8. 编写程序，在 I0.2 的下降沿将 MW50 ～ MW68 清 0。

项目 3 \ S7-200 SMART PLC 控制电动机

电动机的应用非常广泛，几乎涵盖人类活动的方方面面，包括工业建设、农业生产及日常生活。鉴于 PLC 拥有更加灵活的指令，更加清晰直观的逻辑关系，对于电动机的控制已经由单一的继电器控制，转为以 PLC 应用为主。并且，越来越多的国家已将 PLC 作为工业控制的标准设备。本项目将以 S7-200 SMART PLC 为控制器，介绍电动机的正反转控制和星三角控制。

任务 9 三相异步电动机正反转控制

任务描述

结合位逻辑指令的应用，进一步熟悉常开、常闭触点指令，了解软硬件结合方法的使用，进一步熟悉线圈与取反线圈的编程逻辑，能够应用该指令设计 PLC 程序，实现运动平台往返自动控制。

这是一个由三相异步电动机驱动的移动平台。按下起动按钮，电动机控制移动平台从初始位置（左限位）处，向右移动。当移动平台移动到右限位处，右限位开关触发，移动平台开始反向移动。当移动平台运行到左限位处时，左限位开关触发，移动平台停止运行。为了提高安全性与准确性，需检测电动机故障，一旦发出故障信息，电动机立即停止运行。移动平台示意图如图 3-1 所示。

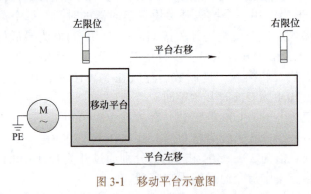

三相异步电动
机正反转控制

图 3-1　移动平台示意图

任务目标

1）了解联锁控制的意义，并掌握 PLC 联锁控制的设计要点。
2）掌握触点指令与外部接线的应用技巧。

3）熟悉 S7–200 SMART PLC 的指令分类与学习方法。

相关知识

1. 基础知识

（1）PLC 联锁控制　在生产机械的各种运动之间，往往存在着某种相互制约或者由一种运动制约着另一种运动的控制关系，一般均采用联锁控制实现。联锁（互锁）控制梯形图如图 3-2 所示，该联锁控制方式又称互锁，即为了使两个或者两个以上的输出线圈不能同时得电，将常闭触点串于对方的控制电路中，以保证任何时候输出线圈都不能同时启动，达到互锁的控制要求。图 3-2 中，Q0.1 和 Q0.2 的常闭触点分别串联在线圈 Q0.2 和 Q0.1 的控制电路中，使 Q0.1 和 Q0.2 不可能同时得电。

这种互锁控制方式经常被用于控制电动机的减压起动、正反转、机床刀架的进给与快速移动、横梁升降及机床夹具的夹紧与放松等一些不能同时发生的运动控制。

（2）触点指令与外部接线的应用技巧　常开触点与常闭触点的使用，通常与外部系统的按钮相结合。例如，急停按钮、停止按钮一般使用常闭按钮与 PLC 中的常开触点组合。PLC 内部触点与外部常开按钮、常闭按钮的组合有以下四种情况。

1）常开触点与常开按钮组合，如图 3-3 所示。

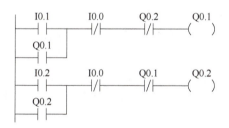

图 3-2　联锁（互锁）控制梯形图

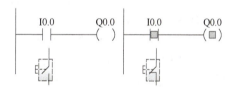

图 3-3　常开触点与常开按钮组合

该方式在 PLC 的接线中最为常用。若外部常开按钮没有按下，则 I0.0 状态为 0，Q0.0 没有输出；若外部常开按钮按下，则 I0.0 的状态为 1，Q0.0 有输出。

2）常开触点与常闭按钮组合，如图 3-4 所示。

如果外部接的是常闭按钮，同样能控制 Q0.0 的输出。若外部常闭按钮没有按下，则 I0.0 的状态为 1，Q0.0 有输出；若外部常闭按钮按下，则 I0.0 状态变为 0，此时 Q0.0 没有输出。该方法一般用于急停按钮和停止按钮的使用。

3）常闭触点与常开按钮组合，如图 3-5 所示。

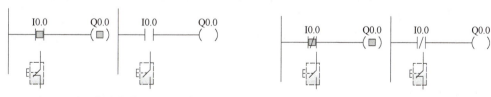

图 3-4　常开触点与常闭按钮组合　　　图 3-5　常闭触点与常开按钮组合

若外部常开按钮没有按下，则 I0.0 是接通的，Q0.0 有输出；若外部常开按钮按下，则 I0.0 断开，Q0.0 没有输出。该方式也可用于停止按钮。

4）常闭触点与常闭按钮组合，如图 3-6 所示。

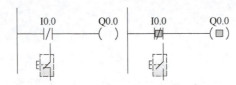

图 3-6　常闭触点与常闭按钮组合

若外部常闭按钮没有按下，则 I0.0 是断开的，Q0.0 没有输出；若外部常闭按钮按下，则 I0.0 接通，Q0.0 有输出。

总之，请大家记住一句话：程序内的常开触点，给它信号它就接通；程序内的常闭触点，给它信号它就断开。这个信号就是外部的常开按钮或常闭按钮。

2. 拓展知识

（1）S7-200 SMART PLC 的指令分类　项目 2 介绍了用于数字量控制的位逻辑指令和定时器、计数器指令，它们属于 PLC 最基本的指令。除了这些基本指令和项目 4 要介绍的顺序控制继电器指令之外，还有功能指令。功能指令可以分为下面四种类型：

1）较常用的指令，例如数据的传送与比较指令、数学运算指令、跳转指令和子程序调用指令等。

2）与数据的基本操作有关的指令，例如字逻辑运算指令、求反码指令、数据的移位指令、数据的循环移位指令和数据类型转换指令等。这些指令也很重要，几乎所有的计算机语言都有这些指令。

3）与 PLC 的高级应用有关的指令，例如与中断指令、高速计数指令、高速输出指令、PID 控制指令和位置控制指令，以及与通信有关的指令等。有的涉及一些专门知识，需要阅读相关资料才能正确理解和使用它们。

4）用得较少的指令，例如与字符串有关的指令、表格处理指令、编码指令、解码指令、看门狗复位指令和读/写实时时钟指令等都是用得较少的指令。学习时对它们有一般性的了解就可以了。如果在读程序或编程时遇到它们，单击选中程序中或指令列表中的某条指令，然后按〈F1〉键，通过在线帮助就可以获得有关该指令应用的详细信息。

（2）功能指令的学习方法　学习功能指令时，应重点了解指令的基本功能和有关的基本概念。除了指令的功能描述，功能指令的使用涉及很多细节问题，例如指令的每个操作数的意义、是输入参数还是输出参数，每个操作数的数据类型和可以选用的存储区，该指令执行后受影响的特殊存储器，以及使方框指令的 ENO 端为 OFF 的非致命错误条件等。要学好 PLC 的功能指令，离不开实践。要通过读程序、编程序和调试程序学习功能指令，逐渐加深对功能指令的理解，在实践中提高阅读程序和编写程序的能力。

🔵 任务实施

1. 设计原理图

由于电动机需要往返运动，根据控制要求，首先需要了解电动机正反转运动的基本原理。三相异步电动机正反转原理图如图 3-7 所示。电动机要实现正反转控制，将其电源相序中任意两相对调即可。由于将两相相序对调，须确保两个接触器线圈 KM1、KM2 不能同时得电，否则会发生严重的相间短路故障，因此必须采取联锁控制。因此在 PLC 程序中，除自锁外，还需进行触点互锁的设计。

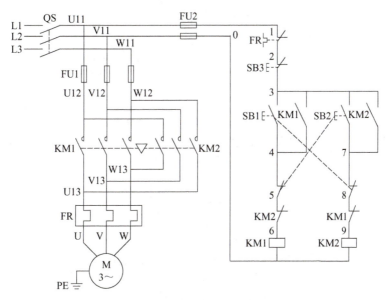

图 3-7 三相异步电动机正反转原理图

2. I/O 地址分配

确定 I/O 点个数，进行 I/O 地址分配，I/O 地址分配见表 3-1。画出移动平台 PLC 控制 I/O 接线图，如图 3-8 所示。

表 3-1 I/O 地址分配

输入			输出		
符号	地址	功能	符号	地址	功能
SB1	I0.0	电动机正向起动按钮	KM1	Q0.1	电动机右行接触器线圈
SB2	I0.1	电动机反向起动按钮	KM2	Q0.2	电动机左行接触器线圈
SB3	I0.2	电动机停止按钮	HL1	Q0.3	运行指示灯
SQ1	I0.3	左限位开关	HL2	Q0.4	故障指示灯
SQ2	I0.4	右限位开关			

3. 设计程序

根据控制电路要求在计算机中编写程序，移动平台 PLC 控制程序梯形图如图 3-9 所示。

4. 安装配线

首先按照图 3-8 进行配线，安装方法及要求与继电器－接触器电路相同。

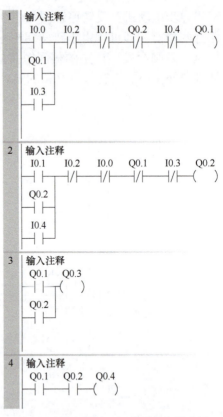

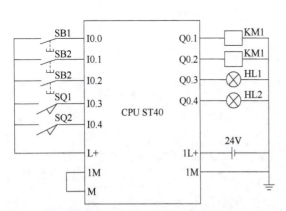

图 3-8　移动平台 PLC 控制 I/O 接线图　　　　图 3-9　移动平台 PLC 控制程序梯形图

5. 运行调试

1）在断电状态下，连接好通信电缆。

2）打开 PLC 的前盖，将运行模式开关拨到 STOP 位置，或者单击工具栏中的"STOP"按钮，使 PLC 处于停止状态，可以进行程序编写。

3）在作为编程器的计算机上，运行 STEP 7-Micro/WIN SMART 编程软件。

4）创建新项目并进行设备组态。

5）打开程序编辑器，录入梯形图。

6）单击执行"编辑"菜单下的"编译"子菜单命令，编译程序。

7）将控制程序下载到 PLC。

8）将运行模式开关拨到 RUN 位置，或者单击工具栏中的"RUN"按钮，使 PLC 进入运行状态。

9）按下电动机起动按钮，观察移动平台是否按照要求进行往返运动。

任务拓展

电动机正反转控制系统的控制要求：图 3-10 所示为移动平台示意图，行程开关 SQ1 安装在左端需要反向的位置，SQ2 安装在右端需要反向的位置。用于控制移动平台左右往返的工作范围。移动平台上有左右挡块，当工作台运动到相应位置，会触动相应的行程开关，进而进行反向运动。SQ3 和 SQ4 是移动平台的左右极限保护。SB1 为停止按钮，

SB2 为起动按钮，一旦触碰到 SQ3 或 SQ4 机构，电动机立即停止。

根据控制要求编制 PLC 控制程序并进行调试。

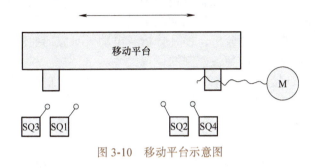

图 3-10　移动平台示意图

任务 10　三相异步电动机星 – 三角减压起动控制

任务描述

在三相异步电动机的起动过程中，起动电流较大，所以容量大的电动机必须采取一定的方式起动。其中，星 – 三角起动就是一种简便的减压起动方式，即在电动机起动时将定子绕组接成星形，在起动完毕后再接成三角形，就可以降低起动电流，减轻对电网的冲击。本次任务主要是进一步熟悉 S7-200 SMART PLC 定时器的使用，并能够应用该指令设计 PLC 程序，完成三相异步电动机星 – 三角减压起动控制。

三相异步电动机星 – 三角起动控制

任务目标

1）进一步熟悉 TON 和 TOF 定时器指令的应用。
2）掌握 PLC 的继电器 – 接触器法编程。
3）掌握堆栈指令编程方法。

相关知识

1. 基础知识

（1）继电器 – 接触器法　PLC 常用的编程方法有继电器 – 接触器法和顺序控制法等。这里先介绍继电器 – 接触器法。

继电器 – 接触器法就是依据所控制电器的继电器 – 接触器控制电路原理图，用与 PLC 对应的符号和功能相当的元件，把原来继电器 – 接触器系统的控制电路直接"翻译"成梯形图程序的设计法。继电器 – 接触器法特别适合初学者编程设计使用，也特别适用于对原有旧设备的技术改造和技术革新。

继电器 – 接触器法编程大致分为以下四个步骤：

接触器继电器法

1）读懂现有设备的继电器－接触器控制电路原理图。现有设备的继电器－接触器控制电路原理图是设计 PLC 控制程序的基础。在读图过程中首先要划分好现有设备的主电路和控制电路部分，找出主电路和控制电路的关键元器件及相互关联的元器件和电路；然后对主电路进行识图分析，逐一分析各电动机主电路中的每一个元器件在电路中的作用和功能；最后对控制电路进行识图分析，逐一分析各电动机对应的控制电路中每一个元器件在电路中的作用和功能等，弄清楚各控制的逻辑关系。

2）对照 PLC 的 I/O 接线端，将现有的继电器－接触器控制电路原理图上的控制元器件（如按钮、行程开关、光电开关及其他传感器等）进行编号并换成对应的输入点，将现有继电器－接触器控制电路原理图上的被控制元器件（如接触器线圈、电磁阀、指示灯和数码管等）进行编号并换成对应的输出点。

3）将现有设备的继电器－接触器控制电路原理图中的中间继电器、定时器用 PLC 的辅助继电器、定时器代替。

4）完成"翻译"后，将梯形图进行简化和修改。

（2）堆栈操作指令　采用梯形图指令编写程序时，程序由一系列图形组合而成，用户可以方便地根据需要进行编程（绘制梯形图）。但是在使用语句表指令编程时，若遇到复杂电路，则不能直接使用触点与或触点或指令进行描述，为此各种类型的 PLC 均有专门用于描述复杂电路的语句表指令，称为堆栈操作指令。对于 S7-200 SMART PLC，堆栈操作指令见表 3-2。

表 3-2　堆栈操作指令

指令名称	语句表		功能
	操作码	操作数	
栈装载与指令 （电路块串联指令）	ALD	无	将堆栈中第一层和第二层的值进行逻辑与操作，结果存入栈顶，堆栈深度减 1
栈装载或指令 （电路块并联指令）	OLD		将堆栈中第一层和第二层的值进行逻辑或操作，结果存入栈顶，堆栈深度减 1
逻辑推入栈指令	LPS		复制栈顶的值并将其推入栈，栈底的值被推出并丢失
逻辑读栈指令	LRD		复制堆栈中的第二个值到栈顶，堆栈没有推入栈或弹出栈操作，但旧的栈顶值被新的复制值取代
逻辑弹出栈指令	LPP		弹出栈顶的值，堆栈的第二个值成为栈顶的值

2.拓展知识

堆栈操作指令编程举例如下。

（1）栈装载与指令编程　假定输入常开触点 I0.0 与常闭触点 I0.1 并联，常开触点 I0.2 与常开触点 I0.3 并联，并联后再串联输出到 Q0.0，则对应的梯形图和语句表如图 3-11 所示。

（2）栈装载或指令编程　假定输入常开触点 I0.0 与常开触点 I0.2 串联，常闭触点 I0.1 与常开触点 I0.3 串联，串联后再并联输出到 Q0.0，则对应的梯形图和语句表如图 3-12 所示。

（3）堆栈操作指令编程　假定某逻辑控制梯形图程序如图 3-13a 所示，则与此对应的语句表如图 3-13b 所示。

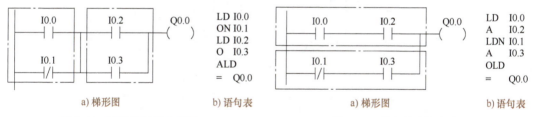

a) 梯形图

```
LD I0.0
ON I0.1
LD I0.2
O  I0.3
ALD
=  Q0.0
```

b) 语句表

图 3-11　栈装载与指令编程

a) 梯形图

```
LD   I0.0
A    I0.2
LDN  I0.1
A    I0.3
OLD
=    Q0.0
```

b) 语句表

图 3-12　栈装载或指令编程

a) 梯形图

```
LDN  I0.0
LPS
LD   I0.1
O    Q0.0
ALD
AN   I0.2
AN   Q0.1
=    Q0.0
LRD
LD   I0.2
O    Q0.1
ALD
AN   I0.1
AN   Q0.0
=    Q0.1
LPP
LD   I0.3
O    Q0.2
ALD
=    Q0.2
```

b) 语句表

图 3-13　堆栈操作指令编程

任务实施

根据控制要求，需要熟悉三相异步电动机中星 - 三角控制的基本原理。星 - 三角减压起动控制原理图如图 3-14 所示。当三相异步电动机起动时，按下 SB1，接触器 KM1 线圈得电，同时 KM1 的常开触点接通，使得 KM2 线圈和 KT 线圈得电，电动机接成星形联结起动。由于 KT 是时间继电器，其线圈得电，到达预定时间后时间继电器通电延时常开触点闭合，通电延时常闭触点断开，所以 KM3 主触点闭合，KM2 主触点断开，电动机接成三角形联结全压运行。

1. I/O 地址分配

确定 I/O 点个数，进行 I/O 地址分配，I/O 地址分配见表 3-3，画出三相异步电动机星 - 三角减压起动 PLC 控制 I/O 接线图，如图 3-15 所示。

2. 设计程序

根据控制电路要求在计算机中编写程序，三相异步电动机星 - 三角减压起动 PLC 控制程序梯形图如图 3-16 所示。

3. 安装配线

首先按照图 3-15 进行配线，安装方法及要求与继电器 - 接触器电路相同。

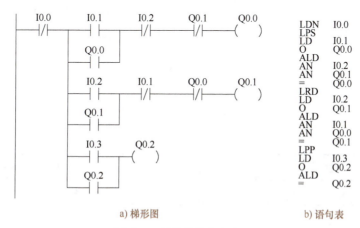

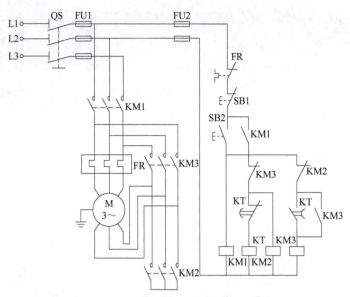

图 3-14　星 – 三角减压起动控制原理图

表 3-3　I/O 地址分配

输入			输出		
符号	地址	功能	符号	地址	功能
SB2	I0.0	起动按钮	KM1	Q0.0	主接触器
			KM2	Q0.1	星形起动接触器
SB1	I0.1	停止按钮	KM3	Q0.2	三角形运行接触器

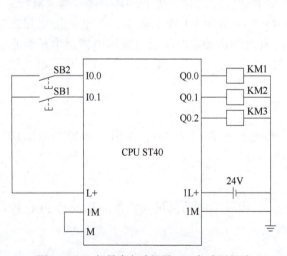

图 3-15　三相异步电动机星 – 三角减压起动
PLC 控制 I/O 接线图

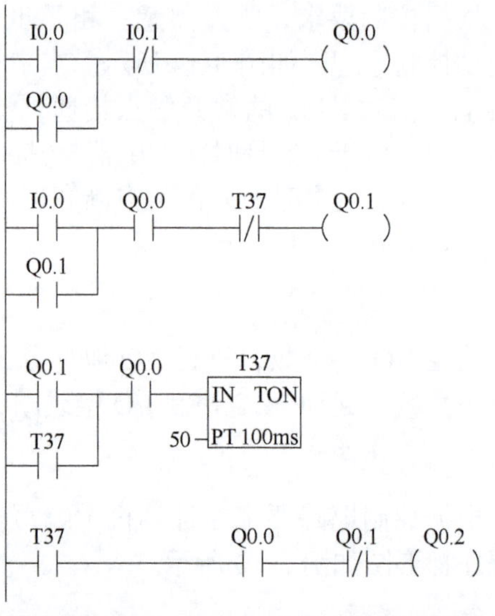

图 3-16　三相异步电动机星 – 三角减压起动
PLC 控制程序梯形图

4. 运行调试

1）在断电状态下，连接好通信电缆。

2）打开 PLC 的前盖，将运行模式开关拨到 STOP 位置，或者单击工具栏中的"STOP"按钮，使 PLC 处于停止状态，可以进行程序编写。

3）在作为编程器的计算机上，运行 STEP 7-Micro/WIN SMART 编程软件。

4）创建新项目并进行设备组态。

5）打开程序编辑器，录入梯形图。

6）单击执行"编辑"菜单下的"编译"子菜单命令，编译程序。

7）将控制程序下载到 PLC。

8）将运行模式开关拨到 RUN 位置，或者单击工具栏中的"RUN"按钮，使 PLC 进入运行状态。

9）按下电动机起动按钮，观察是否按照系统要求进行起动。

任务拓展

现有两台三相异步电动机，按下按钮 SB1，两台电动机同时起动，其中第一台电动机先以星形起动，10s 后自动切换为三角形运行，15s 后第二台电动机自动切换为反向运动。

思考与练习

1. 写出如图 3-17 所示的两个梯形图的语句表。

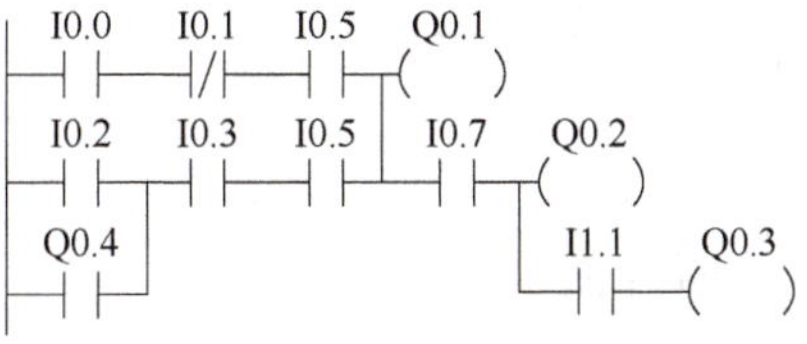

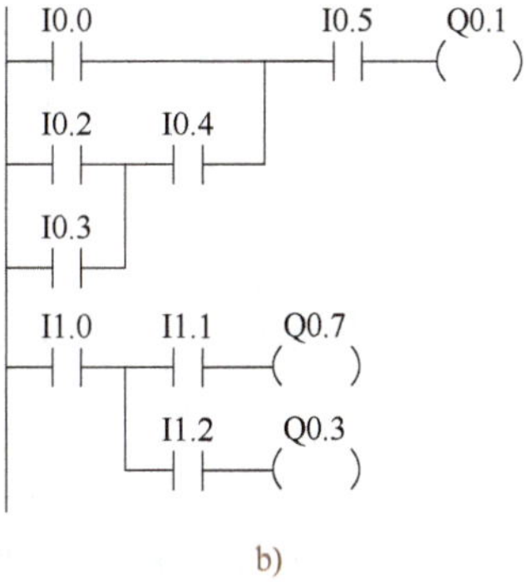

图 3-17　梯形图

2. 设计出如图 3-18 所示的三个语句表对应的梯形图。

3. 使用置位指令、复位指令编写两套程序，控制要求如下：

1）起动时，电动机 M1 先起动，电动机 M1 起动后，才能起动电动机 M2；停止时，电动机 M1、M2 同时停止。

2）起动时，电动机 M1、M2 同时起动；停止时，只有在电动机 M2 停止后，电动机 M1 才能停止。

LD I0.2	LD I0.1	LD I0.7
AN I0.0	AN I0.0	AN I2.7
O Q0.3	LPS	LD Q0.3
ON I0.1	AN I0.2	ON I0.1
LD Q0.2	LPS	A M0.1
O M3.7	A I0.4	OLD
AN I1.5	= Q2.1	LD I0.5
LDN I0.5	LPP	A I0.3
A I0.4	A I4.6	O I0.4
OLD	R Q3.1,1	ALD
ON M0.2	LRD	ON M0.2
ALD	A I0.5	NOT
O M0.4	= M3.6	= Q0.4
LPS	LPP	LD I2.5
EU	AN	LDN M3.5
= M3.7	TON T37,25	ED
LPP		CTU C41,30
AN		
NOT		
S Q0.3,1		
a)	b)	c)

图 3-18　语句表

4. 用置位、复位和上升沿 / 下降沿指令设计出如图 3-19 所示时序图的梯形图。

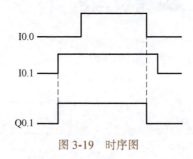

图 3-19　时序图

5. 画出如图 3-20a 所示的梯形图中 Q0.0 的时序图。

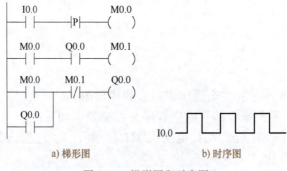

a) 梯形图　　　　　　　b) 时序图

图 3-20　梯形图和时序图

6. 设计满足如图 3-21 所示时序图的梯形图。

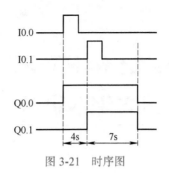

图 3-21　时序图

7. 按钮 I0.0 按下后，Q0.0 变为 1 状态并自保持，I0.1 输入 3 个脉冲后（用 C1 计数），T37 开始定时，5s 后，Q0.0 变为 0 状态，同时 C1 被复位，当 PLC 刚开始执行用户程序时，C1 也被复位，时序图如图 3-22 所示，试设计出梯形图。

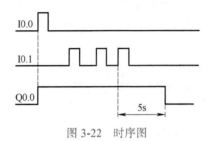

图 3-22　时序图

8. 设计周期为 5s、占空比为 20% 的方波输出信号程序。

9. 料箱盛料过少时低限位开关 I0.0 为 ON，Q0.0 控制报警灯闪动。10s 后自动停止报警，按复位按钮 I0.1 可以使停止报警，试设计梯形图。

10. 按下照明灯的按钮，灯亮 10s，在此期间若有人按按钮，定时时间从头开始，试设计梯形图。

项目 4 / S7-200 SMART PLC 控制
自动生产线与组合机床

　　自动生产线是在流水生产线的基础上逐渐发展起来的，它不仅要求生产线上各种机械加工装置能自动完成预定的各道工序和工艺过程，使产品成为合格的制品，而且要求在装卸工件、定位夹紧、工件在工序间的输送、工件的分拣甚至包装等都能自动进行，使其按照规定的程序自动进行工作。为了实现自动生产，如何才能达到这一控制要求呢？

　　本项目主要结合 PLC 程序控制指令和功能指令，介绍如何运用顺序控制法对自动生产线和组合机床 PLC 控制系统进行编程与实现。

任务 11　自动装车上料控制

任务描述

　　利用顺序控制设计法中的单序列顺序功能图，设计编写自动装车上料控制系统的梯形图程序，控制要求如下。

　　图 4-1 所示为自动装车上料控制的示意图。当小车处于后端时，按下起动按钮，小车向前运行，行进至前端压下前限位开关，翻斗门打开装货，7s 后关闭翻斗门，小车向后运行，行进至后端压下后限位开关，打开小车底门卸货，5s 后底门关闭，完成一次动作。按下连续按钮，小车自动连续往复运行。

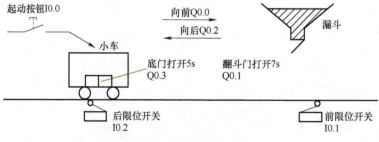

图 4-1　自动装车上料控制的示意图

顺序控制
设计法

任务目标

　　1）掌握顺序功能图的绘制方法。

2）领会顺序控制法的设计思想。

相关知识

1. 基础知识

用经验设计法设计梯形图时，没有一套固定的方法和步骤可以遵循，因此具有很大的试探性和随意性。对于不同的控制系统，没有一种通用的容易掌握的设计方法。在设计复杂系统的梯形图时，用大量的中间单元完成记忆和互锁等功能，由于需要考虑的因素很多，它们往往又交织在一起，分析起来非常困难，并且很容易遗漏一些应该考虑的问题。修改某一局部电路时，很可能会"牵一发而动全身"，对系统的其他部分产生意想不到的影响，因此梯形图的修改也很麻烦，往往花了很长时间还得不到一个满意的结果。用经验设计法设计出的复杂梯形图很难阅读，给系统的修改和优化带来了很大困难。

（1）顺序控制系统　如果一个控制系统可以分解成几个独立的控制动作，且这些动作必须严格按照一定的先后次序执行才能保证生产的正常运行，这样的系统称为顺序控制系统，又称步进控制系统。

（2）顺序控制法　顺序控制法是一种专门针对顺序控制系统的设计方法。这种方法是将控制系统的工作全过程按其状态的变化划分为若干个阶段，这些阶段称为步，这些步在各种输入条件、内部状态和时间条件下，自动、有序地进行操作。

通常这种方法利用顺序功能图进行设计，过程中各步都有自己应完成的动作。从上一步转移到下一步，一般都是有条件的，若条件满足，则上一步动作结束，下一步动作开始，上一步的动作会被清除。

顺序控制法是一种先进的设计方法，很容易被初学者接受。对于有经验的工程师，也会提高设计效率，程序的调试、修改和阅读也很方便，成为当前 PLC 程序设计的主要方法。

（3）顺序功能图的组成　顺序功能图主要由步、有向连线、转换、转换条件和动作（命令）等组成，如图 4-2 所示。

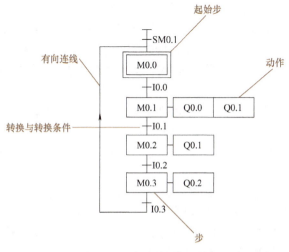

图 4-2　顺序功能图的组成

（4）转换实现的基本规则

1）转换实现的条件。顺序功能图中步的活动状态的进展是由转换的实现来完成。转换实现必须同时满足以下两个条件：

① 该转换所有的前级步都是活动步。

② 相应的转换条件得到满足。

2）转换实现应完成的操作。转换实现应完成以下两个操作：

① 使所有的后续步都变为活动步。

② 使所有的前级步都变为不活动步。

（5）顺序功能图的基本结构

1）单序列（见图 4-3a）是由一系列相继激活的步组成，每一步的后面仅有一个转换，每一个转换的后面只有一个步，单序列的特点是没有分支和合并。

2）选择序列（见图 4-3b）的开始称为分支，转换符号只能标在水平连线以下。若步 5 是活动步，并且转换条件 h=1，则发生由步 5 向步 8 的进展。若步 5 是活动步，并且转换条件 k=1，则发生由步 5 向步 10 的进展。若将选择条件 k 改为 $k \cdot \overline{h}$，则当 k 和 h 同时为 1 时，将优先选择 h 对应的序列。一般只允许选择一个序列。

选择序列的结束称为合并，几个选择序列合并到一个公共序列时，用与需要重新组合的序列数量相同的转换符号和水平连线表示，转换符号只能标在水平连线以上。若步 9 是活动

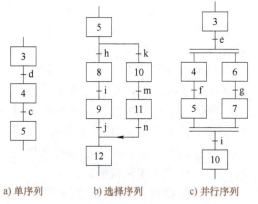

a) 单序列　　　b) 选择序列　　　c) 并行序列

图 4-3　单序列、选择序列和并行序列

步，并且转换条件 j=1，则发生由步 9 向步 12 的进展。若步 11 是活动步，并且转换条件 n=1，则发生由步 11 向步 12 的进展。

3）并行序列（见图 4-3c）的开始称为分支，当转换实现使几个序列同时激活时，这些序列称为并行序列。当步 3 是活动步，并且转换条件 e=1 时，步 4 和步 6 同时变为活动步，同时步 3 变为不活动步。为了强调转换的同步实现，水平连线用双线表示。步 4 和步 6 同时激活后，每个序列中活动步的进展是独立的。在表示同步的水平双线以上，只允许有一个转换符号。并行序列用来表示系统中几个同时工作的独立部分的工作情况。

并行序列的结束称为合并，在表示同步的水平双线以下，只允许有一个转换符号。当直接连在双线上的所有前级步（步 5 和步 7）都处于活动状态，并且转换条件 i=1 时，才会发生由步 5 和步 7 到步 10 的进展，即步 5 和步 7 同时变为不活动步，步 10 变为活动步。

（6）由顺序功能图转换成梯形图的方法　顺序功能图完成之后，可用以下两种常见方法转换成梯形图，以图 4-2 所示的顺序功能图为例，具体如下：

1）采用起保停方法转换成梯形图，如图 4-4 所示。将整个程序分为两大部分，即转换条件控制步序标志部分和步序标志实现输出部分。

2）采用置位复位法转换成梯形图，如图 4-5 所示。仍将整个程序分为两大部分，转

换条件控制步序标志部分采用置位和复位指令，步序标志实现输出部分保持不变。

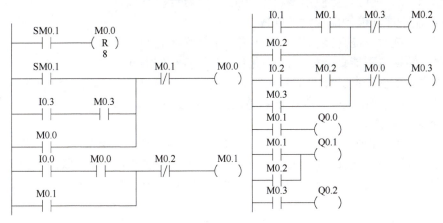

图 4-4　采用起保停方法转换成梯形图

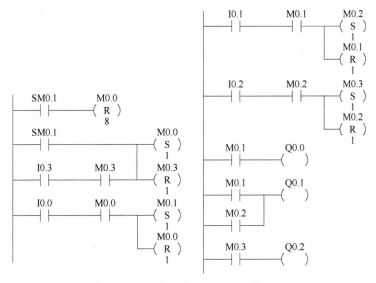

图 4-5　采用置位复位法转换成梯形图

2. 拓展知识

（1）顺序控制法的设计步骤

1）步的划分。将系统的一个工作周期划分为若干个顺序相连的阶段，这些阶段称为步，并用编程元件来代表各步。步是根据 PLC 输出状态的变化划分的，在任何一步内各输出状态不变，但是相邻步之间输出状态是不同的。

2）转换条件的确定。使系统由当前步转入下一步的信号称为转换条件。转换条件可能是外部输入信号，如按钮、指令开关、限位开关的接通/断开等，也可能是 PLC 内部产生的信号，如定时器、计数器触点的接通/断开等，还可能是若干个信号的与、或、非逻辑组合。

3）顺序功能图的绘制。根据以上分析及被控对象工作内容、步骤、顺序和控制要求画出顺序功能图。绘制顺序功能图是顺序控制法的一个关键步骤。

4）梯形图的编制。根据顺序功能图，按某种编程方式写出梯形图程序。若 PLC 支持顺序功能图编程，则可直接使用该顺序功能图作为最终程序。

（2）绘制顺序功能图应注意的问题

1）两个步绝对不能直接相连，必须用一个转换将它们隔开。

2）两个转换也不能直接相连，必须用一个步将它们隔开。

3）顺序功能图中起始步是必不可少的，它一般对应于系统等待启动的初始状态，这一步可能没有什么动作执行，因此很容易遗漏。若没有该步，则无法表示初始状态，系统也无法返回初始状态。

4）只有当某一步所有的前级步都是活动步时，该步才有可能变为活动步。若用无断电保持功能的编程元件代表各步，则 PLC 开始进入运行状态时各步均处于 0 状态，因此必须有初始化信号将起始步预置为活动步，否则顺序功能图中就不会出现活动步，系统将无法工作。

（3）顺序控制法的本质　经验设计法的信号关系图如图 4-6a 所示，实际上是试图用输入信号 I 直接控制输出信号 Q，如果无法直接控制，或者为了实现记忆和互锁等功能，就会被动地增加一些辅助元件和辅助触点。由于不同系统的输出 Q 信号与输入信号 I 之间的关系各不相同，以及它们对联锁的要求千变万化，不可能找出一种简单通用的设计方法。

顺序控制法则是用输入信号 I 控制代表各步的编程元件（如内部位存储器 M），再用它们控制输出信号 Q。步是根据 Q 的状态划分的，M 与 Q 之间具有很简单的或逻辑或者相等的逻辑关系，输出电路的设计极为简单。任何复杂系统中代表步的位存储器 M 的控制电路，其设计方法都是通用的，并且很容易掌握，所以顺序控制法具有简单、规范和通用的优点。由于 M 是依次顺序变为 1/0 状态的，实际上已经基本上解决了经验设计法中的记忆和联锁等问题。

a) 经验设计法　　　　　b) 顺序控制法

图 4-6　信号关系图

任务实施

1. I/O 地址分配

根据电路要求，I/O 地址分配见表 4-1，自动装车上料控制电路的 PLC 外部接线图如图 4-7 所示。

表 4-1　I/O 地址分配

输入			输出		
符号	地址	功能	符号	地址	功能
SB1	I0.0	起动按钮	KM1	Q0.0	小车向前运行控制接触器
SQ1	I0.1	前限位开关	KM2	Q0.1	翻斗门打开控制接触器
SQ2	I0.2	后限位开关	KM3	Q0.2	小车向后运行控制接触器
SB2	I0.3	连续按钮	KM4	Q0.3	底门打开控制接触器

2. 设计顺序功能图并编写梯形图

根据控制电路的要求，画出自动装车上料控制电路的顺序功能图，如图 4-8 所示。并依此用经验设计法编写梯形图，自动装车上料控制电路的梯形图如图 4-9 所示。

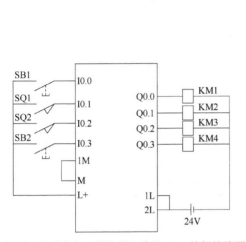

图 4-7　自动装车上料控制电路的 PLC 外部接线图

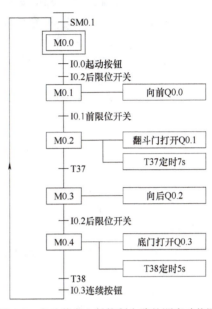

图 4-8　自动装车上料控制电路的顺序功能图

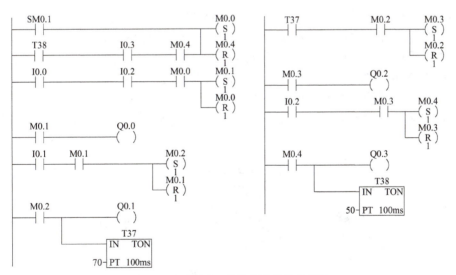

图 4-9　自动装车上料控制电路的梯形图

3. 安装配线

首先按照图 4-7 进行配线，安装方法及要求与继电器 – 接触器电路相同。

4. 运行调试

1）在断电状态下，连接好通信电缆。

2）打开 PLC 的前盖，将运行模式开关拨到 STOP 位置，或者单击工具栏中的 "STOP"

按钮，使 PLC 处于停止状态，可以进行程序编写。

3）在作为编程器的计算机上，运行 STEP 7-Micro/WIN SMART 编程软件。

4）创建新项目并进行设备组态。

5）打开程序编辑器，录入梯形图程序。

6）单击执行"编辑"菜单下的"编译"子菜单命令，编译程序。

7）将控制程序下载到 PLC。

8）将运行模式开关拨到 RUN 位置，或者单击工具栏中的"RUN"按钮，使 PLC 进入运行状态。

9）PLC 进入梯形图监控状态。操作过程中同时观察 I/O 状态指示灯的亮灭情况。

任务拓展

在实际的生产现场，自动装车上料控制应用十分广泛，如在焦化厂自动装煤运煤、在港口自动装货运货等，这样能使系统按照一定的顺序根据预先设计好的轨迹行进。

自动进料装车系统由三级传送带、料卡、料位检测与送料、车位和吨位检测等环节组成，其控制要求如下：

（1）初始状态　红灯 L1 灭，绿灯 L2 亮，表明允许进料装车。电动机 M1、M2 和 M3 皆为停止状态。

（2）装车系统

1）进料。当料斗中料不满（S1 为 OFF）时，5s 后指示灯 D4 亮，表示进料；当料满（S1 为 ON）时终止进料。

2）装车。当汽车开进到装车位置（位置开关 SQ1 为 ON）时，红灯 L1 亮，绿灯 L2 灭，同时起动 M3，2s 后起动 M2，再经过 2s 起动 M1，再经过 2s 指示灯 D2 亮，表示打开料斗。当车满（位置开关 SQ2 为 ON）时，指示灯 D2 灭，2s 后 M1 停止，M2 在 M1 停止 2s 后停止，M3 在 M2 停止后 2s 停止，同时红灯 L1 灭，绿灯 L2 亮，表示汽车可以开走。

（3）停机控制系统　按下停止按钮 SB2，整个系统停止运行。

自动进料装车控制的实训面板图如图 4-10 所示。请根据上述控制要求完成该自动进料装车的 PLC 控制。

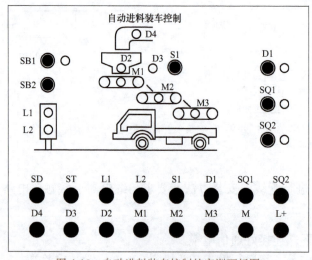

图 4-10　自动进料装车控制的实训面板图

任务 12　电镀生产线控制

任务描述

电镀生产线采用专用行车，行车架上装有可升降的吊钩，吊钩上吊装有被镀工件。专用行车在三相异步电动机 M1 拖动下，同行车架、吊钩及吊钩上的被镀工件一起左右运行，吊钩及吊钩上的被镀工件在三相异步电动机 M2 拖动下完成上下运行，电镀生产线上设有镀槽、回收液槽和清水槽。吊钩及吊钩上的被镀工件上下运行时，设有上限位开关 SQ5 和下限位开关 SQ6。专用行车左右运行时，设有系统原点限位开关 SQ4、清水槽限位开关 SQ3、回收液槽限位开关 SQ2 和镀槽限位开关 SQ1。电镀生产线示意图如图 4-11 所示。

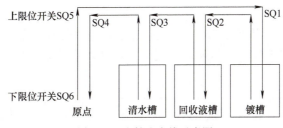

图 4-11　电镀生产线示意图

电镀生产线自动控制要求如下。

1）系统起动前吊钩及吊钩上的被镀工件处于原点位置。系统起动后的工作循环为：被镀工件放入镀槽→电镀 5min →提起停放 30s →放入回收液槽浸 10min →提起停放 16s →放入清水槽清洗 32s →提起停放 10s →专用行车返回原点。

2）系统工作方式设置为自动循环。

3）设计的主电路要具有短路保护和过载保护等必要的保护措施。

任务目标

1）熟练掌握顺序控制继电器指令 SCR 的应用。

2）掌握单序列顺序功能图的编程方法。

相关知识

1. 基础知识

在运用 PLC 进行顺序控制时常采用顺序控制继电器指令，这是一种由顺序功能图设计梯形图的步进型指令。首先用顺序功能图描述程序的设计思想，然后再用指令编写出符合设计思想的程序。顺序控制继电器指令可以将顺序功能图转换成梯形图，顺序功能图是设计梯形图的基础。

（1）顺序功能图　顺序功能图是按照顺序控制的思想，根据工艺过程，将程序的执行分成各个程序步，每一步有进入条件、程序处理、转换条件和程序结束四部分。通常用顺序控制继电器位 S0.0 ～ S31.7 代表程序的状态步。一个三步循环转换的顺序功能图如图 4-12 所示，图中 1、2、3 分别代表程序的三步状态，程序执行到某步时，该步状态位置为 1，其余为 0。步进条件又称转换条件，有逻辑条件、时间条件等。

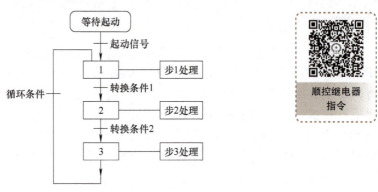

图 4-12　三步循环转换的顺序功能图

（2）顺序控制继电器指令 SCR　顺序控制继电器指令有三条，用于描述程序的顺序控制转换状态，可以用于程序的转换、分支、循环和转移控制，指令见表 4-2。

表 4-2　顺序控制继电器指令

指令名称	梯形图	助记符	功能
顺序步开始	??.? SCR	LSCR　Sx・y	步开始
顺序步转移	??.? （SCRT）	SCRT　Sx・y	步转移
顺序步结束	（SCRE）	SCRE	步结束

1）顺序步开始指令 LSCR。当顺序控制继电器位 Sx・y=1 时，该顺序步执行。

2）顺序步转移指令 SCRT。当使能端输入有效时，将本顺序步的顺序控制继电器位清 0，下一步顺序控制继电器位置 1。

3）顺序步结束指令 SCRE。顺序步的处理程序在 LSCR 指令和 SCRE 指令之间。

（3）使用 SCR 指令的注意事项

1）SCR 指令只对状态元件 S 有效。为了保证程序的可靠运行，驱动状态元件 S 的信号应采用短脉冲。

2）不能把同一编号的状态元件用在不同的程序中。例如，若主程序中已使用 S0.1，则子程序中不能再使用。

3）当输出需要保持时，可使用置位 / 复位指令。

4）在 SCR 段中不能使用跳转指令和标签指令，既不允许跳入或跳出 SCR 段，也不允许在 SCR 段内跳转。可以使用跳转和标签指令在 SCR 段周围跳转。

5）不能在 SCR 段中使用循环开始指令、循环结束指令和结束指令。

为了自动进入顺序功能图，一般利用辅助继电器 SM0.1 将 S0.1 置 1。如果需要在某步为活动步时直接执行动作，可在要执行的动作前接上常开触点 SM0.0，避免线圈与左母线直接连接的语法错误。

2. 拓展知识

先将图 4-2 所示的顺序功能图转换成单序列顺序功能图，如图 4-13 所示。

再采用 SCR 指令转换成梯形图，如图 4-14 所示。

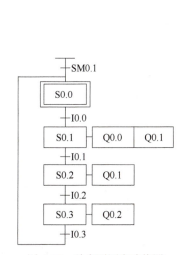

图 4-13　单序列顺序功能图

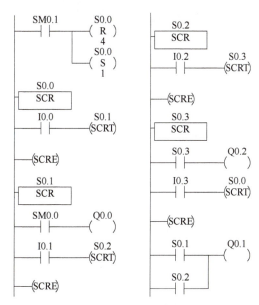

图 4-14　采用 SCR 指令转换成梯形图

任务实施

1. I/O 地址分配

根据控制要求，确定 I/O 地址分配见表 4-3，电镀生产线控制电路的 PLC 外部接线图如图 4-15 所示。

表 4-3　I/O 地址分配

输入			输出		
符号	地址	功能	符号	地址	功能
FR1	I0.0	热继电器	KM1	Q0.0	上行控制接触器
FR2	I0.1	热继电器			
SB1	I0.2	停止按钮	KM3	Q0.1	下行控制接触器
SB2	I0.3	起动按钮			
SQ5	I0.4	上限位开关			
SQ1	I0.5	镀槽限位开关	KM2	Q0.2	左行控制接触器
SQ6	I0.6	下限位开关			
SQ2	I0.7	回收液槽限位开关			
SQ3	I1.0	清水槽限位开关	KM4	Q0.3	右行控制接触器
SQ4	I1.1	原点限位开关			

2. 设计程序

根据控制电路的要求，画出单序列顺序功能图，如图 4-16 所示。在计算机中编写梯形图，电镀生产线控制电路的梯形图如图 4-17 所示。

3. 安装配线

首先按照图 4-15 所示进行配线，安装方法及要求与继电器 – 接触器电路相同。

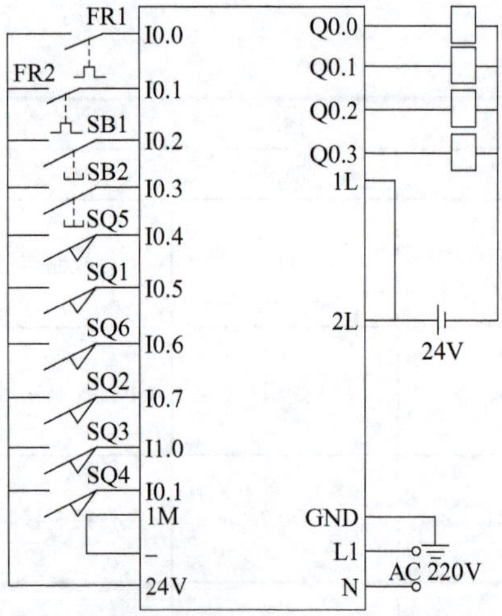

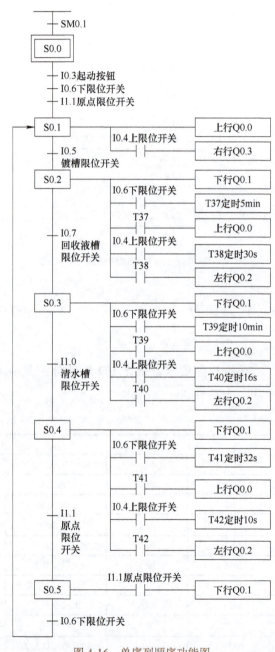

图 4-15　电镀生产线控制电路的 PLC 外部接线图

图 4-16　单序列顺序功能图

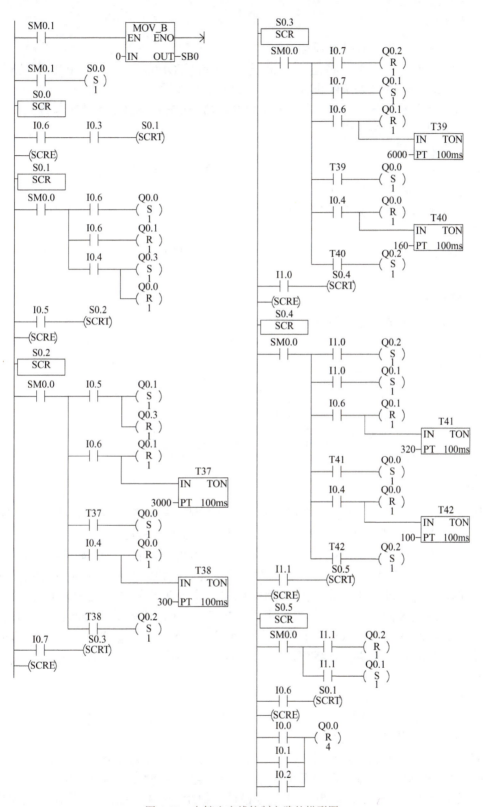

图 4-17　电镀生产线控制电路的梯形图

4. 运行调试

1）在断电状态下，连接好通信电缆。

2）打开 PLC 的前盖，将运行模式开关拨到 STOP 位置，或者单击工具栏中的"STOP"按钮，使 PLC 处于停止状态，可以进行程序编写。

3）在作为编程器的计算机上，运行 STEP 7-Micro/WIN SMART 编程软件。

4）创建新项目并进行设备组态。

5）打开程序编辑器，录入梯形图。

6）单击执行"编辑"菜单下的"编译"子菜单命令，编译程序。

7）将控制程序下载到 PLC。

8）将运行模式开关拨到 RUN 位置，或者单击工具栏中的"RUN"按钮，使 PLC 进入运行状态。

9）PLC 进入梯形图监控状态。操作过程中同时观察 I/O 状态指示灯的亮灭情况。

任务拓展

图 4-18 所示为电镀生产线示意图。

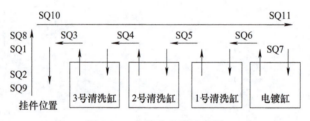

图 4-18　电镀生产线示意图

该电镀生产线共有四个缸：电镀缸和 1 ～ 3 号清洗缸。最左侧为悬挂电镀工件的挂件位置。SQ3 ～ SQ7 分别为各个工位的行程开关，SQ1、SQ2 为吊钩上、下限位开关。电镀的整个工艺过程为：待电镀的工件挂在最左侧的挂架件上，当按下起动按钮 SB1，吊车的吊钩（图 4-18 中未画）上升将工件提起，升至吊钩的上限位置碰到限位开关 SQ1 停下；吊车向右行进（电动机正转），到电镀缸的位置碰到限位开关 SQ7 停下；吊钩下降碰到限位开关 SQ2 停下，工件浸入电镀液电镀 5min，然后吊钩提起；吊车左行至 1 号清洗缸 1 碰到限位开关 SQ6；吊钩下降，将工件浸入清水中清洗 10s；然后吊钩提起，再到 2 号清洗缸和 3 号清洗缸各清洗 10s，最后返回到原位，将电镀好的工件放下，一个循环结束。

电镀生产线控制要求如下：

1）吊车的运行和吊钩的升降分别由笼型三相异步电动机 M1、M2 拖动。

2）按上述工艺过程进行自动控制。

3）在吊车左、右行，吊钩升、降的极限位置装有限位开关 SQ8 ～ SQ11。

4）两台电动机均有短路和过载保护，电路有完善的各种常规电气保护。

试根据上述控制要求，运用 SCR 指令设计电镀生产线控制系统梯形图，并熟练运用编程软件进行联机调试。

任务 13　物料自动分拣控制

任务描述

大小球分拣装置示意图如图 4-19 所示。当机械手处于原始位置，即上限位开关 SQ1 和左限位开关 SQ3 压下时，抓球电磁铁处于失电状态，这时按下起动按钮，机械手下行，当碰到下限位开关 SQ2 后停止下行，且电磁铁得电吸球。若吸住的是小球，则大小球检测开关 SQ 为 ON；若吸住的是大球，则 SQ 为 OFF。1s 后，机械手上行，碰到上限位开关 SQ1 后右行，它会根据大小球的不同，分别在 SQ4（小球）和 SQ5（大球）处停止右行，然后下行至下限位停止，电磁铁失电，机械手把球放在小球或大球容器里，1s 后返回。若不按停止按钮，则机械手一直工作下去；若按下停止按钮，则不管何时按，机械手最终都要停止在原始位置。再次按下起动按钮后，系统可以再次从头开始循环工作。

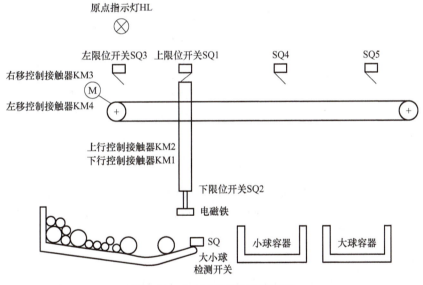

图 4-19　大小球分拣装置示意图

任务目标

1）熟练掌握使用 SCR 指令的顺序控制梯形图设计方法。
2）掌握选择序列的编程方法。
3）掌握复杂顺序功能图的应用。

选择序列顺序功能图

相关知识

1. 基础知识

选择序列顺序功能图与对应梯形图如图 4-20 所示。

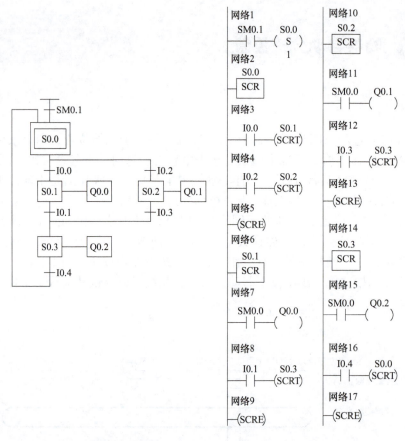

a) 选择序列顺序功能图　　　　　　b) 梯形图

图 4-20　选择序列顺序功能图与对应梯形图

选择序列就是从多个序列中选择执行一个，但不允许多序列同时执行。如图 4-20 所示，分支选择条件 I0.0、I0.2 不能同时接通。在 S0.0 步时，根据 I0.0、I0.2 的状态决定执行哪一个分支，分支合并处 S0.3 可由 I0.1、I0.3 中任意一个驱动。

2. 拓展知识

程序控制指令对合理安排程序的结构，提高程序功能以实现某些技巧性运算具有重要的意义。程序控制指令包括跳转与标签指令、循环指令、顺序控制继电器指令、子程序指令、结束与暂停指令、看门狗指令，主要用于程序执行流程的控制。对一个扫描周期而言，跳转指令可以使程序出现跨越以实现程序的选择；循环指令可多次重复执行指定的程序段；顺序控制继电器指令把程序分成若干个段以实现转换控制；子程序指令可调用某段子程序，使主程序结构简单清晰，减少扫描时间；暂停指令可使 CPU 的工作方式发生变化。

（1）跳转指令 JMP 与标签指令 LBL

1）指令说明。跳转与标签指令见表 4-4。

跳转与标签指令可用在主程序、子程序或中断程序中，但跳转指令和与之相应的标签指令必须位于同性质程序段中，既不能从主程序跳到子程序或中断程序，也不能从子程序或中断程序跳出。在 SCR 程序段中也可使用跳转指令，但相应的标签指令必须也在同一个 SCR 段中。

表 4-4　跳转与标签指令

指令名称	梯形图符号	功能说明	操作数
			N
跳转指令	N ──(JMP)	让程序跳转并执行标签为 N 的程序段	字型常数（0 ~ 255）
标签指令	N ──┤ LBL	用来对某程序段进行标号，为跳转指令设定跳转目标	

2）指令使用举例。跳转指令与标签指令使用举例如图 4-21 所示。当 I0.2 触点闭合时，"JMP 4"指令执行，程序马上跳转到网络 10 处的"LBL 4"标签，开始执行该标签后面的程序段。若 I0.2 触点未闭合，则程序从网络 2 依次往下执行。

（2）循环指令

在控制系统中经常遇到某项任务需要重复执行若干次的情况，这时可使用循环指令。循环指令由循环开始指令 FOR 和循环结束指令 NEXT 组成。当驱动 FOR 指令的逻辑条件满足时，反复执行 FOR 指令与 NEXT 指令之间的程序段（循环体）。

1）指令说明。循环指令见表 4-5。

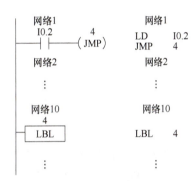

图 4-21　跳转指令与标签指令使用举例

表 4-5　循环指令

指令名称	梯形图符号	功能说明	操作数	
			INDX	INIT、FINAL
循环开始指令	FOR EN　　ENO ????─INDX ????─INIT ????─FINAL	循环程序段开始，INDX 端指定单元用于对循环次数进行计数，INIT 端为循环起始值，FINAL 端为循环结束值	IW、QW、VW、MW、SMW、SW、T、C、LW、AIW、AC、*VD、*LD 和 *AC（整型）	IW、QW、VW、MW、SMW、SW、T、C、LW、AIW、AC、*VD、*AC 和常数（整型）
循环结束指令	─(NEXT)	循环程序段结束		

2）指令使用举例。循环指令使用举例如图 4-22 所示，该程序有两个循环体，循环体 2（网络 2 ~ 网络 3）处于循环体 1（网络 1 ~ 网络 4）内部，这种一个循环体包含另一个循环体的形式称为嵌套，一个 FOR、NEXT 循环体内部最多可嵌套八个 FOR、NEXT 循环体。

在图 4-22 中，当 I0.0 触点闭合时，循环体 1 开始执行，如果在 I0.0 触点闭合期间 I0.1 触点也闭合，那么在循环体 1 执行一次时，内部嵌套的循环体 2 需要反复执行三次，循环体 2 每执行完一次后，INDX 端指定单元 VW22 中的值会自动增 1（在第一次执行 FOR 指令时，INIT 端的值会传送给 INDX 端指定单元），循环体 2 执行三次后，VW22 中的值由 1 增到 3，然后程序执行网络 4 的 NEXT 指令，该指令使程序又回到网络 1，开始下一次循环。

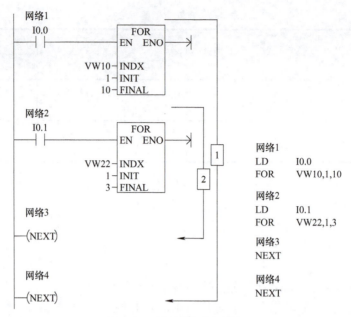

图 4-22　循环指令使用举例

循环指令使用的要点如下：

① FOR、NEXT 指令必须成对使用。

② 循环允许嵌套，但不能超过八层。

③ 每次使循环指令重新有效时，指令会自动将 INIT 端的值传送给 INDX 端指定单元。

④ 当 INDX 端的值大于 FINAL 端的值时，循环不被执行。

⑤ 在循环程序执行过程中，可以改变循环参数。

任务实施

1. I/O 地址分配

根据控制要求，确定 I/O 地址分配见表 4-6，大小球分拣控制电路的 PLC 外部接线图如图 4-23 所示。

表 4-6　I/O 地址分配

输入			输出		
符号	地址	功能	符号	地址	功能
SB1	I0.0	起动按钮	HL	Q0.0	原始指示灯
SB2	I0.1	停止按钮	K	Q0.1	抓球电磁铁
SQ1	I0.2	上限位开关			
SQ2	I0.3	下限位开关	KM1	Q0.2	下行控制接触器
SQ3	I0.4	左限位开关	KM2	Q0.3	上行控制接触器
SQ4	I0.5	小球右限位开关	KM3	Q0.4	右移控制接触器
SQ5	I0.6	大球右限位开关	KM4	Q0.5	左移控制接触器
SQ	I0.7	大小球检测开关			

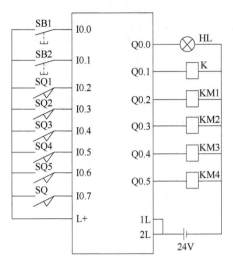

图 4-23　大小球分拣控制电路的 PLC 外部接线图

2. 设计程序

根据控制电路要求编写程序，大小球分拣装置的顺序功能图和梯形图分别如图 4-24 和图 4-25 所示。

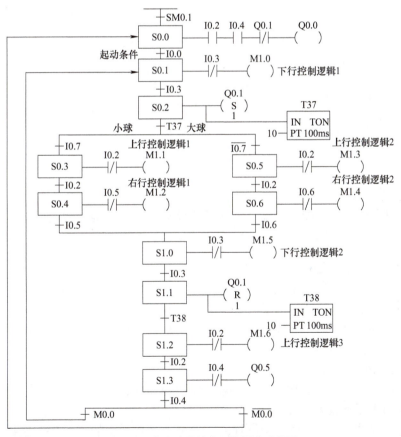

图 4-24　大小球分拣装置的顺序功能图

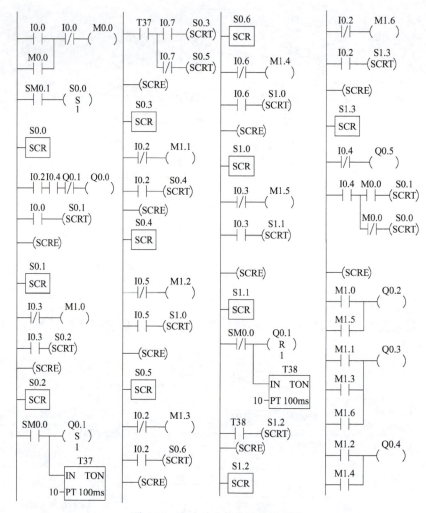

图 4-25 大小球分拣装置的梯形图

3. 安装配线

首先按照图 4-23 进行配线，安装方法及要求与继电器 – 接触器电路相同。

4. 运行调试

1）在断电状态下，连接好通信电缆。

2）打开 PLC 的前盖，将运行模式开关拨到 STOP 位置，或者单击工具栏中的"STOP"按钮，使 PLC 处于停止状态，可以进行程序编写。

3）在作为编程器的计算机上，运行 STEP 7-Micro/WIN SMART 编程软件。

4）创建新项目并进行设备组态。

5）打开程序编辑器，录入梯形图。

6）单击执行"编辑"菜单下的"编译"子菜单命令，编译程序。

7）将控制程序下载到 PLC。

8）将运行模式开关拨到 RUN 位置，或者单击工具栏中的"RUN"按钮，使 PLC 进入运行状态。

9）PLC 进入梯形图监控状态。操作过程中同时观察 I/O 状态指示灯的亮灭情况。

任务拓展

苹果分拣机控制系统示意图如图 4-26 所示。

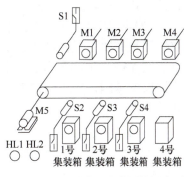

1. 控制要求

该系统能将三种不同大小的苹果放入相应的集装箱中。开启电源，电动机 M5 运行，S1 用来检测传送带上是否有苹果，若检测到有苹果，则 HL1 灯亮，若没有检测到苹果，则 HL1 熄灭；S2、S3、S4 为三种不同规格苹果的检测，当检测到某一规格时，HL2 常亮，相应的电动机起动，将苹果放入集装箱中。如果苹果不符合这三种规格，2s 后 HL2 闪烁，且电动机 M4 起动，将该苹果放入 4 号集装箱中。S1 继续检测是否有苹果在传送带上，重复相同的操作。

图 4-26　苹果分拣机控制系统示意图

2. 控制分析

当按下起动按钮时，电动机 M5 运行以带动传送带运行。S1 检测传送带上是否有苹果，若传送带上有苹果，则驱动 HL1 灯亮并延时 1s，使苹果传送到 S2 检测位置。若 S2 检测有效，则电动机 M1 工作，将苹果送入 1 号集装箱并驱动 HL2，使其常亮，系统重新对下一个苹果进行检测，否则将苹果传送到 S3 位置检测。若 S3 检测有效，则电动机 M2 工作，将苹果送入 2 号集装箱并驱动 HL2，使其常亮，系统重新对下一个苹果进行检测，否则将苹果传送到 S4 位置检测。若 S4 检测有效，则电动机 M3 工作，将苹果送入 3 号集装箱并驱动 HL2，使其常亮，系统重新对下一个苹果进行检测，否则电动机 M4 工作将它送入 4 号集装箱，且 HL2 闪烁，表示该苹果不符合规格，然后系统重新对下一个苹果进行检测。

3. 设计要求

设计 PLC 的 I/O 地址表和 I/O 控制电路，设计控制系统控制程序（梯形图），编制梯形图的指令表，设计控制系统相应各类保护，最后安装实现控制系统并模拟运行。

任务 14　双面钻孔组合机床控制

任务描述

双面钻孔组合机床主要用于在工件的两相对表面上钻孔。双面钻孔组合机床的电气主电路由液压泵电动机 M1、左机刀具电动机 M2、右机刀具电动机 M3 和切削液压泵电动机 M4 拖动，具体工作过程参见电气主电路图和控制要求即可。

双面钻孔组合机床的自动控制要求如下。

（1）双面钻孔组合机床各电动机的控制要求　双面钻孔组合机床各电动机只有在液

压泵电动机 M1 正常起动运转、机床供油系统正常供油后才能起动。左机刀具电动机 M2、右机刀具电动机 M3 应在滑台进给循环开始时起动运转，滑台退回原位后停止运转。切削液压泵电动机 M4 可以在滑台工进时自动起动，在工进结束后自动停止，也可以用手动方式控制其起动和停止。

（2）机床动力滑台、工件定位装置和夹紧装置的控制要求　机床动力滑台、工件定位装置和夹紧装置由液压系统驱动。电磁阀 YV1 和 YV2 控制定位液压缸活塞运动方向；电磁阀 YV3、YV4 控制夹紧液压缸活塞运动方向；YV5、YV6、YV7 为左机滑台油路中的换向电磁阀；YV8、YV9、YV10 为右机滑台油路中的换向电磁阀。各电磁阀动作状态和转换指令见表 4-7。

表 4-7　各电磁阀动作状态和转换指令

项目	定位		夹紧		左机滑台			右机滑台			转换指令
	YV1	YV2	YV3	YV4	YV5	YV6	YV7	YV8	YV9	YV10	
工件定位	+										SB3
工件夹紧			+								ST2
滑台快进			+		+		+	+		+	KP
滑台工进			+		+			+			ST3、ST6
滑台快退			+			+			+		ST4、ST7
松开工件				+							ST5、ST8
拔定位销		+									ST9
停止											ST1

注："+"表示电磁阀线圈得电。

从表 4-7 中可以看到，当电磁阀 YV1 线圈得电时，机床工件定位装置将工件定位；当电磁阀 YV3 线圈得电时，机床工件夹紧装置将工件夹紧；当电磁阀 YV3、YV5 和 YV7 线圈得电时，左机滑台快进；当电磁阀 YV3、YV8 和 YV10 线圈得电时，右机滑台快进；当电磁阀 YV3、YV5 或 YV3、YV8 线圈得电时，左机滑台或右机滑台工进；当电磁阀 YV3、YV6 或 YV3、YV9 线圈得电时，左机滑台或右机滑台快退，当电磁阀 YV4 线圈得电时，机床工件夹紧装置将工件松开；当电磁阀 YV2 线圈得电时，机床拔定位销；定位销松开后，撞击行程开关 ST1，机床停止运行。

当需要机床工作时，将工件装入定位夹紧装置，按下液压系统起动按钮 SB3，机床按以下步骤工作：工件定位和夹紧→左、右两侧滑台同时快进→左、右两侧滑台同时工进→左、右两侧滑台快退→夹紧装置松开→拔定位销。当左、右两侧滑台快进时，左机刀具电动机 M2、右机刀具电动机 M3 起动运转，提供切削动力。当左、右两侧滑台工进时，切削液压泵电动机 M4 自动起动。在工进结束后，切削液压泵电动机 M4 自动停止。在滑台退回原位后，左、右机刀具电动机 M2、M3 停止运转。

双面钻孔组合机床电气主电路如图 4-27 所示，双面钻孔组合机床工作流程图如图 4-28 所示。

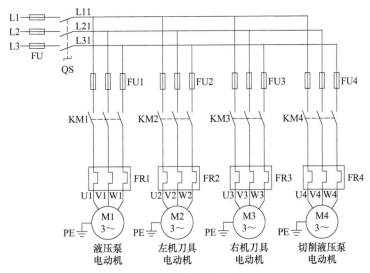

图 4-27　双面钻孔组合机床电气主电路

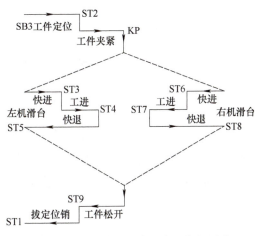

图 4-28　双面钻孔组合机床工作流程图

请根据上述控制要求，编制 PLC 程序，实现双面钻孔组合机床的自动控制。

任务目标

1）熟练掌握使用 SCR 指令的顺序控制梯形图设计方法。
2）掌握并行序列的编程方法。
3）掌握复杂顺序功能图的应用。

并行序列顺序
功能图

相关知识

1. 基础知识

并行序列顺序功能图与对应梯形图如图 4-29 所示。

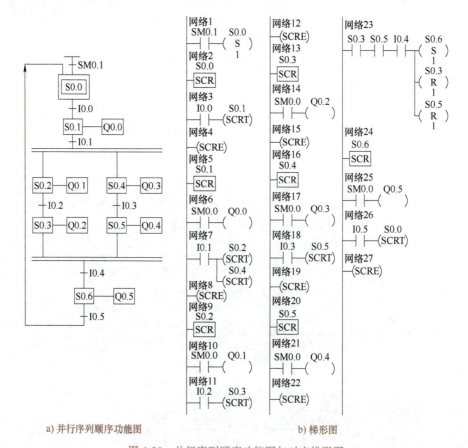

a) 并行序列顺序功能图　　　　b) 梯形图

图 4-29　并行序列顺序功能图与对应梯形图

并行序列就是满足条件时，多个分支序列可同时执行，待各分支序列的动作全部完成后，合并执行下一步。为了强调转移的同步执行，分支处和合并处的水平线用双线表示。

2. 拓展知识

（1）子程序指令　编程时经常会遇到相同的程序段需要多次执行的情况，例如程序段 1 要执行两次，编程时要写两段相同的程序段，这样比较麻烦，解决这个问题的方法就是将需要多次执行的程序段从主程序中分离出来，单独写成一个程序，这个程序称为子程序，然后在主程序相应的位置调用子程序即可。编写复杂的 PLC 程序时，可以将全部的控制功能划分为几个功能块，每个功能块的控制功能可用子程序实现，这样会使整个程序结构清晰简单，易于调试、查找错误和维护。

子程序指令有两条，即子程序调用指令 CALL 和子程序条件返回指令 CRET。

1）指令说明。子程序指令见表 4-8。

表 4-8　子程序指令

指令名称	梯形图符号	功能说明
子程序调用指令	SBR_N EN	用于调用并执行名称为 SBR_N 的子程序。调用子程序时可以带参数，也可以不带参数。子程序执行完成后，返回到调用该子程序的子程序调用指令的下一条指令 　N 为常数，对于 CPU 222 和 CPU 224，N 为 0～63；对于 CPU 224XP 和 CPU 226，N 为 0～127
子程序条件返回指令	──(RET)	根据该指令前面的条件决定是否终止当前子程序，返回调用程序

子程序指令使用的要点如下：

① CRET 指令多用于子程序内部，该指令是否执行取决于它前面的条件，该指令执行的结果是结束当前的子程序，返回调用程序。

② 子程序允许嵌套使用，即在一个子程序内部可以调用另一个子程序，但子程序的嵌套深度最多为九级。

③ 当子程序在一个扫描周期内被多次调用时，在子程序中不能使用上升沿、下降沿、定时器和计数器指令。

④ 子程序中不能使用（结束）指令。

2）子程序的建立。编写子程序要在编程软件中进行，打开 STEP 7-Micro/WIN SMART 编程软件，程序编辑区下方有"主程序""SBR_0"和"INT_0"三个标签，单击"SBR_0"标签即可切换到子程序编辑界面，在该界面就可以编写名为"SBR_0"的子程序。如果需要编写第二个或更多的子程序，可执行菜单命令"编辑"→"插入"→"子程序"，即在程序编辑区下方增加一个名为"SBR_1"的标签，同时在项目树的"调用子程序"下方也多出一个"SBR_1"指令。右击程序编辑区下方的子程序标签，在弹出的快捷菜单中选择"重命名"命令，标签名变成可编辑状态，输入新子程序名即可。

（2）循环、跳转和子程序指令应用举例　循环、跳转和子程序指令应用举例如图 4-30 所示。

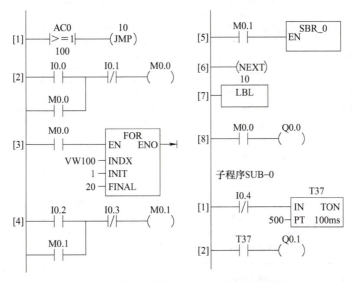

图 4-30　循环、跳转和子程序指令应用举例

应用程序原理分析如下：

循环指令和子程序指令执行期间，使能端要保持有效。令使能端无效的复位信号可以由内部和外部信号控制，也可以取自循环体和调用程序的结束标志。

图 4-30 所示程序中，当比较指令不满足跳转条件时，顺序执行后续程序，I0.0 触点闭合，M0.0 得电自锁，执行循环体，也可以用 I0.0 触点直接控制循环体，但在循环体执行期间 I0.0 触点需要始终闭合。在循环体执行期间，若 I0.2 触点闭合，则调用子程序 SUB_0，为了能满足执行子程序所需要的时间，增加了 M0.1 的自锁电路，这里主要考虑子程序中定时器的时间要求。如果子程序中没有定时器，也可以直接用 I0.2 触点或其他短时闭合的触点实现子程序调用。子程序中 I0.4 常闭触点用于定时器 T37 和输出点 Q0.1 的接通和复位。若将子程序调用指令使能端无效的复位信号 I0.3 常闭触点改为 Q0.1 常闭触点，则可以实现子程序调用的自动复位。

当比较指令满足跳转条件时，不执行循环程序和子程序调用指令。

任务实施

1. I/O 地址分配

根据控制要求，确定 I/O 地址分配见表 4-9，双面钻孔组合机床控制电路 I/O 接线图如图 4-31 所示。

表 4-9 I/O 地址分配

输入			输出		
符号	地址	功能	符号	地址	功能
SB3	I0.0	液压系统起动按钮	YV1	Q0.0	电磁阀
ST2	I0.1	工件定位行程开关	YV2	Q0.1	电磁阀
KP	I0.2	夹紧到位检测开关	YV3	Q0.2	电磁阀
ST3	I0.3	左机快进行程开关	YV4	Q0.3	电磁阀
ST4	I0.4	左机工进行程开关	YV5	Q0.4	电磁阀
ST5	I0.5	左机快退行程开关	YV6	Q0.5	电磁阀
ST6	I0.6	右机快进行程开关	YV7	Q0.6	电磁阀
ST7	I0.7	右机工进行程开关	YV8	Q0.7	电磁阀
ST8	I1.0	右机快退行程开关	YV9	Q1.0	电磁阀
ST9	I1.1	工件松开行程开关	YV10	Q1.1	电磁阀
ST1	I1.2	定位销松开行程开关	KM1	Q1.2	接触器
SB1	I1.3	停止按钮	KM2	Q1.3	接触器
			KM3	Q1.4	接触器
			KM4	Q1.5	接触器

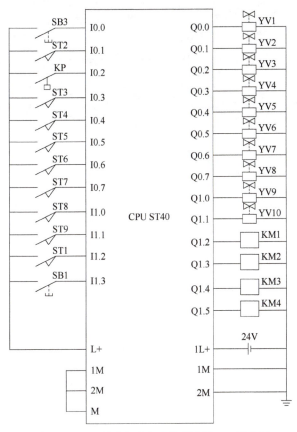

图 4-31　双面钻孔组合机床控制电路 I/O 接线图

2. 设计程序

根据控制电路的要求，画出双面钻孔组合机床顺序功能图，如图 4-32 所示，并在编程软件中转换成梯形图。

3. 安装配线

首先按照图 4-31 进行配线，安装方法及要求与继电器 – 接触器电路相同。

4. 运行调试

1）在断电状态下，连接好通信电缆。

2）打开 PLC 的前盖，将运行模式开关拨到 STOP 位置，或者单击工具栏中的"STOP"按钮，使 PLC 处于停止状态，可以进行程序编写。

3）在作为编程器的计算机上，运行 STEP 7–Micro/WIN SMART 编程软件。

4）创建新项目并进行设备组态。

5）打开程序编辑器，录入梯形图。

6）单击执行"编辑"菜单下的"编译"子菜单命令，编译程序。

7）将控制程序下载到 PLC。

8）将运行模式开关拨到 RUN 位置，或者单击工具栏中的"RUN"按钮，使 PLC 进入运行状态。

9）PLC 进入梯形图监控状态。操作过程中同时观察 I/O 状态指示灯的亮灭情况。

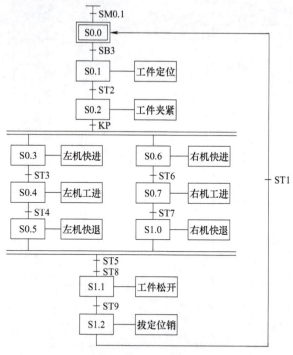

图 4-32　双面钻孔组合机床顺序功能图

任务拓展

某专用钻床用两只钻头同时钻两个孔。开始自动运行之前两个钻头在最上面，上限位开关 SQ3 和 SQ4 压下。操作人员放好工件后，按下起动按钮 SB，夹紧装置将工件夹紧（KP1），两只钻头同时开始工作，钻到由限位开关 SQ1 和 SQ2 设定的深度时分别上行，回到由限位开关 SQ3 和 SQ4 设定的起始位置时分别停止上行。两个都到位后，工件被松开，松开到位后（KP2），加工结束，系统返回初始状态。两个钻头的工作示意图如图 4-33 所示。

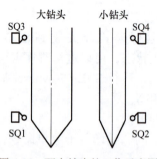

图 4-33　两个钻头的工作示意图

请根据上述控制要求，编制 PLC 程序，实现钻床钻孔的自动控制。

思考与练习

1. 顺序功能图由哪几部分组成？

2. 顺序功能图的基本结构有哪几种？

3. 顺序控制法的设计步骤是什么？

4. 顺序功能图中转换实现的基本规则是什么？

5. 顺序控制继电器指令的格式是什么？

6. 使用顺序控制继电器指令的注意事项是什么？

7. 使用顺序控制程序结构，编写出实现红、黄、绿三种颜色信号灯循环显示的程序，要求循环间隔时间为 1s，并画出该程序设计的顺序功能图。

8. 使用跳转指令有哪几点注意事项？

9. 简述循环指令的用法。

10. 子程序调用指令 CALL 的功能是什么？

11. 装饰灯光的显示规律为：1—2—3—4—5—6—7—8—1，每隔 1.5s 右移一次，如此循环，周而复始，设计符合此要求的 PLC 控制系统。

12. 写出能循环执行五次程序段的循环体梯形图程序。

13. 简述 PLC 系统设计的一般原则和步骤。

14. 有一比赛由儿童两人、青年学生一人和教授两人组成三组抢答。儿童中任一人按下按钮均可抢答，教授需两人同时按下按钮才可抢答，主持人按下按钮同时宣布开始，10s 内有人抢答则幸运彩球转动表示庆贺。试设计此抢答器程序。

15. 编写一段 PWM（脉冲宽度调制）输出的程序，要求如下：周期固定为 5s，脉宽初始值为 0.5s，脉宽每周期递增 0.5s。当脉宽达到设定的最大值 4.5s 时，改为每周期递减 0.5s，直到脉宽为 0s 为止。以上过程周而复始。

项目 5 ＼ S7-200 SMART PLC 模拟量控制

模拟量是指一些连续变化的物理量，如电压、电流、压力、速度和流量等。由于连续的生产过程常有模拟量，所以模拟量控制有时也称过程控制。PLC 是由继电器控制引入微处理技术后发展而来的，可方便并可靠地用于开关量控制。模拟量多是非电量，而 PLC 只能处理数字量、电量，由于模拟量可转换成数字量，故 PLC 也完全可以可靠地进行处理控制。

在工业控制中，某些执行机构（如伺服电动机、调节阀和记录仪等）要求 PLC 输出模拟信号，而 PLC 的 CPU 只能处理数字量。模拟量首先被传感器和变送器转换为标准的电流或电压，如 4～20mA、0～5V 和 0～10V 等信号，即 PLC 用 A/D（模/数）转换器将它们转换成数字量再进行处理。也就是说，当 PLC 想读取模拟信号时，需要一个中间媒介将模拟信号转换为数字信号；当 PLC 想输出一个模拟信号时，也需要一个中间媒介将数字信号转换为模拟信号。这也就是模拟量模块的作用。

任务 15 电动机电流采集监控系统

任务描述

三相异步电动机可应用在大型机械设备上，其功率范围从几瓦到上万千瓦。三相异步电动机由三相电路为其提供动力，因为性能可靠、价格不高，主要应用于挖掘、流体输送等需要提供动力的设备中，例如机床、中小型轧钢设备、风机、水泵、轻工机械、冶金和矿山机械等，其中主要是以笼型异步电动机为主。为了熟悉电气传动系统、三相异步电动机工作电流的变化情况以及电动机的安全使用，本任务设计 PLC 程序利用模拟量模块对三相异步电动机的输出电流进行实时采集并监控。

电动机电流采集监控系统示意图如图 5-1 所示。

电动机电流采集监控系统的设计与制作

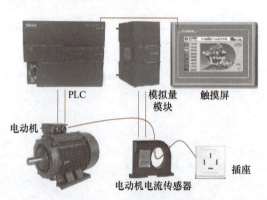

图 5-1 电动机电流采集监控系统示意图

任务目标

1）熟悉 S7-200 SMART PLC 模拟量模块的型号、接线方式和软件参数设置，以及模拟量程序的设计方法。

2）熟悉各类电动机电流传感器。

3）熟悉 MCGS（监视与控制通用系统）HMI 的监控界面绘制方法及通信方法。

相关知识

1. 基础知识

（1）S7-200 SMART PLC 模拟量模块的型号　模拟量模块有以下三种：普通模拟量模块、热电阻（RTD）模拟量模块和热电偶（TC）模拟量模块。

S7-200 SMART PLC 模拟量模块列表见表 5-1。

表 5-1　S7-200 SMART PLC 模拟量模块列表

序号	型号	功能	订货号
1	EM AE04	模拟量输入模块，4 输入	6ES7 288-3AE04-0AA0
2	EM AE08	模拟量输入模块，8 输入	6ES7 288-3AE08-0AA0
3	EM AQ02	模拟量输出模块，2 输出	6ES7 288-3AQ02-0AA0
4	EM AQ04	模拟量输出模块，4 输出	6ES7 288-3AQ04-0AA0
5	EM AM03	模拟量输入 / 输出模块，2 输入 /1 输出	6ES7 288-3AM03-0AA0
6	EM AM06	模拟量输入 / 输出模块，4 输入 /2 输出	6ES7 288-3AM06-0AA0
7	EM AR02	热电阻模拟量模块，2 通道	6ES7 288-3AR02-0AA0
8	EM AR04	热电阻模拟量模块，4 通道	6ES7 288-3AR04-0AA0
9	EM AT04	热电偶模拟量模块，4 通道	6ES7 288-3AT04-0AA0
10	SB AE01	信号板模拟量输入模块，1 输入	6ES7 288-5AE01-0AA0
11	SB AQ01	信号板模拟量输出模块，1 输出	6ES7 288-5AQ01-0AA0

普通模拟量模块可以采集标准电流和电压信号，其中，电流信号包括：$0 \sim 20\text{mA}$、$4 \sim 20\text{mA}$ 两种信号；电压信号包括：$\pm 2.5\text{V}$、$\pm 5\text{V}$ 和 $\pm 10\text{V}$ 三种信号。

需要注意的是，S7-200 SMART PLC 普通模拟量通道满量程是 $0 \sim 27648$ 或 $-27648 \sim 27648$，而 S7-200 PLC 满量程是 $0 \sim 32000$ 或 $-32000 \sim 32000$。

（2）模拟量模块的接线方式

1）普通模拟量模块的接线方式。普通模拟量输入模块接线图如图 5-2 所示，每个模拟量通道都有两个接线端子。以 EM AE04 和 EM AE08 模拟量输入模块为例，其接线图如图 5-2a、b 所示。

模拟量电流、电压信号根据模拟量仪表或设备线缆个数分为两线制、三线制和四线制三种类型，不同类型的信号其接线方式不同。

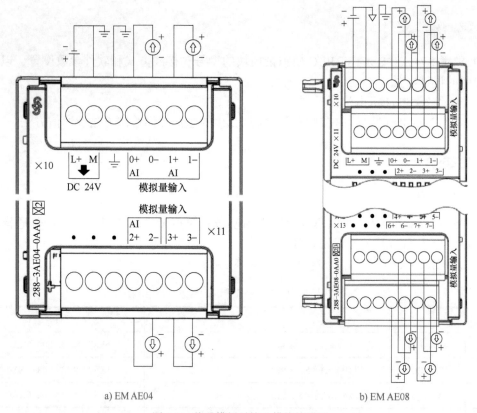

a) EM AE04

b) EM AE08

图 5-2 普通模拟量输入模块接线图

① 两线制。两线制信号指的是仪表或设备上信号线和电源线加起来只有两根线。由于 S7-200 SMART PLC 模拟量模块通道没有供电功能，仪表或设备需要外接 24V 直流电源。两线制接线方式如图 5-3 所示。

② 三线制。三线制信号指的是仪表或设备上信号线和电源线加起来有三根线。负信号线与供电电源 M 线为公共线。三线制接线方式如图 5-4 所示。

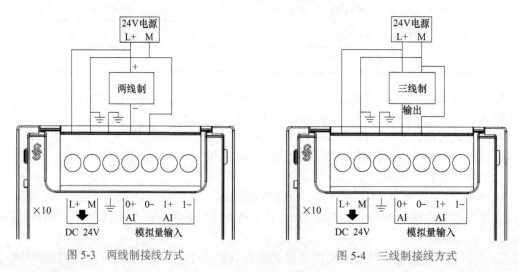

图 5-3 两线制接线方式

图 5-4 三线制接线方式

③ 四线制。四线制信号指的是模拟量仪表或设备上信号线和电源线加起来有四根

线。仪表或设备有单独的供电电源，除了两根电源线还有两根信号线。四线制接线方式如图 5-5 所示。

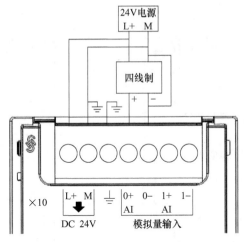

图 5-5　四线制接线方式

模拟量输出模块 EM AQ02 和 EM AQ04 接线图如图 5-6a、b 所示。

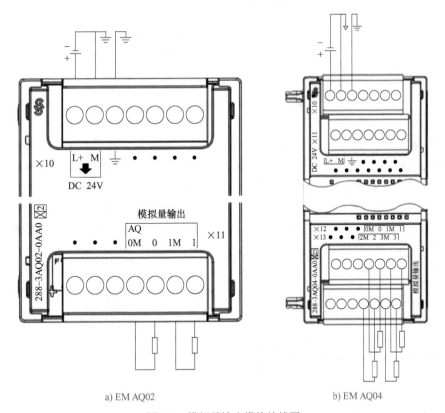

a) EM AQ02　　　　　　　　　　　　b) EM AQ04

图 5-6　模拟量输出模块接线图

2）热电阻模拟量模块接线方式。热电阻模拟量模块 EM AR02 和 EM AR04 接线图如图 5-7 所示。

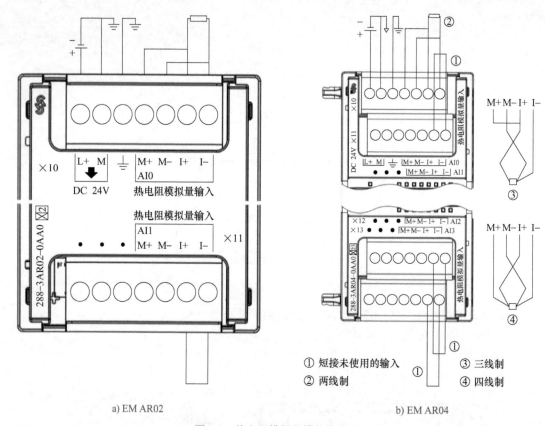

a) EM AR02　　　　　　　　　　　　　　b) EM AR04

① 短接未使用的输入　　　③ 三线制
② 两线制　　　　　　　　④ 四线制

图 5-7　热电阻模拟量模块接线图

　　热电阻温度传感器有两线、三线和四线之分，其中四线传感器测温值是最准确的。S7-200 SMART PLC 的热电阻模拟量模块支持两线制、三线制和四线制的热电阻温度传感器信号，可以测量 Pt100、Pt1000、Ni100、Ni1000 和 Cu100 等常见的热电阻温度传感器，具体型号请查阅《S7-200 SMART 系统手册》。S7-200 SMART PLC 的热电阻模拟量模块还可以检测电阻信号，电阻也有两线、三线和四线之分。热电阻温度传感器和电阻信号接线方法如图 5-8 所示。

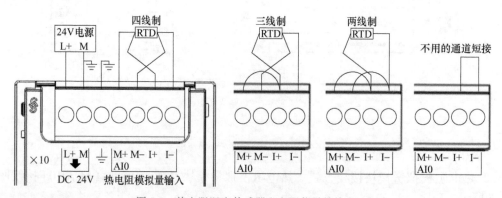

图 5-8　热电阻温度传感器和电阻信号接线方法

3）热电偶模拟量模块接线方式。热电偶模拟量模块 EM AT04 接线图如图 5-9 所示。

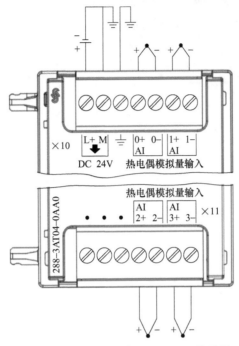

图 5-9　热电偶模拟量模块 EM AT04 接线图

　　热电偶测量温度的基本原理是：两种不同材质的导体组成闭合回路，当两端存在温度梯度时回路中就会有电流通过，此时两端之间就存在电动势。

　　S7-200 SMART PLC 的热电偶模拟量模块可以测量 J、K、T、E、R、S 和 N 型等热电偶温度传感器，具体型号请查阅《S7-200 SMART 系统手册》。热电偶信号接线方法如图 5-10 所示。

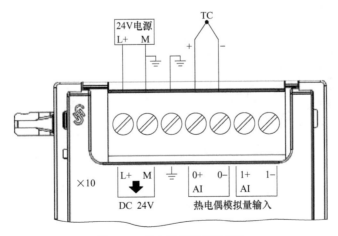

图 5-10　热电偶信号接线方法

（3）模拟量模块的参数设置

1）模拟量输入参数设置。

以 EM AE04 模块为例，"模块参数"节点设置如图 5-11 所示。

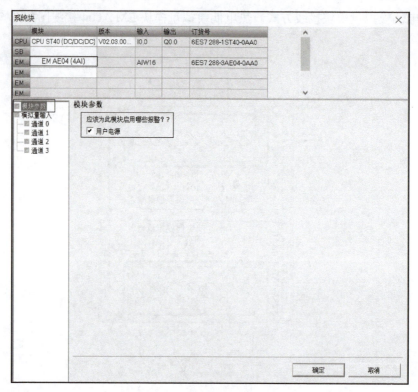

图 5-11　"模块参数"节点设置

"应该为此模块启用哪些报警？？"默认勾选"用户电源"选项。

"模拟量输入"的"通道 0"节点设置如图 5-12 所示。

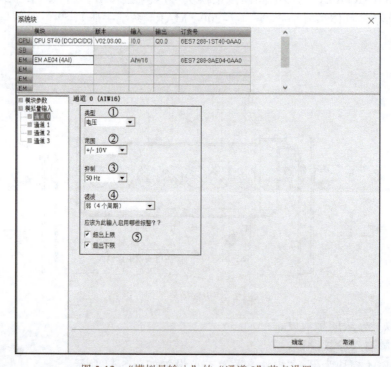

图 5-12　"模拟量输入"的"通道 0"节点设置

单击"系统块"对话框中的"模拟量输入"选项为选择的模拟量输入模块 EM AE04 组态选项。因为 EM AE04 模块为四通道输入模块，所以"模拟量输入"选项下显示"通道 0""通道 1""通道 2"和"通道 3"四个节点。

每条模拟量输入通道都将类型组态为电压或电流。为偶数通道选择的类型也适用于奇数通道，即为通道 0 选择的类型也适用于通道 1，为通道 2 选择的类型也适用于通道 3。每个通道中又含有类型、范围、抑制和滤波等选项及报警组态选项。

① 类型：类型可以选择"电压"或"电流"。

② 范围：当选择"电压"类型时，范围有三个选项，分别是"+/-2.5V"、"+/-5V"和"+/-10V"；当选择"电流"类型时，范围只有一个选项"0 ~ 20mA"。

③ 抑制：传感器的响应时间或传送模拟量信号至模块的信号线的长度和状况，也会引起模拟量输入值的波动。在这种情况下，波动值可能变化太快，导致程序逻辑无法有效响应。可组态模块对信号进行抑制，可以在下列频率点消除或最小化噪声：10Hz、50Hz、60Hz 和 400Hz。

④ 滤波：可组态模块在组态的周期数内对模拟量输入信号进行滤波，从而将一个平均值传送给程序逻辑。有四种平滑算法可供选择：无、弱、中和强。

⑤ 报警组态：可为所选模块的所选通道选择是否启用"超出上限"和"超出下限"报警。

2）热电偶模拟量输入参数设置。

以 EM AR02 模块为例，"模块参数"节点设置中"应该为此模块启用哪些报警？？"默认勾选"用户电源"选项。"RTD"的"通道 0"节点设置如图 5-13 所示。

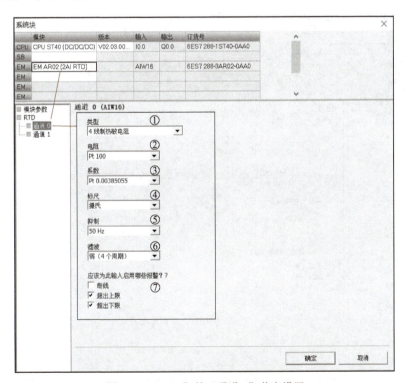

图 5-13　"RTD"的"通道 0"节点设置

单击"系统块"对话框中的"RTD"选项为选择的热电阻模拟量模块组态选项。热电阻模拟量模块为电阻测量提供端子 I+ 和 I– 电流。电流流经电阻，以测量其电压。电流电缆必须直接接线到电阻温度计或电阻上。与两线制相比，热电阻模拟量模块为四线制或三线制时测量可补偿线路阻抗，并返回一个高精度的测量结果。

① 类型：每条热电阻输入通道组态类型可选择"2 线制电阻""3 线制电阻""4 线制电阻""2 线制热敏电阻""3 线制热敏电阻"和"4 线制热敏电阻"等。需要注意的是，"2 线制电阻""3 线制电阻"和"4 线制电阻"无法组态系数和标尺。

② 电阻：可选择"Pt 10""Pt 50""Pt 100""Pt 200""Pt 500""Pt 1000""Ni 100""Ni 120""Ni 200""Ni 500""Ni 1000""Cu 10""Cu 50""Cu 100"和"LG–Ni 1000"等。

③ 系数：可选择"Pt 0.00385055""Pt 0.003916""Pt 0.003902""Pt 0.003920"和"Pt 0.003910"等。

④ 标尺：可选择"摄氏"或"华氏"。

⑤ 抑制：可选择"10 Hz""50 Hz""60 Hz"和"400 Hz"。

⑥ 滤波：可选择无、弱、中、强。

⑦ 报警组态：可为所选模块的所选通道选择是否启用"断线""超出上限"和"超出下限"报警。

3）模拟量输出参数设置。

以 EM AQ02 模块为例，"模块参数"节点设置中"应该为此模块启用哪些报警？？"默认勾选"用户电源"选项。"模拟量输出"的"通道 0"节点设置如图 5-14 所示。

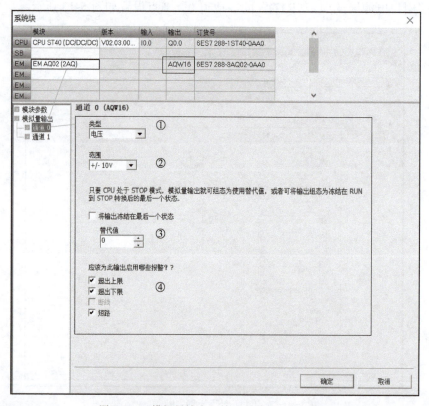

图 5-14 "模拟量输出"的"通道 0"节点设置

　　单击"系统块"对话框中的"模拟量输出"选项为选择的模拟量输出模块组态选项。每条模拟量输出通道都将类型组态为电压或电流。

　　① 类型：类型可以选择"电压"或"电流"。

　　② 范围：当选择"电压"类型时，范围有一个选项是"+/-10V"；当选择"电流"类型时，范围有一个选项是"0 ～ 20mA"。

　　③ STOP 模式下的输出行为：当 CPU 处于 STOP 模式时，可以保持在切换到 STOP 模式之前存在的输出状态，或者将模拟量输出点设置为替代值。STOP 模式下，有这两种方法可用于设置模拟量输出行为。

　　"将输出冻结在最后一个状态"：单击此复选框，就可在 CPU 进行 RUN 到 STOP 转换时将所有模拟量输出冻结在其最后值。

　　"替代值"：如果"将输出冻结在最后一个状态"复选框未选中，只要 CPU 处于 STOP 模式就可输入应用于输出的值（-32512 ～ 32511），默认替代值为 0。

　　④ 报警组态：可为所选模块的所选通道选择是否启用"断线"（类型是电流时）、"短路"（类型是电压时）、"超出上限"和"超出下限"报警。

　　（4）模拟量程序设计方法

　　1）模拟量比例换算。A/D（模 / 数）、D/A（数 / 模）转换之间存在对应关系，S7-200 SMART PLC 的 CPU 内部用数值表示外部的模拟量信号，两者之间有一定的数学关系，这个关系就是 A/D 转换的换算关系。例如，使用一个 0 ～ 20mA 的模拟量信号输入，在 S7-200 SMART PLC 的 CPU 内部，0 ～ 20mA 对应的数值范围是 0 ～ 27648；对于 4 ～ 20mA 的信号，对应的内部数值范围是 5530 ～ 27648。

　　如果两个传感器的量程都是 0 ～ 16MPa，但一个是 0 ～ 20mA 输出，另一个是 4 ～ 20mA 输出。它们在相同的压力下，变送的模拟量电流大小不同，在 S7-200 SMART PLC 内部的数值表示也不同。两者之间存在比例换算关系，模拟量输出的情况也大致相同。

　　上面是 0 ～ 20mA 与 4 ～ 20mA 之间换算关系，但模拟量转换的目的并不是在 S7-200 SMART PLC 的 CPU 中得到一个 0 ～ 27648 之类的数值；对于编程和操作人员来说，得到具体的物理量数值（如压力值、流量值），或者对应物理量占量程的百分比数值要更方便，这是换算的最终目标。

　　2）通用比例换算公式。模拟量的输入和输出都可以用下列通用换算公式换算：

$$O_v=[\ (O_{sh}-O_{sl})\ (I_v-I_{sl})\ /\ (I_{sh}-I_{sl})\ ]+O_{sl}$$

式中，O_v 为换算结果，I_v 为换算对象，O_{sh} 为换算结果的高限，O_{sl} 为换算结果的低限，I_{sh} 为换算对象的高限，I_{sl} 为换算对象的低限。

　　模拟量比例换算关系图如图 5-15 所示。

　　3）量程转换库。为了便于用户使用，西门子提供了量程转换库，用户可以添加到 STEP 7-Micro/WIN SMART 编程软件中应用。在这个指令库中，子程序 S_ITR 用来进行模拟量输入到 S7-200 SMART PLC 内部数据的转换，子程序 S_RTI 可用于内部数据到模拟量输出的转换。编程举例如图 5-16 所示。

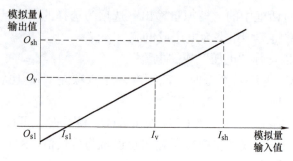

图 5-15　模拟量比例换算关系图

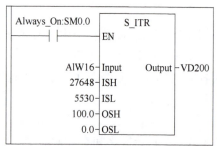
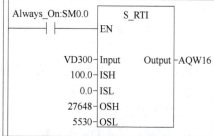

a) 将模拟量输入转换为内部百分比值　　　　　b) 将内部百分比值转换为模拟量输出

图 5-16　编程举例

2. 拓展知识

（1）电流变送器选型　电流变送器分直流电流变送器和交流电流变送器两种。

直流电流变送器将被测信号转换成电压，经线性光电耦合器直接转换成一个与被测信号成极好线性关系并且完全隔离的电压，再经恒压（流）至输出。直流电流变送器具有原理简单、线路设计精炼、可靠性高和安装方便等优点。

交流电流变送器是一种能将被测交流电流转换成按线性比例输出直流电压或直流电流的仪器，其产品广泛应用于电力、邮电、石油、煤炭、冶金、铁道和市政等部门的电气装置、自动控制及调度系统。交流电流变送器是电力监控系统的重要元件，同时它还承担强电系统和弱电系统（如计算机系统）的隔离作用，以保护计算机采集系统输入不被交流高压击穿。另外，通过交流电流变送器的转换，与输入的交流电流成比例的直流电流或直流电压更便于远距离传输，使远处的监控装置或监控仪表更方便地接收精确的电流信号。

由于电流是反映电力系统负载大小最重要的指标，所以电流变送器是电力监控系统中采用最多的自动化仪表。

如何选择电流变送器，是能否准确检测和转换交流电流的关键。如果不能合理地选择合适的电流变送器，将造成今后监控系统的误差和失真。

选择电流变送器应注意以下几个问题。

1）需要检测的是单相电流还是三相电流。电流变送器通常有两种形式，可用于检测单相电流或三相电流。例如，LF-AI-1 中的"1"就表示该电流变送器检测单相电流，LF-AI-3 中的"3"就表示该电流变送器检测三相电流。

2）电流变送器输入电流的范围。由于实际负载电流的变化范围较大，为适应这种情况，通常先采用电流互感器将大电流转换成 1A 或 5A 的小电流，所以电流变送器的输入通常根据电流互感器的二次电流选择。例如，若电流互感器的二次电流为 5A，则电流变送器的输入电流选择 0 ～ 5A 即可。

3）电流变送器输出直流信号的变化范围。输出信号的标准通常采用 DC 4 ～ 20mA。当然，输出直流信号也可以采用直流电压标准（如 DC 0 ～ 10V 等），要与电流变送器后面的仪表或自控装置的输入配套。

4）辅助电源的规格。为了精确检测输入电流的变化，也为了能输出与输入电流成线性变化的直流信号，通常需要一个辅助电源作为交流电流变送器的工作电源。通常选用最多的是容易获得的 AC 220V，也可以选择直流电源，如 DC 24V 等。需要注意的是，有一些电流变送器宣称不需要辅助电源，即所谓的"无源型"电流变送器。对这种电流变送器，应该慎重选用。所谓"无源型"，并非不需要电源，而是由电流变送器输出信号后面的采集仪表提供工作电源，这自然增加了电流变送器后面采集仪表的负担。还有一种"无源型"电流变送器，是利用电流互感器的二次电流作为电流变送器的电源，这种电流变送器的缺点是，当负载电流较小时，电流互感器的二次电流自然较小，所提供给电流变送器的能量也减少，此时电流变送器将产生非线性误差，从而造成电流信号变送的误差，所以这种电流变送器也需要慎重选用。

5）电流变送器的输入过载能力。当负载电流过载或系统发生故障时，电流变送器通常会承受非常大的过载电流。在此情形下，能否承受大的过载电流成为衡量电流变送器性能的重要指标。

6）交流电流变送器的稳定性。电流变送器作为一种计量型仪表，除了需要精确外，最重要的是能否稳定可靠的工作。而稳定性往往在产品设计之初就有所体现。由于环境温度的变化，任何模拟量转换型仪表均无法避免温度漂移现象。为减少产品的温度漂移现象，各种产品会从元器件和线路方面采取特有的技术，并且产品在交付给客户前，会 100% 进行老化试验。

减少温度漂移的特有技术往往不能体现在产品样本指标或市场宣传中，只能由客户根据自己的经验或体验来进行选择，也由产品所提供的后期服务来体现。总之，减少温度漂移的特有技术、老化试验和后期服务都是衡量产品性能质量的重要指标。

（2）MCGS 的 HMI 显示 PLC 采集数据　MCGS 组态软件是深圳昆仑通态科技有限责任公司开发的用于 MCGSTPC 的组态软件，主要用于完成现场数据的采集与监测、前端数据的处理与控制。MCGS 组态软件与其他相关的硬件设备结合，可以快速、方便地开发各种用于现场采集、数据处理和控制的设备，例如可以灵活组态各种智能仪表、数据采集模块、无纸记录仪、无人值守的现场采集站和人机界面等专用设备。

1）MCGS 软件分类。MCGS 软件主要分为 MCGS 嵌入版、MCGSPro 版、MCGS 通用版和 MCGS 网络版。由于本任务要使用 HMI，因此，可以选择适用于 MCGS 嵌入版和 MCGSPro 版的 HMI。由于 MCGS 产品更新，推出了 Linux 底层系统的 HMI，原有基于 Windows CE 应用的 MCGS 嵌入版软件已经不能满足新系统的使用要求，故推出新的 MCGSPro 版软件。MCGSPro 版最大程度保留了 MCGS 嵌入版的软件界面风格，符合老用户的使用习惯；另外 MCGSPro 版基于全新的硬件平台和软件架构，除了基本软件运行效率和变量数上限的提升，还加入了众多全新的功能支持。MCGSPro 版开发环境可以与 MCGS 嵌入版的开发环境同时存在，在计算机中不存在软件兼容问题，直接将工程文件扩展名从".MCE"修改为".MCP"后，就可以使用 MCGSPro 版软件打开工程。

2）MCGS 嵌入版。MCGS 嵌入版包括组态软件和运行软件两部分，它的组态软件能够在基于 Microsoft（微软）的各种 32 位 Windows 平台上运行，运行软件则在实时多任务嵌入式操作系统 Windows CE 中运行。MCGS 嵌入版组态软件如图 5-17 所示。

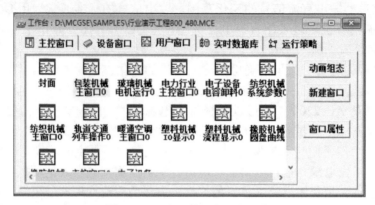

图 5-17　MCGS 嵌入版组态软件

MCGS 嵌入版组态软件由主控窗口、设备窗口、用户窗口、实时数据库和运行策略五个部分构成。

① 主控窗口：用于对整个工程相关的参数进行配置，可设置封面窗口、运行工程的权限、启动画面、内存画面和磁盘预留空间等。如无必要，主控窗口可以不设置。

② 设备窗口：通过设备构件采集外部设备的数据，送入实时数据库，或把实时数据库中的数据输出到外部设备。

③ 用户窗口：工程里所有可视化的界面都是在用户窗口中构建的，除了文本，还可以用图形和动画的形式显示数据。

④ 实时数据库：是数据对象的集合，从外部设备采集来的实时数据送入实时数据库，系统其他部分的操作数据也来自于实时数据库。

⑤ 运行策略：通过对运行策略的定义，可通过编辑脚本控制数据，使系统能够按照设定的顺序和条件操作任务，实现对外部设备工作过程的精确控制。

3）MCGS 软件的基本操作。

① 设备窗口的基本操作。设备窗口设置流程如图 5-18 所示。设备窗口编辑界面由设备组态画面和设备工具箱两部分组成。

设备组态画面用于配置该工程需要通信的设备。设备工具箱（右击打开菜单，选择"设备工具箱"命令）里是常用的设备，要添加或删除设备工具箱中的设备驱动时，可单击设备工具箱顶部的"设备管理"按钮，此处展示所有设备。

MCGS 软件把设备分为两个层次：父设备和子设备。父设备与硬件接口相对应，可以设置串口号、波特率、数据位、停止位和校验方式。子设备放在父设备下，用于与该父设备对应接口所连接的设备进行通信，其设备编辑窗口分为驱动信息区、设备属性区和通道连接区。驱动信息区显示该设备驱动版本信息及驱动文件路径等信息；设备属性区设置最小采集周期、本地 IP 地址和远端 IP 地址等通信参数；通道连接区用于构建下位机寄存器与 MCGS 软件变量之间的映射。下位机寄存器地址在 MCGS 软件中称为通道。

通道处理指对从设备中采集到的数据或输出到设备的数据进行处理，以得到实际需要的工程物理量。MCGS 软件从上到下顺序进行计算处理，每行计算结果作为下一行的计算输入值，通道值等于最后计算结果。

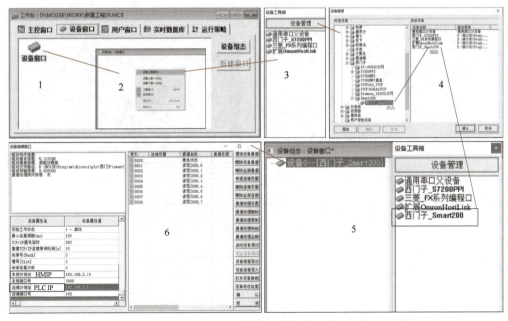

图 5-18　设备窗口设置流程

在"设备编辑窗口"中建立通道连接一般有以下两种方式。

一是先添加通道，再关联变量。添加通道：在设备窗口中双击相应驱动进入"设备编辑窗口"，单击"增加设备通道"按钮，弹出"添加设备通道"对话框，选择通道类型、数据类型、通道地址、通道个数和读写方式。MCGS 软件的设备中一般都包含有一个或多个用来读取或输出数据的物理通道（模拟量输入 / 输出、开关量输入 / 输出），这样的物理通道称为设备通道。设备构件的每个设备通道及其输入 / 输出数据的类型由硬件本身决定，因而连接的设备通道与对应变量的类型必须匹配，否则连接无效。

通道关联变量：在"设备编辑窗口"中单击"快速连接变量"按钮，弹出"快速连接"对话框，选择"默认设备变量连接"，单击"确认"按钮，回到"设备编辑窗口"，将为所有空连接列表自动生成变量名。在"设备编辑窗口"中单击"确认"按钮，弹出"添加数据对象"对话框，选择"全部添加"，所建立的变量会自动添加到实时数据库中。通道连接指用户指定设备通道与变量之间的对应关系。

二是先添加变量，再关联通道。通常推荐这种方式。在实际应用中，开始可能并不知道系统所采用的硬件设备，可以利用 MCGS 软件系统的设备无关性，先在实时数据库中定义所需要的变量，组态完成整个应用系统，在最后的调试阶段再把所采用的硬件设备接上，进行设备窗口的组态，建立设备通道和对应变量的连接。

② 用户窗口的基本操作。

在用户窗口中，单击"新建窗口"按钮，在工作台区域出现"窗口 0"图标，双击"窗口 0"图标，弹出"动画组态窗口 0"对话框，就可以对该窗口进行编辑了。

单击"动画组态"按钮与双击窗口图标功能相同，可以进入该窗口的编辑界面。单击"窗口属性"按钮，弹出"用户窗口属性设置"对话框，对话框内有"基本属性""扩充属性"和脚本设置（启动脚本、循环脚本和退出脚本）菜单。

窗口编辑界面的主要部分是工具箱和窗口编辑区域。工具箱资源如图 5-19 所示。

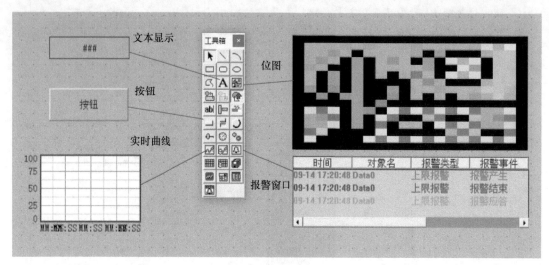

图 5-19　工具箱资源

③ 实时数据库的基本操作。

MCGS 嵌入版组态软件用数据对象表述系统中的实时数据，用对象变量代替传统意义的值变量。用数据库技术管理的所有数据对象的集合称为实时数据库。实时数据库是MCGS 嵌入版组态软件的核心，是应用系统的数据处理中心。实时数据库为公用区交换数据，实现各部分协调动作。设备窗口通过设备构件驱动外部设备，将采集的数据送入实时数据库；在用户窗口中组成图形对象，与实时数据库中的数据对象建立连接关系，以动画形式实现数据的可视化；运行策略通过策略构件对数据进行操作和处理。

MCGS 嵌入版组态软件的数据对象的类型有开关型、数值型、字符型、事件型及数据组型五种。不同类型的数据对象，属性和用途也不同。

a）开关型数据对象。记录开关信号（0 或非 0）的数据对象称为开关型数据对象。开关型数据对象通常与外部设备的数字量输入 / 输出通道连接，用来表示某一设备当前所处的状态。开关型数据对象也用于表示 MCGS 嵌入版组态软件中某一对象的状态，如对应于一个图形对象的可见度状态。开关型数据对象没有工程单位、最大值和最小值属性、限值报警属性，只有状态报警属性。

b）数值型数据对象。MCGS 嵌入版组态软件的数值型数据对象除了存放数值和参与数值运算外，还提供报警信息和外部设备的模拟量输入 / 输出通道连接。数值型数据对象有限值报警属性，可以设置下下限、下限、上限、上上限、上偏差和下偏差等六种报警限值，当对象的值超过设定的限值时产生报警，当对象的值回到所有限值之内时报警结束。数值型数据对象的负数数值范围是 $-3.402823E38 \sim -1.401298E-45$，正数数值范围是 $1.401298E-45 \sim 3.402823E38$。

c）字符型数据对象。字符型数据对象是存放文字信息的单元，它用于描述外部对象的状态特征，其值为多个字符组成的字符串，字符串长度最长可达 64KB。字符型数据对象没有工程单位、最大值和最小值属性、报警属性。

d）事件型数据对象。事件型数据对象用来记录和标识某种事件产生或状态改变的时间信息。例如，开关量的状态发生变化、用户有按键动作和有报警信息产生等，都可以看作是一种事件发生。事件发生的信息可以直接从某种类型的外部设备获得，也可以由内部对应的功能构件提供。

事件型数据对象的值是由 19 个字符组成的定长字符串，用来保留当前最近一次事件所产生的时刻"年，月，日，时，分，秒"。年用四位数字表示，月、日、时、分、秒分别用两位数字表示，它们之间用逗号分隔，例如"1997，02，03，23，45，56"，即表示该事件产生于 1997 年 2 月 3 日 23 时 45 分 56 秒。相应的事件没有发生时，该对象的值固定设置为"1970，01，01，08，00"。事件型数据对象没有工程单位、最大值和最小值属性，没有限值报警属性，只有状态报警属性，不同于开关型数据对象，事件型数据对象对应的事件产生一次，其报警也产生一次，且报警的产生和结束同时完成。

e）数据组型数据对象。数据组型数据对象是 MCGS 嵌入版组态软件引入的一种特殊类型的数据对象，数据组型对象类似于一般编程语言中的数组和结构体，用于把相关的多个数据对象集合在一起，作为一个整体来定义和处理。例如，描述循环水控制系统的工作状态有液位 1、液位 2、液位 3 物理量，为便于处理，定义"液位组"为一个组对象，用来表示"液位"这个实际的物理对象，其内部成员则由上述物理量对应的数据对象组成。对"液位"对象进行处理（如组态存盘、曲线显示和报警显示）时，只需指定组对象的名称"液位组"，就包括了对其所有成员的处理。

组对象只是在组态时对某一类对象的整体表示方法，实际的操作则是针对每一个成员进行的。例如在报警显示动画构件中，指定要显示报警的数据对象为组对象的"液位组"，构件显示组对象包含的数据对象运行时产生的所有报警信息。

组对象是单一数据对象的集合，一个数据对象可以是多个不同组对象的成员。把一个对象的类型定义为组对象后，还需定义组对象所包含的成员。在"组对象属性设置"对话框内，专门有"组对象成员"标签用来定义组对象的成员，左边为所有数据对象的列表，右边为组对象成员列表。利用属性页中的"增加"按钮，把左边指定的数据对象增加到组对象成员中；"删除"按钮则把右边指定的组对象成员删除。组对象没有工程单位、最大值和最小值属性、报警属性。

数据对象定义完成后，应根据实际需要设置数据对象的属性。数据对象属性设置如图 5-20 所示。在组态环境工作台窗口选择"实时数据库"标签，从数据对象列表中选中某一数据对象，单击"对象属性"按钮，或者双击数据对象，即可弹出如图 5-20 所示的"数据对象属性设置"对话框。对话框设有三个标签，分别是"基本属性""存盘属性"和"报警属性"。

数据对象的基本属性包含数据对象的名称、初值、工程单位、取值范围（最小值和最大值）和类型等基本特征信息。在"基本属性"标签下的"对象名称"文本框内输入代表对象名称的字符串，字符个数不得超过 32 个（汉字 16 个），对象名称的第一个字符不能为"！""$"符号或 0～9 的数字，字符串中间不能有空格。用户不指定对象名称时系统默认定为"DataX"，其中 X 为顺序索引代码（第一个定义的数据对象为 Data0）。

数据对象的类型必须正确设置。不同类型的数据对象和属性内容不同，按所列栏目设定对象的初值、最小值、最大值和工程单位。在"对象内容注释"文本框中，输入说明对象情况的注释性文字。

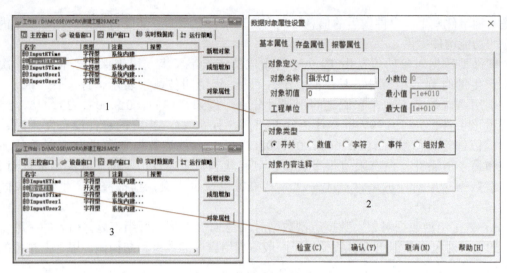

图 5-20　数据对象属性设置

任务实施

1. I/O 地址分配

根据控制要求，首先确定 S7-200 SMART PLC 的 I/O 点个数，进行 I/O 地址分配，其中，输入地址分配见表 5-2。电动机控制及电动机电流采集系统 PLC 外部接线示意图如图 5-21 所示。

表 5-2　输入地址分配

数字量输入			模拟量输入		
符号	地址	功能	符号	地址	功能
SB1	I0.3	停止按钮			
SB2	I0.4	正转按钮	AI3	AIW22	电动机电流
SB3	I0.5	反转按钮			

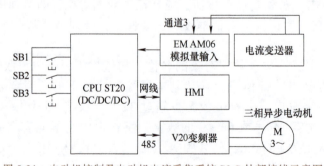

图 5-21　电动机控制及电动机电流采集系统 PLC 外部接线示意图

2. 新建项目并进行硬件组态

打开 STEP 7-Micro/WIN SMART 软件左侧项目树中的"CPU 选择"选项，弹出"系统块"对话框，进行 CPU 选择。PLC 和模拟量模块硬件组态如图 5-22 所示。选择 CPU

ST20（DC/DC/DC），版本为 V02.03.01，模拟量模块选择 EM AM06（4AI/2AQ），可以看到模拟量输入是从 AIW16 开始的，该项目选择模拟量输入通道 3 进行数据采集。因此，编程时应使用 AIW22 进行电流数据采集。最后查看 PLC 的 IP 地址，若不是 192.168.2.1，请将其设置为 192.168.2.1。

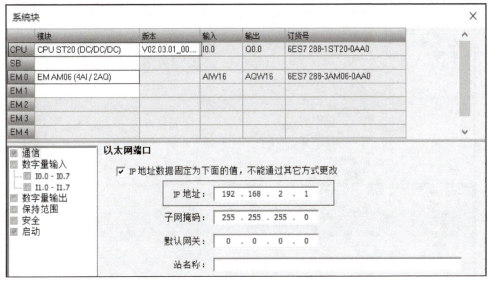

图 5-22　PLC 和模拟量模块硬件组态

模拟量模块通道 2、3 组态，因为所选择的电流变送器为 4 ～ 20mA 输出，硬件连线接到了模拟量模块的输入通道 3。模拟量模块的通道 0 和通道 1 是一组，通道 2 和通道 3 是一组。若想组态奇数通道，规定需要先组态偶数通道，即若想组态通道 3，则先在通道 2 中设置类型为"电流"，再在通道 3 中选择范围为"0 ～ 20mA"。模拟量输入通道 2、3 组态如图 5-23 所示。

3. PLC 程序设计

根据控制电路的要求，在计算机中编写程序。因为用了 V20 变频器控制电动机，三相异步电动机的起、停程序及调试，请参考项目 3 任务 10 的程序及实施过程。除此之外，电流采集程序为模拟量比例换算程序。

因为模拟量通道的采集值不是电流，而是 0 ～ 27648 中的一个值。针对该电流变送器 0mA 对应电动机电流 0A，20mA 对应电动机额定电流 1.12A，0 ～ 20mA 对应的 PLC 数值范围是 0 ～ 27648，所以 4mA 对应的数值为 $4/20 \times 27648 \approx 5530$。模拟量通道 3 的输入采集值为 AIW22，利用三角形相似成比例设计模拟量程序，因此电流采集值 $I_{电动机电流} = \dfrac{AIW22 - 5530}{27648 - 5530} \times (1.12 - 0)A$。

模拟量程序如图 5-24 所示。

经运行发现，还未起动电动机时，AIW22 的采集在 5491 ～ 5494 之间波动，并没有达到 5530 这个值，并且经比例运算后，电流显示为负值，因此该变送器选用 5530 作为 4mA 对应的数值就不太合适了。模拟量程序运行监控状态如图 5-25 所示。

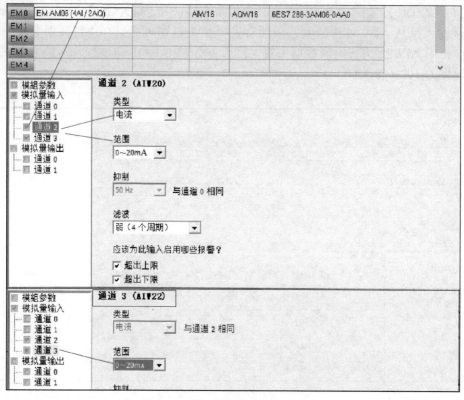

图 5-23　模拟量输入通道 2、3 组态

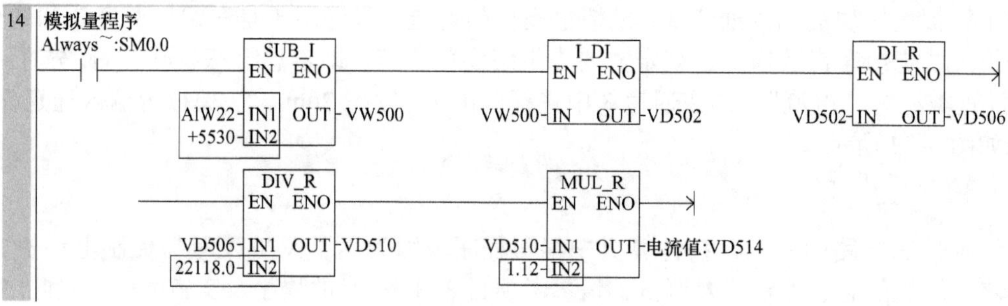

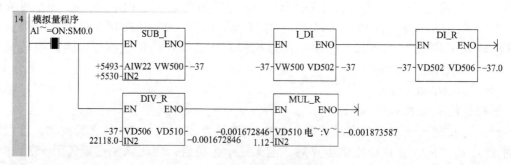

图 5-24　模拟量程序

图 5-25　模拟量程序运行监控状态

为了保证电流停止状态是 0A，调整电动机电流采集值公式中的 5530 为 5490，则新公式变为 $I_{电动机电流} = \dfrac{AIW22 - 5490}{27648 - 5490} \times (1.12 - 0)A$，修订后的模拟量程序运行监控状态如图 5-26 所示。

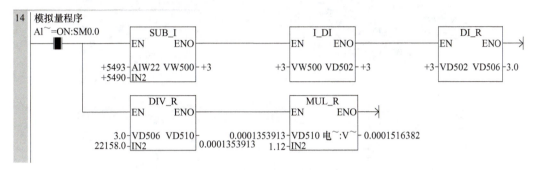

图 5-26　修订后的模拟量程序运行监控状态

该程序在输入时应注意两点：一是因为输入为 AIW22，是 1 个字，占 2 字节，而输出是一个电流值，是一个实数，占 4 字节，所以要先将字转换为双字，再由双字转换为浮点型，再进行乘除运算；二是进行乘除运算时，因为是浮点数运算，所以在输入 22118/22158 时，应输入 22118.0/22158.0。

为 V20 变频器设定转速寄存器送 16#4000（16384），按下正转按钮，电动机 50Hz 空载正转，空载电流最大值在 0.15A 左右，转速稳定后电流在 0.09A 左右。电动机起动过程中的电流采集值如图 5-27 所示。电动机转速（50Hz）稳定后的电流采集值如图 5-28 所示。

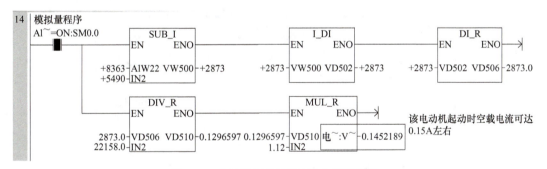

图 5-27　电动机起动过程中的电流采集值

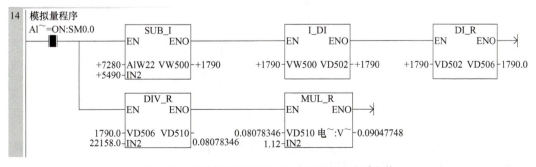

图 5-28　电动机转速（50Hz）稳定后的电流采集值

电动机 50Hz 运转如图 5-29 所示。

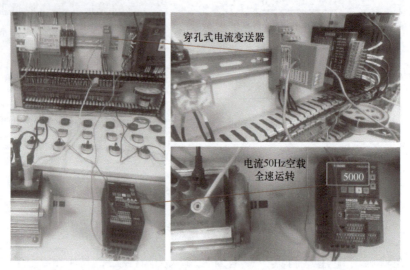

图 5-29　电动机 50Hz 运转

4. MCGS 设置和显示

1）新建工程，在工作台的实时数据库中新增对象"数值"，设置类型为"数值型"，如图 5-30 所示。

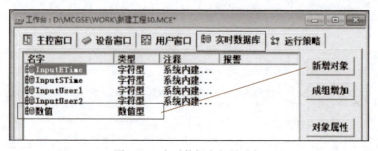

图 5-30　实时数据库新增对象

2）在设备窗口添加"设备 0--[西门子 _Smart200]"，如图 5-31 所示。

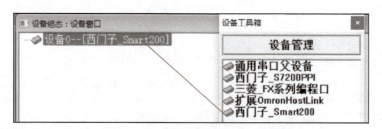

图 5-31　添加设备

打开"设备编辑窗口"，单击增加"设备通道"，将 PLC 的 VD514 区和 MCGS 的变量"数值"关联起来，如图 5-32 所示。

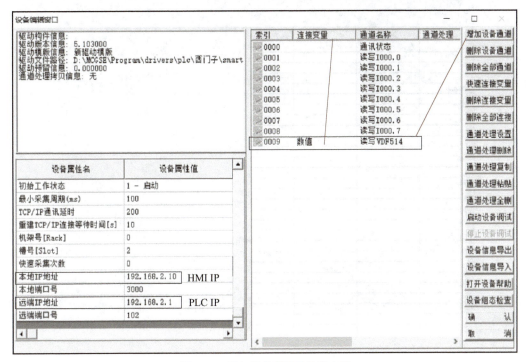

图 5-32   增加设备通道并关联变量

3）画面设计和标签设置如图 5-33 所示。在用户窗口，添加窗口 0，设置标签显示电动机电流，标签设置如图 5-33 中的"标签动画组态属性设置"对话框所示，将变量"数值"与该标签关联。

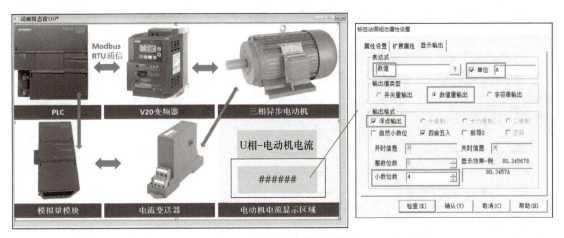

图 5-33   画面设计和标签设置

RTU—远程终端单元

4）下载并运行程序，MCGS 显示输出电动机电流如图 5-34 所示。

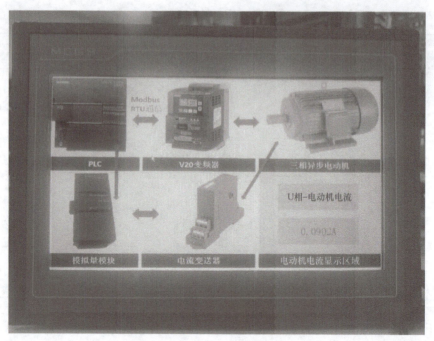

图 5-34　MCGS 显示输出电动机电流

任务拓展

选择 CPU ST60（DC/DC/DC）和模拟量模块 EM AE04（4AI）；选择重量传感器，型号为 AT8515，称重最高量程为 600g；选择变送器为 TDA-02 重量变送器，进行 4 路称重控制系统设计。

1）按下 1 号按钮 1，利用模拟量模块通道 0 实时采集放置在 0 号托盘上的物体的重量，启动称重系统；同理，按下 1 号、2 号、3 号按钮利用模拟量模块通道 1、2、3 实时采集放置在 1 号、2 号、3 号托盘上的物体的重量。

2）利用 MCGS 将采集的 4 通道重量值显示在 MCGS 的 HMI 上。

根据以上控制要求编制 PLC 控制程序，设计 MCGS 画面和程序并进行调试。

总结反思

_____

_____

_____

任务 16　烘胎房温度采集控制系统

任务描述

轮胎成型后在硫化工艺前的烘胎是轮胎质量好坏的重要环节，烘胎的温度和时间是重要的工艺参数，但人为操作因素经常造成烘胎效果达不到理想效果。本任务把电磁锁控制方式引入烘胎过程中，并且加入了数据记录功能，排除了人为操作影响烘胎时间的因素，用 PLC 实现闭环比较的温度控制算法，烘胎温度控制精度范围为 ±5℃，保证了烘胎的质量。烘胎房温度采集控制系统示意图如图 5-35 所示。

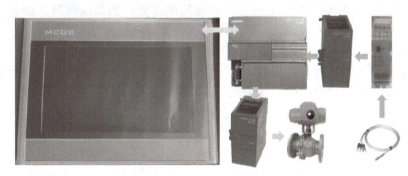

图 5-35　烘胎房温度采集控制系统示意图

系统采用 Pt100 铂电阻温度传感器，采用温度变送器将实时温度信号转变成 4 ~ 20mA 电流信号，通过热电阻模拟量模块采集实时温度数据，再通过 PLC 进行实时换算，将烘胎房实时温度显示在 HMI 上，并根据烘胎工艺要求，通过模拟量输出模块控制电动阀，改变温度输出状态，进而通过 PLC 控制程序实现烘胎房的温度控制。每套 PLC 装置控制五个轮胎烘胎房。

🔵 任务目标

1）进一步熟悉模拟量输入 / 输出模块的接线、组态和程序设计方法。
2）了解温度传感器、温度变送器及轮胎生产工艺。
3）熟悉 PLC 的实时时钟指令。

🔵 相关知识

1. 基础知识

（1）温度采集控制系统　温度采集控制系统是一种可以实施温度采集以及自动调节和控制环境温度的技术。温度采集控制系统通常由温度控制器、温度传感器、执行器和一系列联动设备组成，它们共同工作以维持所需温度设置。温度采集控制系统广泛应用于各种不同的领域，如工业、医疗、生产和农业等。在工业领域，温度采集控制系统的目标是调节、监测

烘胎房温度控制系统的设计与制作

环境温度以提高生产效率和保证产品质量；在医疗领域，温度采集控制系统通常用于维持恒定的手术室温度以确保手术顺利进行；在生产领域，温度采集控制系统可以保证生产过程中的温度控制，以确保产品质量和安全。

温度采集控制系统的关键部分是温度控制器，它是负责控制和监测环境温度的中枢部分。温度控制器能够根据所设置的温度要求，检测当前的温度，并通过连接的传感器和执行器控制环境温度以维持所设置的温度范围。这种方法可以确保温度在所需的范围内波动不大，从而提高了生产效率和产品质量。通常使用的温度控制器的核心是 PLC 或单片机

等微处理器。

温度传感器是另一个关键部件，它可以测量环境温度。常见的温度传感器包括热电阻、热电偶、红外传感器或者数字量温度 / 温湿度传感器。这些传感器可以快速检测环境中的温度变化，并将数据传输给温度控制器进行处理，以便进行温度调节。

执行器是温度采集控制系统中最动态和直接的部分，例如电热丝、加热管和冷却风机，它们可以通过不同的方式调整环境温度。执行器能够按照温度控制器的指示快速调整环境温度，确保环境中的温度始终在恰当的范围内。

温度采集控制系统具有多个优点。首先，它能够节约能源，提高产量和产品质量；其次，它可以自动化调节环境温度，减少人们时间和精力的浪费；此外，温度采集控制系统可以检测到温度是否过高或过低，并通过触发警报或自动关闭设备预防火灾或其他重大隐患。

（2）温度传感器　温度传感器是指能感受外界温度并将其转换成可用输出信号的传感器。按测量方式可分为接触式和非接触式两类，按传感器材料及电子元件特性可分为热电偶和热电阻两类。

1）接触式温度传感器。接触式温度传感器的检测部分与被测对象有良好的接触，又称温度计。温度计通过传导或对流达到热平衡，从而使温度计的示值能直接表示被测对象的温度。温度计的测量精度一般较高，在一定的测温范围内温度计也可测量物体内部的温度分布，但对于运动物体、小目标或热容量很小的对象则会产生较大的测量误差。常用的温度计有双金属温度计、压力式温度计、电阻温度计、热电阻和热电偶等，它们广泛应用于工业、农业和商业等部门，在日常生活中人们也常常使用这些温度计。随着低温技术在国防工程、空间技术、冶金、电子、食品、医药和石油化工等部门的广泛应用以及超导技术的研究，测量 120K 以下温度的低温温度计得到了发展，如低温气体温度计、蒸气压温度计、声学温度计、顺磁盐温度计、量子温度计、低温热电阻和低温热电偶等。低温温度计要求感温元件体积小、准确度高，复现性和稳定性好。利用多孔高硅氧玻璃渗碳烧结而成的渗碳玻璃热电阻就是低温温度计的一种感温元件，可用于测量 1.6 ～ 300K 范围内的温度。

2）非接触式温度传感器。非接触式温度传感器的敏感元件与被测对象互不接触，又称非接触式测温仪表。这种仪表可用来测量运动物体、小目标和热容量小或温度变化迅速（瞬变）对象的表面温度，也可用于测量温度场的温度分布。

最常用的非接触式测温仪表基于黑体辐射的基本定律，称为辐射测温仪表。辐射测温法包括亮度法（如光学高温计）、辐射法（如辐射高温计）和比色法（如比色高温计），各类辐射测温法只能测出对应的光度温度、辐射温度和比色温度。只有对黑体（吸收全部辐射并不反射光的物体）所测温度才是真实温度。若要测定物体的真实温度，则必须进行材料发射率的修正。材料发射率不仅取决于温度和波长，而且与表面状态、涂膜和微观组织等有关，因此很难精确测量。在自动化生产中往往需要利用辐射测温法测量或控制某些物体的表面温度，例如冶金中的钢带轧制温度、轧辊温度、锻件温度和各种熔融金属在冶炼炉或坩埚中的温度。在这些具体情况下，材料发射率的测量相当困难。对于固体表面温度的自动测量和控制，可以采用附加反射镜使之与被测表面一起组成黑体空腔。附加辐射的影响能提高被测表面的有效辐射和有效发射率，利用有效发射率通过仪表对实测温度进行相应的修正，最终可得到被测表面的真实温度。最为典型的附加反射镜是半球反射镜。球心附近被测表面的漫射辐射能受半球反射镜反射回到表面而形成附加辐射，从而提高有效发射率。有效发射率的公式为 $E_{\text{eff}}=\varepsilon+\rho\,(1-\varepsilon)$，式中 ε 为材料发射率，ρ 为反射镜的反射率。至于气体和液体介质真实温度的辐射测量，则可以用插入耐热材料管至一定深度以形成黑体空腔的方法。通过计算求出与介质达到热平衡后的圆筒空腔的有效发射率，在自动测量和控制中就可以用此值对所测腔底温度（即介质温度）进行修正而得到介质的真实温度。

3）热电偶。热电偶是电压设备，可指示电压变化时的温度测量值。随着温度升高，热电偶的输出电压升高，该升高过程不一定是线性的。热电偶通常位于金属或陶瓷屏蔽罩内，以防止其暴露于各种环境中。金属护套热电偶也可提供多种类型的外部涂层，例如聚四氟乙烯，可在酸和强碱溶液中无故障使用。

热电偶是一种感温元件，它直接测量温度，并把温度信号转换成热电动势信号，通过电气仪表转换成被测介质的温度，热电偶测温的基本原理是两种不同成分的材质导体组成闭合回路，当两端存在温度梯度时，回路中就会有电流通过，此时两端之间就存在电动势，这就是所谓的塞贝克效应。

4）热电阻。电阻式温度测量装置也是电性的，但它不像热电偶那样使用电压，而是利用物质的另一个随温度变化的特性——电阻，其使用的电阻器件可分为金属电阻温度器件（热电阻）和热敏电阻。

一般来说，热电阻比热电偶更具有线性。它们沿着正方向增加，随着温度的升高，电阻会增大。而热敏电阻的结构类型则完全不同，它是一种极度非线性的半导电器件，随着温度的升高，电阻会减小。热电阻通常用铂金、铜或镍，这几种金属的电阻与温度的关系是它们的温度系数较大，随温度变化响应快，能够抵抗热疲劳，而且易于加工制造成为精密的线圈。

热敏电阻传感器的主要元件是热敏电阻，当热敏材料周围有热辐射时，它就会吸收辐射热，温度升高，使材料的阻值发生变化。

5）红外传感器。红外传感器是非接触式传感器。例如，若将一个典型的红外传感器无接触地举到桌子的前部，则该传感器会通过其辐射测量桌子的温度——在正常室温下约为 68°F。

由于存在蒸发，冰水的非接触式测量会在 0℃以下进行，这样会稍微降低预期的温度读数。

6）双金属设备。双金属设备在加热时利用金属膨胀的优势。在这些设备中，两种金属结合在一起并与指针机械连接。加热时，双金属带的一侧将比另一侧扩展更多，当正确地对准指针时，会显示温度测量值。

双金属设备具有便携性和与电源相独立的优点，但是它们通常不如电气设备准确，并且无法像热电偶或热电阻这样的电气设备一样轻松记录温度值，不过双金属设备的可移植性是正确应用程序的绝对优势。

7）集成温度传感器。

集成传感器是采用硅半导体集成工艺制成的，因此也称硅传感器或单片集成传感器。模拟集成温度传感器在 20 世纪 80 年代问世，它将温度传感器集成在一个芯片上，是一个可完成温度测量和模拟信号输出功能的专用集成电路。模拟集成温度传感器的主要特点是功能单一、测温误差小、价格低、响应速度快、传输距离远、体积小和微功耗等，适合远距离测温、控测，不需要进行非线性校准，外围电路简单，有 DHT11、DHT22、DS18B20、M117 和 TMP117 等型号。

（3）温度变送器　温度变送器采用热电偶、热电阻作为测温元件，将测温元件的输出信号送到变送器模块，经过稳压滤波、运算放大、非线性校正、电压/电流转换、恒流及反向保护等电路处理后，转换成与温度呈线性关系的 4 ~ 20mA 电流信号、0 ~ 5V/0 ~ 10V 电压信号和 RS485 数字信号输出。

1）作用。温度变送器是将物理测量温度信号或普通电信号转换为标准电信号输出或能够以通信协议方式输出的设备，主要用于工业过程温度参数的测量和控制。电流变送器是将被测主回路交流电流转换成恒流环标准信号，连续输送到接收装置。温度电流变送器是把温度传感器的信号转变为电流信号，连接到二次仪表上，从而显示出对应的温度。例如 Pt100 温度传感器，温度电流变送器的作用就是把电阻信号转变为电流信号，输入仪表，显示温度。

2）一体化温度变送器。一体化温度变送器一般由测温探头（热电偶或热电阻）和两线制固体电子单元组成。采用固体模块形式将测温探头直接安装在接线盒内，从而形成一体化温度变送器。一体化温度变送器一般分为热电阻型和热电偶型两种。

一体化热电阻温度变送器是体积比较小的、可以安装到热电阻的接线盒内的温度变送器。热电阻温度变送器由基准单元、电阻/电压转换单元、线性电路、反接保护、限流保护和电压/电流转换单元等组成。测温热电阻信号转换放大后，再由线性电路对温度与电阻的非线性关系进行补偿，经电压/电流转换单元后输出一个与被测温度呈线性关系的 4 ~ 20mA 恒流信号。

一体化热电偶温度变送器一般由基准源、冷端补偿、放大单元、线性电路、电压/电流转换、断电保护、反接保护和限流保护等电路单元组成。它是将热电偶产生的热电动势经冷端补偿放大后，再由线性电路消除热电动势与温度的非线性误差，最后放大转换为 4 ~ 20mA 电流信号输出。为防止热电偶测量中由于断丝而使控温失效造成事故，一体化热电偶温度变送器中还设有断电保护电路。当热电偶断丝或接触不良时，变送器会输出最大值（28mA）从而使仪表切断电源。

一体化温度变送器的输出为统一的 4 ~ 20mA 信号，可与微机系统或其他常规仪表匹配使用，也可应用户要求做成防爆型或防火型测量仪表。

3）温度变送器数据显示不准的原因如下。

① 线路长，信号衰减。

② 线路阻抗不匹配。

③ 没有屏蔽，信号受干扰。

4）注意事项。温度变送器的供电电源不得有尖峰，否则容易损坏温度变送器。温度变送器的校准应在加电 5min 后进行，并且要注意当时的环境温度。测高温（远远大于 100℃）时温度变送器腔与接线盒间应用填充材料隔离，防止接线盒温度过高烧坏温度变送器。在干扰严重的情况下使用温度变送器，外壳应牢固接地避免干扰，电源和信号输出应采用 φ10mm 屏蔽电缆传输，压线螺母应旋紧以保证气密性。只有 RWB 型温度变送器有 0 ~ 10mA 输出，为三线制，在量程值的 5% 以下时，晶体管的关断特性会造成非线性。温度变送器每六个月应校准一次。

2. 拓展知识

（1）轮胎生产工艺　轮胎生产中存在多个储存阶段，并且温度控制通常涉及每个储存阶段。此外，在烘焙橡胶时，生胶料混合打发、密炼、压延、成型和硫化等工序需要消耗大量的热量，对轮胎生产的环境温度有更严格的要求，如果烘胎温度过低或时间过短，都有可能导致轮胎胎坯产生气泡、水分等，导致轮胎品质下降。轮胎生产工艺流程图如图 5-36 所示。

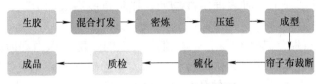

图 5-36　轮胎生产工艺流程图

根据轮胎生产工艺流程的要求，要保证钢坯存放区温度和硫化温度恒定，钢坯存放区环境温度不能过高或过低。若温度低于一定界限，则在需要时单独设置胎坯烘胎房，并对胎坯进行预热处理。胎坯在硫化时应避免在机器前面停车时间过长或过短。胎坯应按顺序使用。根据轮胎生产工艺要求，如果烘胎房温度过高或过低，或胎坯在烘胎房存放时间过长，都会引起胎坯的变化，导致产品质量下降。

1）轧胶工序。依据不同技术要求的配方，将橡胶及配合剂用密炼机或开炼机充分加以混合，制成适合制作轮胎各部件的胶片，这是轮胎生产的第一道工序，使用的主要设备有开炼机、密炼机、辊筒挤出机、下片机、凉片机、自动称量及自动供料系统等。

2）压出工序。将在轧胶工序混合均匀的胶料通过挤出机的口型板，压出技术标准所要求的断面尺寸。压出工序制作的部件有胎面（三方四块）、胎侧（三方三块）、三角胶条、胎肩垫胶和带束层垫胶等，使用的主要设备有挤出机（热喂料、冷喂料）、内复合挤出机、外复合挤出机、开炼机及一系列的辅助设备。

3）压延工序。把混合均匀的胶料在开炼机上加热，依据技术标准将一定厚度的混合胶片贴附到帘子布的两面，或依据技术标准制成一定厚度的胶片。压延工序的压延种类有帘子布压延、钢丝帘布压延和气密层压延等，使用的主要设备有三辊压延机、四辊压延机、开炼机、锭子房及大量的辅助设备。

4）钢丝圈制造工序。依据技术标准经过挤出机将钢丝表面包附上一定厚度的胶料，然后在缠绕机上按不同的断面形状及直径缠绕成钢丝圈。常见的钢丝圈断面形状有矩形、U 字形、圆形和六角形等，钢丝圈制造工序使用的主要设备有钢丝导开装置、加热装置、挤出机、牵引冷却装置和缠绕机。

5）裁断工序。将压延好的挂胶帘子布依技术标准（宽度、角度和长度）裁断，供贴合工序和成型工序使用。裁断的帘子布种类有两种：一是纤维帘子布，包括胎体帘布层、子口包布、钢丝圈包布和冠带层等；二是钢丝帘子布，包括带束层帘子布。子午线轮胎与斜交轮胎的区别主要是帘线排列方向的差异。斜交轮胎胎体帘线各层间排列彼此交叉，呈网状，并与胎冠中心线周向成 35°～45° 夹角；子午线轮胎胎体帘线各层间排列相互平行，呈径向排列，与胎冠中心线周向成 90° 夹角。在装备方面，斜交轮胎不用高台裁断机及钢丝裁断机。裁断工序使用的主要设备有立式裁断机、卧式裁断机、高台裁断机、纵裁机和钢丝带束层裁断机。

6）贴合工序。贴合工序将裁断的帘子布在布筒贴合机上，依标准制成圆筒形的布筒。此工序只适用于斜交轮胎。

7）成型工序。把在压出、压延、钢丝圈制造、裁断等工序制得的半成品部件，依据技术标准组装成胎坯，此过程称为成型。成型设备和方法如下：斜交轮胎使用套筒成型机

（套筒法）、层贴法成型机（层贴法），子午线轮胎使用一次法成型机、二次法成型机（层贴法）。

8）喷涂工序。胎坯硫化前在其内部喷上一种隔离剂，起到润滑和防止与轮胎胎里粘连的作用；在胎坯外部喷上一种表面活性物质，以促进胶料表面流动，获得最佳的外观质量（常用于子午线轮胎）。

9）硫化工序。将胎坯装入模具，依标准在一定的温度、压力和时间下将橡胶分子由链状的线型结构变为立体的网状结构的过程，称为轮胎硫化。硫化三要素是温度、压力和时间。轮胎硫化模具有钢刻模、精铸铝模、镶块结构和活络模，硫化设备有四柱硫化机、天平式硫化机、硫化罐和个体硫化机（A 型、B 型、AB 型）。

10）质检工序。质检工序是对生产出来的轮胎实施质检。一是进行外观检测、均匀性检测、动平衡检测和 X-Ray（X 射线）检测，有的厂家还会有专用的内部气泡检测；二是为验证轮胎性能，轮胎厂家会对批量下线的轮胎进行滚阻检测、断面尺寸分析、轮胎强度检测（轮胎压穿试验）、脱圈、强度、高速和耐久等项目抽检，以验证同批次产品的性能合格性。

（2）如何读取 PLC 的实时时钟　因为工业项目经常要使用时间对某些事物进行控制，而其 PLC 控制系统的时间也需要在 HMI 上显示，HMI 一般也自带系统变量存储其自身的时间，因此 PLC 和 HMI 的实时时间经常不同步。为了解决这一矛盾，保持二者的一致性，工业控制系统一般将采集的 PLC 时钟显示在 HMI 上，而不使用 HMI 自身的时钟。

1）实时时钟指令 RTC。S7-200 SMART PLC 常用的实时时钟指令有两个，分别是读取实时时钟指令 READ_RTC 和设置实时时钟指令 SET_RTC，见表 5-3。

表 5-3　RTC 指令

序号	指令	梯形图	功能说明
1	READ_RTC	READ_RTC EN　ENO T	从 PLC 读取当前时间和日期，并将其装载到从字节地址 T 开始的 8 字节时间缓冲区中
2	SET_RTC	SET_RTC EN　ENO T	通过由 T 分配的 8 字节时间缓冲区数据将新的时间和日期写入 PLC

需要注意以下三个问题：

① RTC 指令不接受无效日期。例如，若输入 2 月 30 日，则会发生非致命性日时钟错误（0007H）。

② 不要在主程序和中断程序中使用 RTC 指令。执行另一个 RTC 指令时，无法执行中断程序中的 RTC 指令。在这种情况下，PLC 会置位系统标志位 SM4.3，同时指示尝试对日时钟执行二重访问，导致 T 数据错误（非致命错误 0007H）。

③ PLC 中的日时钟仅使用年份的最后两位数，例如 00 表示为 2000 年。使用年份值的用户程序必须考虑两位数的表示法，2099 年之前的闰年年份，PLC 都能够正确处理。

2）时间缓冲区格式。所有日期和时间值必须采用 BCD 格式分配，例如 16#23 代表 2023 年。BCD 值 00 ～ 99 可分配范围为 2000 ～ 2099 年。超出断电时长后，PLC 所示的时间值将初始化为 2000 年 1 月 1 日 0 时 0 分 0 秒，星期六。时间缓冲区格式见表 5-4。

表 5-4　时间缓冲区格式

T 字节	说明	数据值
0	年	00 ～ 99（BCD 值）表示 20xx 年，其中 xx 是 T 字节 0 中的两位数 BCD 值
1	月	01 ～ 12（BCD 值）
2	日	01 ～ 31（BCD 值）
3	小时	00 ～ 23（BCD 值）
4	分	00 ～ 59（BCD 值）
5	秒	00 ～ 59（BCD 值）
6	保留	始终设置为 00
7	星期	使用 SET_RTC 指令写入时会忽略值 通过 READ_RTC 指令进行读取时，此值会根据当前年 / 月 / 日值报告正确的星期值 星期值为 1 ～ 7（BCD 值），1 表示星期日，7 表示星期六

任务实施

1. I/O 地址分配

根据控制要求，首先确定 I/O 点个数，进行 I/O 地址分配，见表 5-5。任务要求是一套 PLC 控制系统控制五个轮胎烘胎房，因为五个烘胎房的 I/O 需求、硬件组态配置和程序编写都一样，所以下述实施过程只讲解一个房间的设计。

表 5-5　I/O 地址分配

输入			输出		
符号	地址	功能	符号	地址	功能
SQ1	I0.4	房间 1 门限位	Y1	Q0.4	电磁锁 1
			FJ1	Q1.1	降温风机 1
RT1	AIW32	模拟量输入房间 1 温度	BJ	Q1.2	报警器
			YM1	AQW64	模拟量输出 电动阀 1

烘胎房温度采集控制系统 PLC 接线示意图如图 5-37 所示。

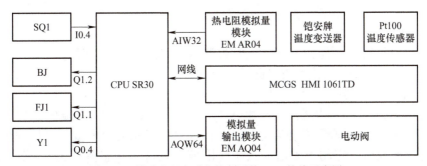

图 5-37　烘胎房温度采集控制系统 PLC 接线示意图

2. PLC 项目创建及组态

1）创建新项目，选择 CPU SR30（AC/DC/Relay）。

2）温度传感器选择 Pt100，选择铠安牌温度变送器，热电阻模拟量模块选择 EM AR04，EM AR04 通道组态如图 5-38 所示，"类型"选择"3 线制热敏电阻"，"电阻"选择"Pt 100"，"系数"选择"Pt 0.00385055"，"标尺"选择"摄氏"。

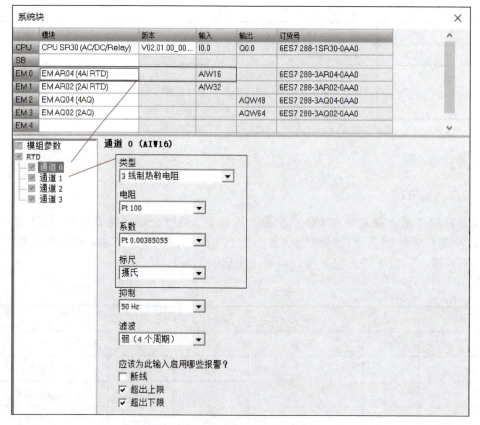

图 5-38　EM AR04 通道组态

3）电动阀连接模拟量输出模块 EM AQ04，EM AQ04 通道组态如图 5-39 所示，"类型"选择"电流"，"范围"选择"0～20mA"。

3. PLC 程序编写（截选部分主要程序）

1）主程序如图 5-40 所示。

主程序有以下两个功能：一是一上电就调用"温度转换""设定值"和"电动阀控制"三个子程序；二是在恰当的时机起动风机调温。

2）热电阻模拟量转换子程序如图 5-41 所示。

该子程序有以下两个功能：一是由 AIW32 转化为双整数，再转化为实数，最后除以 10，实现了热电阻模拟量温度值的转换，得到需要显示的温度值；二是若测得的房间 1 温度超过选定规格设定的上限值或低于下限值，且这一状态持续 30s，则发出报警声 30s。

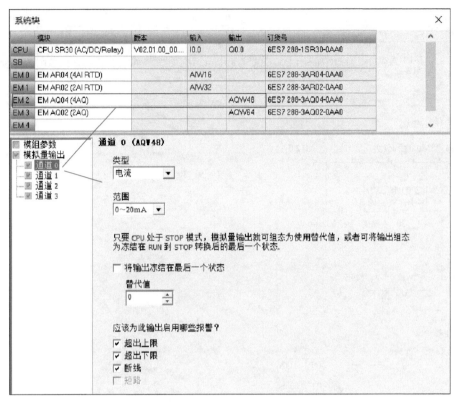

图 5-39　EM AQ04 通道组态

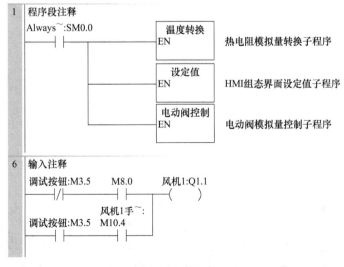

图 5-40　主程序

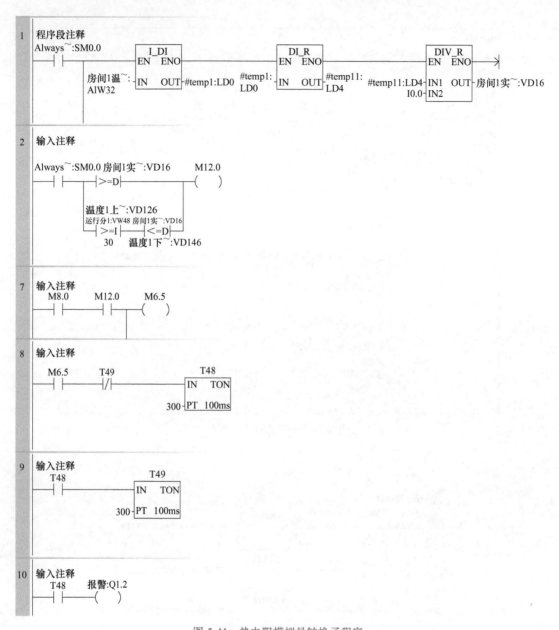

图 5-41　热电阻模拟量转换子程序

3）HMI 组态界面设定值子程序如图 5-42 所示。

该子程序有以下三个功能：一是为 HMI 提供变量"可操作时间 1"，初值设为 15，仅第一个扫描周期赋值；二是读取 PLC 的实时时钟（年、月、日、时、分和秒），并将 PLC 的年、月、日、时和分这五个时间变量上传到 HMI 显示；三是若出现断电现象，PLC 将在第一个扫描周期赋值，将上次掉电的时间上传至 HMI。

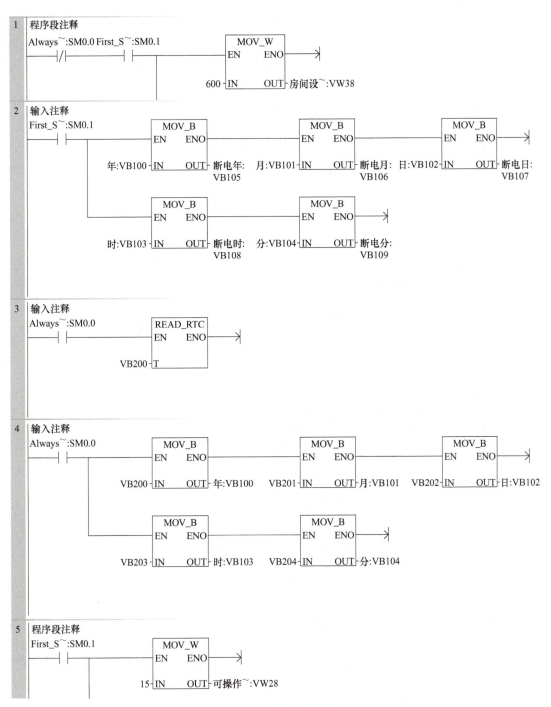

图 5-42　HMI 组态界面设定值子程序

4）电动阀模拟量控制子程序如图 5-43 所示。

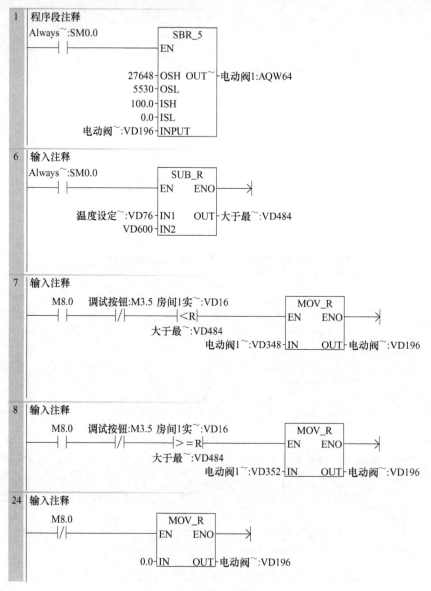

图 5-43　电动阀模拟量控制子程序

该子程序有以下三个功能：一是利用房间 1 实时温度与某一值做比较，若小于该值则电动阀开度为开度 1（设定好的值），否则电动阀开度为开度 2（设定好的值）；二是利用模拟量输出模块用两个不同的开度值开启电动阀；三是将不工作时的电动阀开度设置为 0。

4. HMI 画面及程序设计

1）实时数据库设置如图 5-44 所示。新增变量"温度 1"～"温度 10"、"锁 1"～"锁 10"等对象，为 PLC 给定寄存器的显示做好准备。

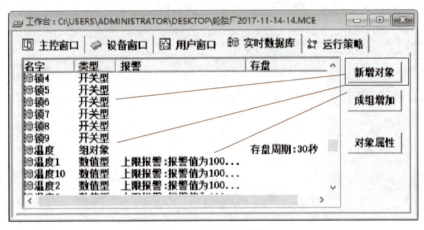

图 5-44　实时数据库设置

2）"设备编辑窗口"设置如图 5-45 所示。将 PLC 与 HMI 通过以太网连接通信，通过增加设备通道，建立通信通道，通过设置连接变量，将实时数据库的新增对象与 PLC 的 I、Q、M 和 V 等存储空间关联。

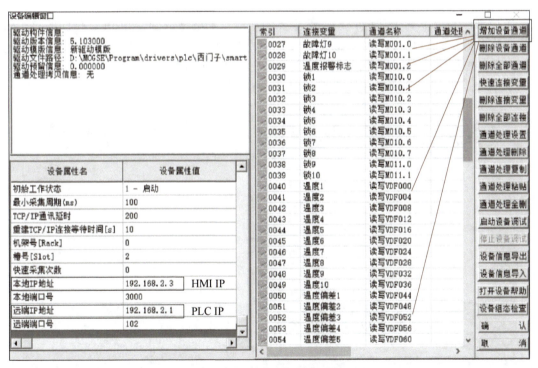

图 5-45　"设备编辑窗口"设置

3）用户窗口设计（部分）如下：

① 主控画面设计如图 5-46 所示。

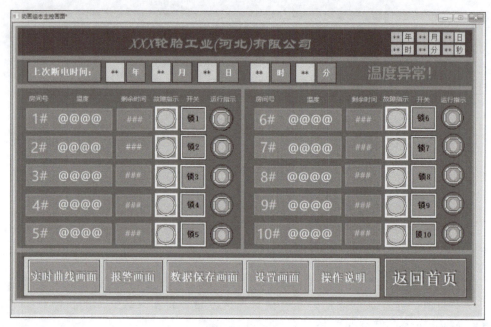

图 5-46　主控画面设计

主控画面有以下五个功能：一是最主要的功能，能够实时显示由 PLC 传回的每个烘胎房的实时温度；二是可以实时显示由 PLC 传回的 PLC 时钟；三是可以显示上一次断电时间；四是可以进行温度异常报警；五是可以去别的显示或操作画面。

② 温度实时曲线画面设计如图 5-47 所示。

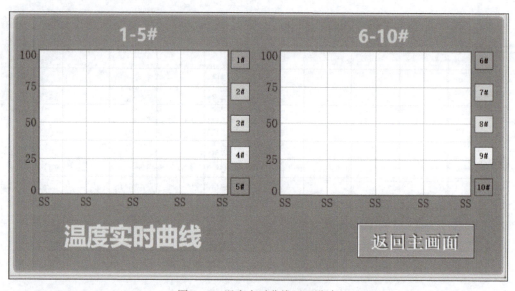

图 5-47　温度实时曲线画面设计

③ 设置画面设计如图 5-48 所示。

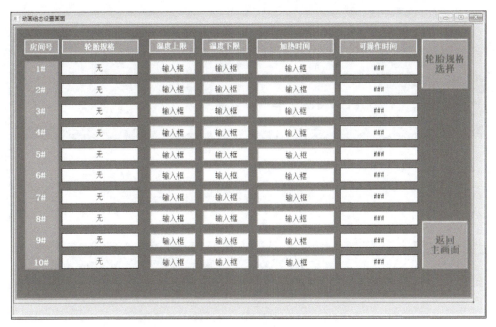

图 5-48　设置画面设计

通过特定轮胎规格的温度上、下限和加热时间，实时调节电动阀和风机。

④ 轮胎规格选择子画面设计如图 5-49 所示。

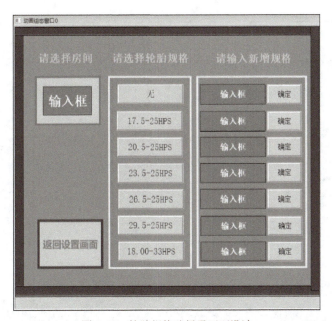

图 5-49　轮胎规格选择子画面设计

给相应烘胎房选择六种轮胎规格中的一种，选好后返回设置界面。

⑤ 历史（存盘）数据浏览画面设计，如图 5-50 所示。

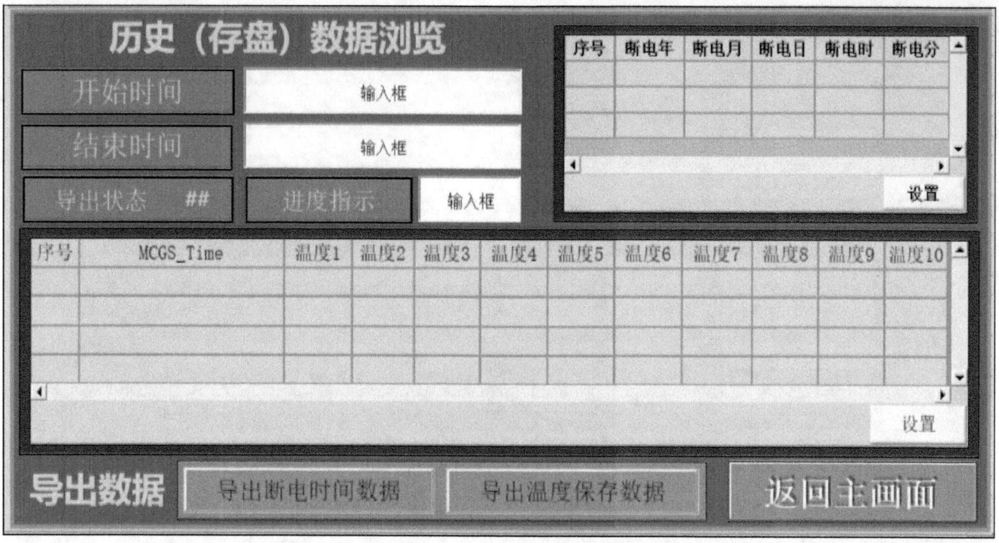

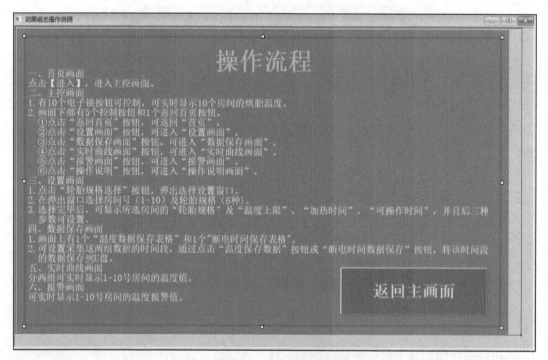

图 5-50　历史（存盘）数据浏览画面设计

将温度 1 ～ 10 设置为组对象，每 30s 保存一次每个房间的温度，并将断电的年、月、日、时和分保存，设置 !TransToUSB() 函数，将数据导出。

⑥ 操作流程画面如图 5-51 所示，工业现场运行实景如图 5-52 所示。

图 5-51　操作流程画面

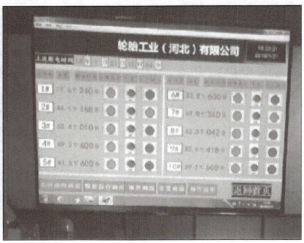

图 5-52　工业现场运行实景

任务拓展

以 S7-200 SMART PLC 为控制器，结合 EM AM06 模拟量输入 / 输出模块，用 Pt100 温度传感器采集密闭小空间温度，以此为基础，设置给定温度（如 60℃），利用 PLC 输出控制密闭小空间内的加热板加热，利用 PID 算法实现密闭小空间的恒定温度控制。密闭小空间 PID 温度采集控制系统如图 5-53 所示。

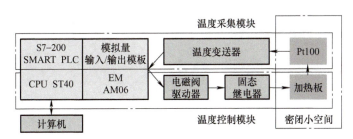

图 5-53　密闭小空间 PID 温度采集控制系统

总结反思

思考与练习

1. S7-200 SMART PLC 的模拟量模块有几种？

2. EM AM06 模块有几个输入通道？有几个输出通道？

3. EM AT04 是热电阻模拟量模块吗？

4. S7-200 SMART PLC 普通模拟量通道满量程是 0 ~ 27648，那对于 4 ~ 20mA 信号，20mA 对应的值是 27648，4mA 对应的值是多少？

5. S7-200 SMART PLC 的模拟量模块电压信号有哪几种？

6. S7-200 SMART PLC 的普通模拟量模块接线方式有几种？分别是什么？

7. 热电阻模拟量模块通道组态时标尺可选择什么？

8. 模拟量的换算公式是什么？请根据相似三角形成比例解释该公式。

9. 请根据西门子提供的量程转换库添加 SCALE 子程序 S_ITR 和 S_RTI。

10. 什么是电流变送器？

11. 温度采集控制系统由哪几部分组成？每部分的作用是什么？

12. 温度传感器的分类有哪些？

13. 温度变送器的作用是什么？

14. 温度变送器数据显示不准的原因有哪些？

15. 温度变送器的使用注意事项有哪些？

16. 轮胎生产工艺流程是什么？

17. 如何读取 PLC 的实时时钟？

18. 实时时钟指令时间缓冲区的格式是什么？

19. 如何设置修改 PLC 的时间？

20. 如何保存 PLC 控制系统上次的断电时间？

项目 6 ╲ S7-200 SMART PLC 运动控制

运动控制（Motion Control，MC）在实际的工业场景中随处可见，就是通过机械装置对运动部件的位置、速度进行实时的控制管理，使运动部件按照预期的轨迹和规定运动参数（如速度、加速度参数等）完成相应的动作。运动控制分为专用运动控制（如数控机床、机器人等）和通用运动控制（如包装、印刷和纺织等）。本项目讲解通用运动控制的应用，驱动对象是步进电动机和伺服电动机。

任务 17　丝杠滑块模型运动控制

任务描述

在水处理系统中，消毒药剂加药大多数采用压力投加的方式，采用计量泵或定量推进装置实现。现用一套丝杠滑块运动控制系统模拟定量推进加药装置，滑块由步进电动机通过直连的滚珠丝杠带动运动，在直线丝杠上可以左右灵活移动，并且在其行程上设置了三个限位开关 SQ1、SQ2 和 SQ3，末端同轴连接一个增量式光电编码器。丝杠滑块模型如图 6-1 所示。

图 6-1　丝杠滑块模型

丝杠滑块的机械参数：丝杠为单线螺纹，螺距为 2mm，最大行程为 20cm，编码器的分辨率为 600p/r；步进电动机的步距角为 1.8°，驱动器细分设为旋转一周需要 400 个脉冲。

加药工艺如下：在蓄水池中，保持药剂浓度不变情况下，加药量与进水流速有关，设定进水流量（设定在 0～100m³/h 范围内）后，加药装置可根据进水流量按照一定加药系数（取 1.0～2.0 之间，精确到小数点后 1 位）实时加药，即所需加药量（单位：g）= 进水流量 × 加药系数。加药时丝杠运行，电动机每转一圈向蓄水池中加药 5g，电动机转速恒定在 4r/s。

任务要求

1）加药系统具有两种工作模式——手动模式和自动模式，通过 SA1 选择模式。在手动模式下可以通过手动按钮 SB1 和 SB2 完成加药电动机的向左和向右运行，向左运行到 SQ1 处系统报警并停止，向右运行到 SQ3 处系统报警并停止。

2）在恒定进水流量下采用定量定速投药方式，设定进水流量 Q=100m^3/h，加药系数为 2.0，电动机恒定转速为 4r/s。当按下起动按钮 SB3，加药电动机回到原点 SQ2，在原点停留 5s 后，按照设定的转速匀速向左运行加药，到达设定的加药量后，停留 5s，同时用编码器计数显示运行的距离，然后以 4r/s 的转速返回原点 SQ2 处。

3）加药电动机运行过程中具有暂停功能，即在运行中按下停止按钮 SB4，电动机停止工作，再次按下 SB3，电动机继续运行。当到达 SQ3 或 SQ1 时，加药停止，红色报警灯 HL1 常亮；加药过程中，绿色运行灯 HL2 以 1s 周期闪烁。

任务目标

1）掌握 S7-200 SMART PLC 运动控制系统的构成。
2）掌握 S7-200 SMART PLC 高速计数器和高速脉冲输出的使用。
3）掌握运动控制向导的使用。
4）S7-200 SMART PLC 运动控制指令的应用。

相关知识

1. 基础知识

（1）运动控制系统的基本架构　运动控制由控制器（PLC）、驱动器、电动机和机械部件组成，运动中需要将机械部件的位置和速度反馈给控制器，形成一个闭环控制，这样控制器就能知道机械的位置和状态信息，运动控制系统框图如图 6-2 所示。图 6-2 中有两个闭环，一个是驱动器与电动机之间，另一个是机械部件与控制器之间。第一个闭环（内环）称为执行系统，分为闭环的伺服驱动系统和开环的步进执行系统；第二个闭环（外环）称为运动控制环。根据使用的执行系统不同，运动控制系统分为伺服系统运动控制和步进系统运动控制。

运动控制基础

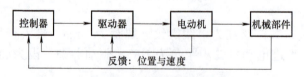

图 6-2　运动控制系统框图

运动控制的基本方式为：运动控制器通过发送脉冲或以通信的方式将控制信号发送给步进驱动器或伺服驱动器，驱动器根据控制信号驱动步进电动机或伺服电动机进行运动。

1）通信方式。S7-200 SMART PLC 的标准型 CPU 可以通过 PROFINET 通信的方式将控制信号发送给 SINAMICS V90 伺服驱动器（PN 版本），驱动器可以控制伺服电动机进行运动。除了 PROFINET，其他 PLC 还支持 Modbus、CANopen 等通信协议。

2）脉冲方式。运动控制器通过发送占空比为 50% 的脉冲信号给步进驱动器或伺服驱动器，驱动器驱动步进电动机或伺服电动机进行运动。根据设置不同，脉冲信号可以有 1 路或者 2 路，用来控制转速或者方向。这种信号输出方式也称为 PTO（Pulse Train Output，脉冲串输出）。

（2）S7-200 SMART PLC 的运动轴　运动控制系统通过运动轴实现运动，运动轴是一个逻辑上的概念，简单理解，它是一个直线型的、包括输出（电动机）信号和输入（限位）信号的轴，S7-200 SMART PLC 的标准型 CPU 支持运动控制轴功能。采用 PTO 或通信方式控制步进驱动器或伺服驱动器，用于对步进电动机或伺服电动机的位置和速度进行控制，同时在机械传动结构上加装光电编码器，使用高速脉冲捕获功能，记录机械部件运动的位置和状态信息。运动轴示意图如图 6-3 所示。

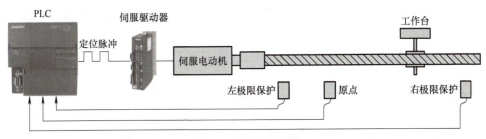

图 6-3　运动轴示意图

S7-200 SMART PLC 的 PTO 方式的运动控制采用脉冲 + 方向的两个单相输出与驱动器连接，一个输出 P0 控制脉冲，另一个输出 P1 控制方向，控制时序图如图 6-4 所示。

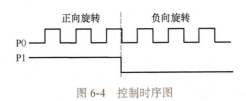

图 6-4　控制时序图

（3）S7-200 SMART PLC 的高速计数器　S7-200 SMART PLC 的 CPU 提供了多个高速计数器（HSC0 ～ HSC5）以响应快速脉冲输入信号。高速计数器的计数速度比 PLC 的扫描速度要快得多，因此高速计数器可独立于用户程序工作，不受扫描时间的限制。用户通过相关指令，设置相应的特殊存储器控制高速计数器的工作。高速计数器的一个典型的应用是利用光电编码器测量转速和位移。标准型 CPU 的高速计数器见表 6-1。

表 6-1　标准型 CPU 的高速计数器

标准型 CPU	CPU SR20	CPU ST20	CPU SR30	CPU ST30	CPU ST40	CPU SR40	CPU ST60	CPU SR60
高速计数器个数	6（全部）		6（全部）		6（全部）		6（全部）	
单相 / 双相	4 个 200kHz/2 个 30kHz		5 个 200kHz/1 个 30kHz		4 个 200kHz/2 个 30kHz		4 个 200kHz/2 个 30kHz	
A/B 相	2 个 100kHz/2 个 20kHz		3 个 100kHz/1 个 20kHz		2 个 100kHz/2 个 20kHz		2 个 100kHz/2 个 20kHz	

1）高速计数器的工作模式和输入。高速计数器有八种工作模式，每个高速计数器都有时钟、方向控制和复位启动等特定输入。对于双相计数器，两个时钟都可以运行在最

高计数频率上，高速计数器的最高计数频率取决于 CPU 的类型。在正交模式下，可选择 1×（1 倍速）或者 4×（4 倍速）输入脉冲频率的内部计数频率。高速计数器有八种四类工作模式，其工作模式和输入点位分配见表 6-2。

表 6-2　高速计数器的工作模式和输入点位分配

工作模式	描述	输入点		
	HSC0	I0.0	I0.1	I0.4
	HSC1	I0.1		
	HSC2	I0.2	I0.3	I0.5
	HSC3	I0.3		
	HSC4	I0.6	I0.7	I1.2
	HSC5	I1.0	I1.1	I1.3
0	带有内部方向控制的单相计数器	时钟		
1		时钟		复位
3	带有外部方向控制的单相计数器	时钟	方向	
4		时钟	方向	复位
6	带有增减计数时钟的双相计数器	增时钟	减时钟	
7		增时钟	减时钟	复位
9	A/B 相正交计数器	时钟 A	时钟 B	
10		时钟 A	时钟 B	复位

2）高速计数器的控制字、初始值和预置值。

所有的高速计数器在 S7-200 SMART PLC CPU 的特殊存储器中都有各自的控制字，控制字用来定义高速计数器的计数方式和一些其他设置，以及在用户程序中对高速计数器的运行进行控制。高速计数器控制字的位地址分配见表 6-3，高速计数器的寻址见表 6-4。

表 6-3　高速计数器控制字的位地址分配

HSC0	HSC1	HSC2	HSC3	HSC4	HSC5	描述
SMB37	SMB47	SMB57	SMB137	SMB147	SMB157	控制字节
SM37.0	不支持	SM57.0	不支持	SMB147.0	SMB157.0	复位有效控制，0 表示高电平有效，1 表示低电平有效
不支持	不支持	不支持	不支持	不支持	不支持	不支持
SM37.2	不支持	SM57.2	不支持	SMB147.2	SMB157.2	A/B 相正交计数器计数速率选择，0 表示 4× 计数速率，1 表示 1× 计数速率
SM37.3	SM47.3	SM57.3	SM137.3	SMB147.3	SMB157.3	计数方向，0 表示减计数，1 表示加计数
SM37.4	SM47.4	SM57.4	SM137.4	SMB147.4	SMB157.4	向高速计数器中写入计数方向，0 表示不更新，1 表示更新
SM37.5	SM47.5	SM57.5	SM137.5	SMB147.5	SMB157.5	向高速计数器中写入预置值，0 表示不更新，1 表示更新

（续）

HSC0	HSC1	HSC2	HSC3	HSC4	HSC5	描述
SM37.6	SM47.6	SM57.6	SM137.6	SMB147.6	SMB157.6	向高速计数器中写入初始值，0 表示不更新，1 表示更新
SM37.7	SM47.7	SM57.7	SM137.7	SMB147.7	SMB157.7	高速计数器允许，0 表示禁止，1 表示允许

表 6-4　高速计数器的寻址

高速计数器号	HSC0	HSC1	HSC2	HSC3	HSC4	HSC5
新当前值	SMD38	SMD48	SMD58	SMD138	SMD148	SMD158
新预置值	SMD42	SMD52	SMD62	SMD142	SMD152	SMD162
当前值（仅读出）	HC0	HC1	HC2	HC3	HC4	HC5

高速计数器都有初始值和预置值，所谓初始值就是高速计数器的起始值，而预置值就是高速计数器运行的目标值，当当前值（当前计数值）等于预置值时，会引发一个内部中断事件，初始值、预置值和当前值都是 32 位有符号整数。必须先设置控制字以允许装入初始值和预置值，并且初始值和预置值存入特殊存储器中，然后执行高速计数器指令使新的初始值和预置值有效。

3）S7-200 SMART PLC 的高速脉冲输出。

S7-200 SMART PLC 的标准型 CPU 提供了三路高速数字输出（Q0.0、Q0.1 和 Q0.2），运动控制功能支持回零、绝对位置、相对位置和包络控制，可以通过运动控制向导组态、支持运动控制调试面板在线控制电动机，最多同时控制三个轴，采用两路单相输出的地址分配见表 6-5。

表 6-5　两路单相输出的地址分配

端口	轴 0	轴 1	轴 2
P0	Q0.0	Q0.1	Q0.3
P1	Q0.2	Q0.7 或 Q0.3	Q1.0

注：1. 脉冲频率最大为 100kHz，电压等级为 DC 24V，要选用晶体管输出的 CPU。

2. 若轴 1 组态为单相两路输出（脉冲 + 方向），则 P1 分配到 Q0.7；若轴 1 组态为双相输出或 A/B 相输出，则 P1 被分配到 Q0.3，但此时轴 2 将不能使用。

除了输出信号，每个运动轴还有对应的输入信号，如运动行程的左右限位信号、参考点信号和零脉冲信号等，在运动轴的配置过程中，这些信号既可以按照运动向导手动分配，也可以根据工程应用情况自己定义分配，这样配合运动控制指令使用更加灵活、方便。

（4）S7-200 SMART PLC 运动控制指令　在用户程序编制中，可以使用运动控制指令控制运动轴，这些指令能启动执行所需功能的运动控制任务，也可以从运动控制指令的输出参数中获取运动控制任务中的状态和执行期间发生的任何错误。运动控制指令见表 6-6。

表 6-6　运动控制指令

序号	指令名称	功能
1	AXISx_CTRL	轴的初始化
2	AXISx_MAN	轴的手动模式操作
3	AXISx_GOTO	命令轴运行到指定位置
4	AXISx_RUN	运行已组态好的运动曲线（包络线）
5	AXISx_RSEEK	启动参考点查找操作
6	AXISx_LDOFF	建立一个偏移参考点位置的新零位置
7	AXISx_LDPOS	将轴位置更改为新值

1）AXISx_CTRL 轴初始化指令。

① 功能：启用和初始化运动轴，程序中每条运动轴仅使用该指令一次。

② 使用要点：在程序中确保每次扫描时调用此指令，可以使用 SM0.0 作为 MOD_EN 参数输入，只有它开启后，才能启用其他运动控制指令向运动轴发送命令，若 MOD_EN 参数关闭，则运动中的轴将中止进行中的任何指令并执行减速停止。AXISx_CTRL 指令参数说明见表 6-7。

表 6-7　AXISx_CTRL 指令参数说明

梯形图	参数及其 I/O 类型	参数说明
AXIS0_CTRL EN MOD_EN Done Error C_Pos C_Spe C_Dir	EN	使能输入
	Done：布尔型输出	运动轴完成任何一个指令时为 1
	Error：字节输出	SM 存储区中预留 1 字节，显示指令完成时间和是否有错误
	C_Pos：双整型、实数输出	运动轴的当前位置
	C_Spe：双整型、实数输出	运动轴的当前速度
	C_Dir：布尔型输出	电动机的当前方向，0 为正向，1 为负向

2）AXISx_MAN 轴的手动模式指令。

① 功能：将运动轴设为手动模式，选择电动机按不同的转速运行，沿正向或负向，同一时间仅能启用 RUN（运行）、JOG_P（手动正向）或 JOG_N（手动负向）输入参数之一。

② 使用要点：启用 RUN 参数会命令运动轴加速至指定的速度（Speed 参数）和方向（Dir 参数），可以在电动机运行时更改 Speed 参数，但 Dir 参数必须保持为常数；禁用 RUN 参数会命令运动轴减速，直至电动机停止。启用 JOG_P 或 JOG_N 参数，使运动轴手动正向或负向。若 JOG_P 或 JOG_N 参数保持启用的时间短于 0.5s，则运动轴将通过脉冲指示移动 JOG_INCREMENT 指定的距离；若 JOG_P 或 JOG_N 参数保持启用的时间为 0.5s 或更长，则运动轴开始加速至 JOG_SPEED 指定的速度。

Speed 参数决定启用 RUN 时运动轴的速度。若针对脉冲组态运动轴的测量系统，则速度为双整型值（单位为脉冲数 / 每秒）；若针对工程单位组态运动轴的测量系统，则速度为实数值（工程单位每秒），可以在电动机运行时更改该参数。AXISx_MAN 指令参数说明见表 6-8。

表 6-8　AXISx_MAN 指令参数说明

梯形图	参数及其 I/O 类型	参数说明
AXIS0_MAN EN RUN JOG_P JOG_N Speed　Error Dir　　C_Pos 　　　C_Speed 　　　C_Dir	RUN、JOG_P、JOG_N：布尔型输入	使能输入
	Speed：双整型、实数输入	运动轴的设定速度
	Dir：布尔型输入	当 RUN 启用时运动轴的移动方向
	Error：字节输出	SM 存储区中预留 1 字节，显示指令完成时间和是否有错误
	C_Pos：双整型、实数输出	运动轴的当前位置
	C_Speed：双整型、实数输出	运动轴的当前速度
	C_Dir：布尔型输出	电动机的当前方向，0 为正向，1 为负向

3）AXISx_GOTO 轴运行到指定位置指令。

① 功能：命令运动轴运行到指定位置。

② 使用要点：开启 EN 位会启用此指令。确保 EN 位保持开启，直至 Done 位指示指令执行已经完成。开启 START 参数会向运动轴发送 GOTO 命令，对于在 START 参数开启且运动轴当前不繁忙时执行的每次扫描，该指令向运动轴发送一个 GOTO 命令。为了确保仅发送了一个 GOTO 命令，需要使用边沿检测脉冲方式开启 START 参数。AXISx_GOTO 指令参数说明见表 6-9。

表 6-9　AXISx_GOTO 指令参数说明

梯形图	参数及其 I/O 类型	参数说明
AXIS0_GOTO EN START Pos　　Done Speed　Error Mode　C_Pos Abort　C_Speed	EN、START：布尔型输入	使能输入和发送 GOTO 命令
	Pos、Speed：双整型、实数输入	运动轴的目标位置和设定的运行速度
	Mode：布尔型输入	移动类型：0 为绝对位置，1 为相对位置，2 为单速连续正转，3 为单速连续反转
	Abort：布尔型输入	置 1 时运动轴停止并减速，直至电动机停止
	Error：字节输出	SM 存储区中预留 1 字节，显示指令完成时间和是否有错误
	C_Pos、C_Speed：双整型、实数输出	运动轴的当前位置和速度
	Done：布尔型输出	指令执行完后，参数置 1

4）AXISx_RUN 运行包络线指令。

① 功能：运动轴按照存储在组态 / 曲线表中的特定运动曲线的执行运动命令。

② 使用要点：开启 EN 位会启用此指令。确保 EN 位保持开启，直至 Done 位指示指令执行已经完成。开启 START 参数将向运动轴发送 RUN 命令，对于在 START 参数开启

且运动轴当前不繁忙时执行的每次扫描，该指令向运动轴发送一个 RUN 命令。为了确保仅发送了一个 RUN 命令，需要使用边沿检测脉冲方式开启 START 参数。AXISx_RUN 指令参数说明见表 6-10。

表 6-10   AXISx_RUN 指令参数说明

梯形图	参数及其 I/O 类型	参数说明

AXIS0_RUN
—EN
 	
—START
—Profile   Done—
—Abort   Error—
              C_Profile—
              C_Step—
              C_Pos—
              C_Spe—
	EN、START：布尔型输入	使能输入和发送 RUN 命令

	Profile：字节输入	要执行的运动曲线的编号或符号名称
	Abort：布尔型输入	置 1 时运动轴停止当前曲线运动并减速，直至电动机停止
	Error：字节输出	SM 存储区中预留 1 字节，显示指令完成时间和是否有错误
	C_Profile：字节输出	运动轴当前执行的曲线名称
	C_Step：字节输出	运动轴当前正在执行的曲线步
	C_Pos：双整型、实数输出	运动轴的当前位置
	C_Spe：双整型、实数输出	运动轴的当前速度

5）AXISx_RSEEK 搜索参考点指令。

① 功能：搜索参考点位置。

② 使用要点：使用组态 / 曲线表中的搜索方法启动参考点搜索操作。运动轴找到参考点且运动停止后，将 RP_OFFSET 参数载入当前位置，RP_OFFSET 的默认值为 0。可使用运动向导、运动控制面板或 AXISx_LDOFF 指令更改 RP_OFFSET 的值。AXISx_RSEEK 指令参数说明见表 6-11。

表 6-11   AXISx_RSEEK 指令参数说明

梯形图	参数及其 I/O 类型	参数说明

AXIS0_RSEEK
—EN
 	
—START
              Done—
              Error—
	EN	使能输入，保持开启

	START：布尔型输入	向运动轴发送 RSEEK 命令，使用脉冲方式开启
	Error：字节输出	SM 存储区中预留 1 字节，显示指令完成时间和是否有错误
	Done：布尔型输出	指令执行完后，参数置 1

6）AXISx_LDOFF 加载偏移量指令。

① 功能：加载参考点偏移量，建立一个与参考点处于不同位置的新零位置。

② 使用要点：在执行该指令前，必须首先确定参考点的位置，并将运动轴移至起始位置。当指令发送 LDOFF 命令时，运动轴计算起始位置（当前位置）与参考点位置之间的偏移量，然后将算出的偏移量存储到 RP_OFFSET 参数中并将当前位置设为 0，即将起始位置设定为零位置。

如果电动机失去对位置的追踪（例如断电或手动更换电动机的位置），可以使用 AXISx_RSEEK 指令自动重新建立零位置。AXISx_LDOFF 指令参数说明见表 6-12。

表 6-12　AXISx_LDOFF 指令参数说明

梯形图	参数及其 I/O 类型	参数说明
AXIS0_LDOFF EN START Done Error	EN	使能输入，保持开启
	START：布尔型输入	向运动轴发送 LDOFF 命令，使用脉冲方式开启
	Error：字节输出	SM 存储区中预留 1 字节，显示指令完成时间和是否有错误
	Done：布尔型输出	指令执行完后，参数置 1

7）AXISx_LDPOS 轴位置装载指令。

① 功能：装载轴的新位置，即将运动轴中的当前位置值更改为新值。该指令还可以为任何绝对移动命令建立一个新的零位置。

② 使用要点：开启 START 参数将向运动轴发出 LDPOS 命令，对于在 START 参数开启且运动轴当前不繁忙时执行的每次扫描，该指令向运动轴发送一个 LDPOS 命令。AXISx_LDPOS 指令参数说明见表 6-13。

表 6-13　AXISx_LDPOS 指令参数说明

梯形图	参数及其 I/O 类型	参数说明
AXIS0_LDPOS EN START New_Pos　Done Error C_Pos	EN	使能输入，保持开启
	START：布尔型输入	向运动轴发出 LDPOS 命令，使用脉冲方式开启
	Error：字节输出	SM 存储区中预留 1 字节，显示指令完成时间和是否有错误
	New_Pos：双整型、实数输入	提供新值，取代运动轴报告和用于绝对移动的当前位置值
	C_Pos：双整型、实数输出	运动轴的当前位置值
	Done：布尔型输出	指令执行完后，参数置 1

（5）步进控制系统　步进控制系统就是通过接收到的脉冲量控制电动机转动的角度。每当步进驱动器接收到一个来自控制器的脉冲信号，它就驱动步进电动机按设定的方向转动一个固定的角度，这个角度称为步距角，所以步进电动机是以固定的角度一步一步旋转运行的，发给步进驱动器固定数量的脉冲，步进电动机就会走对应固定的步数，通过传动比折算出固定的距离，从而达到准确定位的目的。同理，控制器 PLC 在单位时间内发送脉冲的个数会使步进电动机单位时间内转动对应的角度，通过控制脉冲频率控制电动机转动的速度，从而达到调速的目的。

步进电动机根据需要的转矩大小选型，转矩越大，电动机就越大。根据电动机的横截面大小分为 42/57/86/110 等系列步进电动机。步进驱动器要和步进电动机大小相配合。

步进电动机和对应步进驱动器根据厂家说明书接线，不同厂家颜色也都不一样，以两相（两相绕组）步进电动机为例，一般分为 4 出线、6 出线和 8 出线。电动机绕组可以使用万用表测量，测量接通的就是同一个绕组。两相 4 出线 42 系列步进电动机如图 6-5 所示。

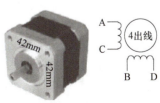

图 6-5　两相 4 出线 42 系列步进电动机

步距角：一个脉冲转动的角度，一般有 1.8/1.5/0.9/0.72，它是电动机固有参数，出厂后不可更改。

细分：顾名思义就是步距角分几份的意思，例如步距角 1.8°，360/1.8=200，电动机 200 个脉冲转一圈，10 细分后，每个脉冲就转 0.18°，那么电动机转一圈需要 2000 个脉冲。细分越大，定位精度越高，运行越平滑；细分越小，定位精度低，运行振动。

选取两相 4 出线混合式步进电动机和步进驱动器。

步进电动机型号为 17HS3401S，额定电压为 DC 3.4V，额定电流为 DC 1.0A/ 相，步距角为 1.8°±0.09°，相电阻（20℃）为 [3.4×（1+15%）]Ω/ 相，相电感（1kHz）为 [5.4×（1+20%）]mH/ 相，保持转矩≥290mN·m，定位转矩为 20mN·m，最大空载起动频率≥1400Hz，最大空载运行频率≥2000Hz，黑色接线为 A+，绿色接线为 A−，红色接线为 B+，蓝色接线为 B−。

步进驱动器使用前需要进行输出电流、细分和脉冲接收方式（脉冲 + 方向）的设置。步进驱动器功能与接线示意图如图 6-6 所示。

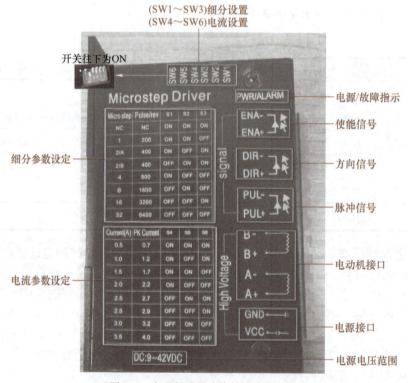

图 6-6　步进驱动器功能与接线示意图

步进驱动器型号为 TB6600，输入电压为 DC 9～42V，电流为 1～4A 可调，自适应电路，电流自动寻优，细分数 0～64000，细分可调，具有使能控制功能，具有过电流、过电压、欠电压和短路保护功能。

（6）工程单位计算　工程单位就是电动机每转的负载位移，表示电动机每旋转一周，机械装置移动的距离，例如某个直线工作台，电动机每转一周，机械装置前进 1mm，工程单位为 1.0mm。如果步进驱动器细分 1000（步进电动机旋转一周需要 1000 个脉冲），那么要让滑块运行1mm，控制器PLC就需要通过PTO方式发送1000个脉冲给步进驱动器。

2. 拓展知识

（1）V90 伺服驱动器与 S7-200 SMART PLC 的 PROFINET 通信运动控制系统 S7-200 SMART PLC 的固件版本在2.4以上时，支持 PROFINET 通信功能，并且编程软件的版本也要在2.4以上，通过 PROFINET 接口可与 V90 伺服驱动器进行通信连接，从而进行速度控制。PROFINET 模式最多可支持八台设备，实现的方法主要有以下两种：一是 V90 伺服驱动器使用标准报文1，PLC 通过 STEP 7-Micro/WIN SMART 提供的 SINAMICS 库中的 SINA_SPEED 指令进行控制；二是 V90 伺服驱动器使用标准报文1，不使用任何专用指令，而是利用报文的控制字和状态字通过编程进行控制，这种方法要求对报文结构熟悉。

首先对 V90 伺服驱动器进行参数配置，参数调整可以从面板输入，也可以使用调试软件 V-Assistant 对 V90 伺服驱动器进行配置。"选择连接方式"对话框如图6-7所示，通常选择使用 RJ45 网线，通过 Ethernet（以太网）连接方式进行基本配置，要注意语言更改为中文。

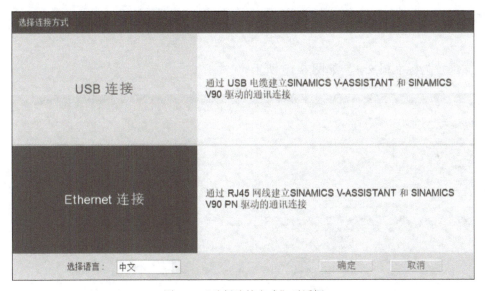

图6-7 "选择连接方式"对话框

"网络视图"界面如图6-8所示，保证计算机有线网卡与 V90 伺服驱动器的网段一致性，需要将 V90 伺服驱动器的设备名称和 IP 地址记录下来，这点比较重要。调试好之后，单击"设备调试"按钮。

图6-8 "网络视图"界面

控制模式选择"速度控制（S）"，如图 6-9 所示。

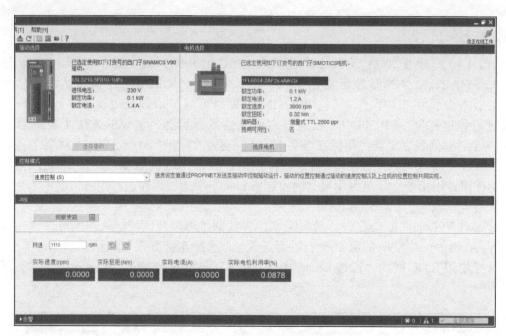

图 6-9　选择控制模式

报文配置为标准报文 1，如图 6-10 所示。

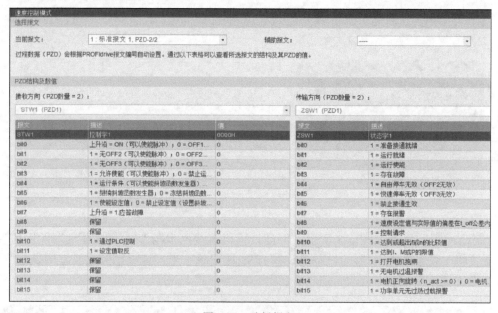

图 6-10　选择报文

1）V90 伺服驱动器与 PLC 采用 PROFINET 通信方式并使用标准报文 1，通过 STEP 7-Micro/WIN SMART V2.7 软件配置 S7-200 SMART PLC 的步骤如下。

① 创建新项目，选择 CPU 为"CPU ST20（DC/DC/DC）"，设置 PLC 的 IP 地址，"系统块"窗口如图 6-11 所示。

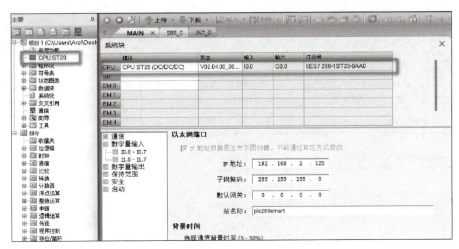

图 6-11　"系统块"窗口

② 装载 V90 伺服驱动器 PROFINET 通信的 GSDML 文件，"GSDML 管理"窗口如图 6-12 所示。

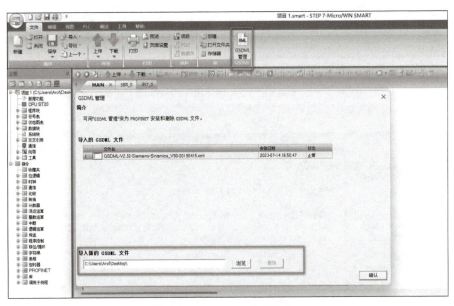

图 6-12　"GSDML 管理"窗口

③ PROFINET 向导配置通信接口，具体参考项目 6 任务 18 中 G120 变频器的 PROFINET 向导配置，需要注意的是，配置的 IP 地址需要和计算机、V90 伺服驱动器在同一个网段中，其中 V90 的设备名称需要和在 V-Assistant 中对 V90 伺服驱动器进行的配置一致，因为西门子 PROFINET 网络链路通信首先以设备名称进行通信识别，而不是以 IP 地址识别设备。

④ 使用 SINA_SPEED 指令测试 V90 伺服驱动器。在主程序中编写如图 6-13 所示的程序，注意 Starting_I_add 和 Starting_Q_add 的地址必须和标准报文 1 中定义的 I/O 地址对应，而且必须加入符号"&"为间接寻址，&IB128 和 &OB128 是如图 6-14 所示的库存储器的分配中定义的起始地址 VB0 开始的偏移地址。

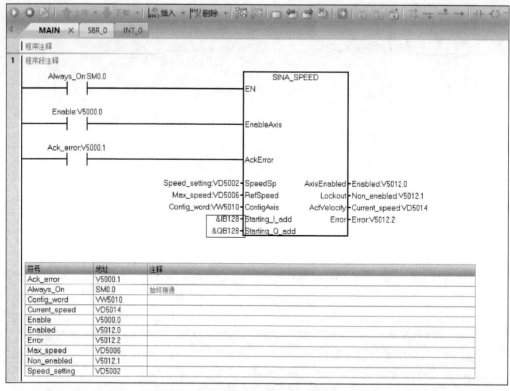

图 6-13　SINA_SPEED 指令测试程序

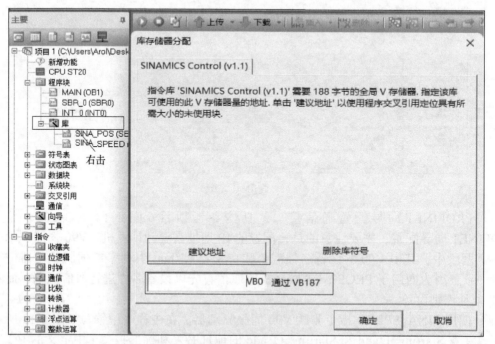

图 6-14　库存储器的分配

SINA_SPEED 指令输入参数见表 6-14。

表 6-14　SINA_SPEED 指令输入参数

输入参数	类型	功能
EnableAxis	布尔型	为 1，驱动使能
AckError	布尔型	驱动器故障应答
SpeedSp	实数	转速设定值（单位为 r/min）
RefSpeed	实数	驱动器的参考转速（单位为 r/min），对应于驱动器中的 p2000 参数
ConfigAxis	字	默认设置为 16#003F
Starting_I_add	双字	V90 伺服驱动器 I 存储器起始地址的指针
Starting_Q_add	双字	V90 伺服驱动器 Q 存储器起始地址的指针

ConfigAxis 参数的各位说明见表 6-15。

表 6-15　ConfigAxis 参数的各位说明

位	默认值	含义
0	1	OFF2
1	1	OFF3
2	1	驱动器使能
3	1	使能 / 禁止斜坡函数发生器
4	1	继续 / 冻结斜坡函数发生器
5	1	转速设定值使能
6	0	打开抱闸
7	0	速度设定值反向
8	0	电动电位计升速
9	0	电动电位计降速

SINA_SPEED 指令输出参数见表 6-16。

表 6-16　SINA_SPEED 指令输出参数

输出参数	类型	含义
AxisEnabled	布尔型	驱动器已使能
Lockout	布尔型	驱动器处于禁止接通状态
ActVelocity	实数	实际转速（单位为 r/min）
Error	布尔型	1 为存在错误

配置完成后选择下载，查找 CPU 后，点击"下载"按钮，通过状态图表进行功能测试，测试结果如图 6-15 所示。

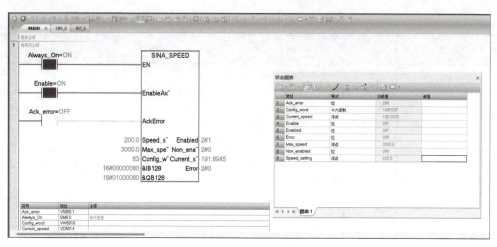

图 6-15   测试结果

2）配置好 V90 伺服驱动器和 PLC 的 PROFINET 通信后，可以不使用 SINAMICS 库中的专用指令，而使用配置的标准报文 1，通过直接赋值控制字控制 V90 伺服驱动器，同时通过读状态字获得 V90 伺服驱动器运行中的反馈信息，标准报文 1 PZD-2/2 有两个控制字和两个状态字。控制字 STW1 进行驱动器的起停控制，控制字 STW2 可以设定电动机的转速；状态字 ZSW1 反馈驱动器的运行状态，状态字 ZSW2 反馈指定电动机的实际转速。控制字和状态字各位含义见表 6-17。

表 6-17   控制字和状态字各位含义

控制字 STW1		状态字 ZSW1	
位	含义	位	含义
STW1.0	0 到 1 上升沿为 ON（可以使能脉冲） 0 为 OFF1（通过斜坡函数发生器制动，消除脉冲，准备接通就绪）	ZSW1.0	1 为伺服开启准备就绪
STW1.1	1 为无 OFF2（允许使能） 0 为 OFF2（立即消除脉冲并禁止接通）	ZSW1.1	1 为运行就绪
STW1.2	1 为无 OFF3（允许使能） 0 为 OFF3（通过 OFF3 斜坡 p1135 制动，消除脉冲并禁止接通）	ZSW1.2	1 为运行使能
STW1.3	1 为允许运行（可以使能脉冲） 0 为禁止运行（取消脉冲）	ZSW1.3	1 为存在故障
STW1.4	1 为运行条件（可以使能斜坡函数发生器） 0 为禁用斜坡函数发生器（设置斜坡函数发生器的输出为 0）	ZSW1.4	1 为自由停车无效（OFF2 无效）
STW1.5	1 为继续斜坡函数发生器 0 为冻结斜坡函数发生器（冻结斜坡函数发生器的输出）	ZSW1.5	1 为快速停车无效（OFF3 无效）
STW1.6	1 为使能设定值 0 为禁止设定值（设置斜坡函数发生器的输入为 0）	ZSW1.6	1 为禁止接通生效
STW1.7	0 到 1 上升沿为 1，表示应答故障	ZSW1.7	1 为存在报警

（续）

控制字 STW1		状态字 ZSW1	
位	含义	位	含义
STW1.8	保留	ZSW1.8	1 为速度设定值与实际值的偏差在 t_off（关闭时间）公差内
STW1.9	保留	ZSW1.9	1 为控制请求
STW1.10	1 为通过 PLC 控制	ZSW1.10	1 为达到或超出变频器频率或电动机转速的比较值
STW1.11	1 为设定值取反	ZSW1.11	0 为达到电动机电流、转矩或功率的限值
STW1.12	保留	ZSW1.12	1 为打开抱闸
STW1.13	保留	ZSW1.13	1 为无电动机过温报警
STW1.14	保留	ZSW1.14	1 为电动机正向旋转（n_act≥0）0 为电动机反向旋转（n_act<0）
STW1.15	保留	ZSW1.15	1 为功率单元无过热报警
控制字 STW2		状态字 ZSW2	
位	含义	位	含义
0～15 位	转速设定值	0～15 位	转速实际值

通过控制字 STW1 实现电动机起停控制的赋值如下：STW1=#047F 时正向起动，STW1=#0C7F 时反向起动，STW1=#04FE 时故障复位，STW1=#047E 时停车，STW1=#047C 时自由停车，STW1=#047A 时制动停车。起动和停车赋值时候应为联锁控制。

通过控制字 STW2 可以指定 V90 伺服驱动器的运行速度，例如，STW2=#500，V90 伺服驱动器参数 p2000 速度参考值为 3000r/min，那么转速设定值十六进制为 500r/min，对应十进制为 1280r/min，实际运行转速为 234r/min。需要注意的是，十六进制 16#4000 相当于十进制的 16384，对应 100% 的 p2000 速度参数值，200% 的参考速度值对应的十进制为 32768。

（2）伺服控制系统的电子齿轮比 电子齿轮比如图 6-16 所示，在相同的时间内，要使 PLC 发出的脉冲数与伺服电动机的编码器反馈的脉冲数相等，位置控制才能无误差，但是随着编码器的分辨率越来越高，要求 PLC 发出的脉冲数就越来越大，为了减少 PLC 发出的脉冲数，就在驱动器内设计了一个电子比例放大器，也称为电子齿轮比（*A/B*）。

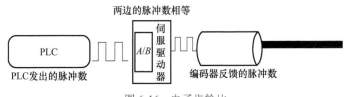

图 6-16 电子齿轮比

电子齿轮比相关公式如下：

PLC 发出的脉冲数 × 电子齿轮比 = 编码器反馈的脉冲数，编码器反馈的脉冲数 = 电

动机所转圈数 × 编码器分辨率，电动机所转圈数＝丝杠所转的圈数 × 减速比。

以丝杠转一圈为基础来计算，就有了电子齿轮比的恒定公式如下：丝杠转一圈时PLC发出的脉冲数 × 电子齿轮比＝丝杠转一圈时伺服电动机所转的圈数 × 编码器分辨率。如果减速比为 $K:1$，即

$$P \cdot (A/B) = P_m \cdot K$$

式中，P 为丝杠转一圈时 PLC 发出的脉冲数，P_m 为编码器分辨率。可看出，如果编码器已选好，减速比也定好，那么要求 PLC 发出的脉冲数越小，电子齿轮比就越大，反之，电子齿轮比越小，要求 PLC 发出的脉冲数就越大。

设伺服电动机的编码器为增量式编码器，分辨率为 1000p/r，A/B=2/1，K=1，则电动机转一圈需要的脉冲数 P=500，可以理解为 PLC 发出 500 个脉冲，经过电子齿轮比放大 2 倍后脉冲数为 1000，正好与编码器的分辨率一致。

任务实施

1. I/O 地址分配和软硬件配置

根据控制要求，首先确定 I/O 地址分配，见表 6-18。

表 6-18　I/O 地址分配

输入			输出		
符号	地址	功能	符号	地址	功能
SA1	I1.2	手动 / 自动选择按钮	SQ1	I0.3	正向左限位开关
SB1	I0.6	手动向左按钮	SQ3	I1.3	负向右限位开关
SB2	I0.7	手动向右按钮	P0	Q0.0	脉冲
SB3	I1.0	起动按钮	P1	Q0.2	方向
SB4	I0.5	停止按钮	HL1	Q0.6	报警灯
SQ2	I0.4	原点限位开关	HL2	Q0.5	运行灯

根据任务要求列写软硬件配置，并画出 PLC 外部接线原理图。

主要软硬件配置如下：

1）STEP 7–Micro/WIN SMART V2.7 软件。

2）42 系列步进电动机一台，型号为 17HS3401S，两相 4 出线，步距角为 0.9°，额定电压为 DC 3.4V，额定电流为 DC 1.0A/ 相。

3）步进驱动器一台，型号为 TB6600，输入电压为 DC 9 ～ 42V，电流为 1 ～ 4A 可调。

4）S7–200 SMART PLC 的 CPU 模块一台，型号为 CPU ST20 DC/DC/DC，24V 供电，晶体管输出型。

控制原理图如图 6-17 所示，控制实物图如图 6-18 所示。

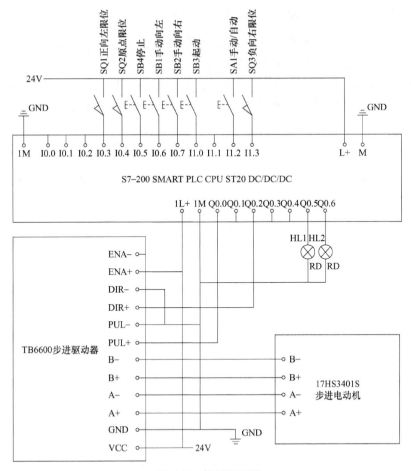

图 6-17　控制原理图

图 6-18　控制实物图

2. 运动控制向导配置运动轴

根据电气原理图，在编制程序前，需要按照 S7-200 SMART PLC 运动控制向导配置运动轴的工艺，分别按照下面步骤实现任务要求。

创建运动控制向导，单击"工具"→"运动"，打开"运动控制向导"窗口，选择轴数为"轴 0"，"运动控制向导"窗口如图 6-19 所示。将测量系统中的数据更改为所使用的步进电动机的参数，"测量系统"配置如图 6-20 所示。

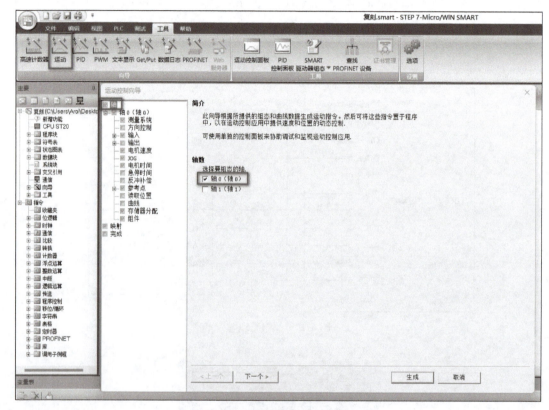

图 6-19 "运动控制向导"窗口

调整正、负方向运动行程的最大限制，配置好输入地址，选取 I0.3 和 I1.3 作为限值的输入。"LMT+"和"LMT-"配置如图 6-21 所示。

为原点配置输入端口地址 I0.4，配置 I0.5 作为其急停信号输入。"RPS"和"STP"配置如图 6-22 所示。

该电动机速度最大值（MAX_SPEED）为 20.0mm/s，最小值根据输入的 MAX_SPEED 值，在运动曲线中可指定的最小速度（MINI_SPEED）为 0.04mm/s，电动机的起动 / 停止速度（SS_SPEED）为 0.04mm/s。电动机的手动（点动）速度（JOG_SPEED）为 10.0mm/s，增量（JOG_INCREMENT）为 0.02mm。电动机速度和 JOG 命令配置如图 6-23 所示。

电动机时间配置如图 6-24 所示，电动机从起动 / 停止速度加速到最大值所需的时间设定为 20ms，从最大值减速到起动 / 停止速度所需的时间设定为 20ms。

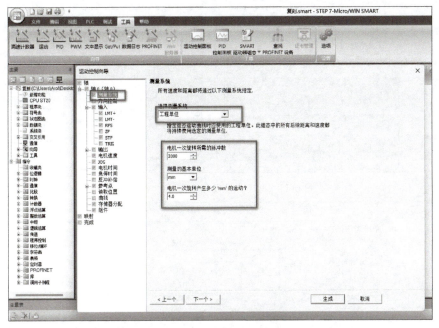

图 6-20　"测量系统"配置

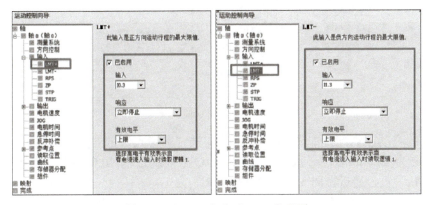

图 6-21　"LMT+"和"LMT-"配置

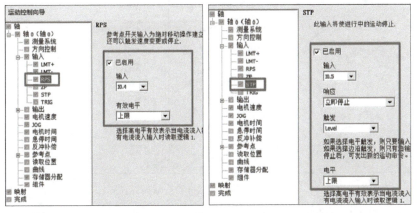

图 6-22　"RPS"和"STP"配置

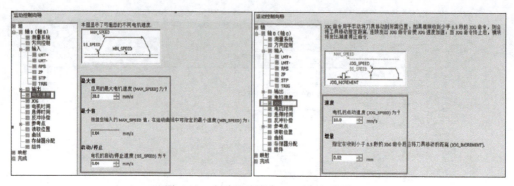

图 6-23　电动机速度和 JOG 命令配置

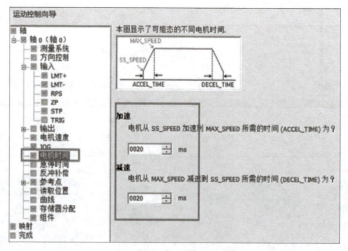

图 6-24　电动机时间配置

参考点的自动搜索配置如图 6-25 所示。勾选"参考点"的"查找"，查找速度（RP_FAST）设定为 16.0mm/s，寻找速度（RP_SLOW）设定为 10.0mm/s。起始方向（RP_SEEK_DIR）为负，逼近方向（RP_APPR_DIR）为正。

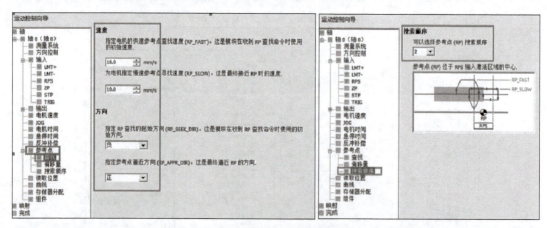

图 6-25　参考点的自动搜索配置

最后为向导配置好的参数分配存储器 VB500 ～ VB592，并确保所有生成的组件都勾选上，最后单击"生成"按钮。存储器分配和组件如图 6-26 所示。

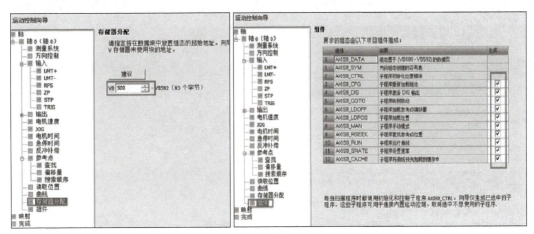

图 6-26　存储器分配和组件

3. 程序编制

图 6-27 所示为顺序功能图。

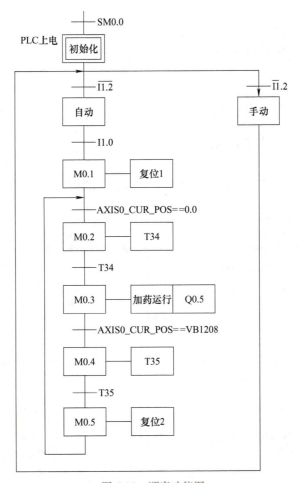

图 6-27　顺序功能图

根据任务要求编制梯形图，如图 6-28 所示。

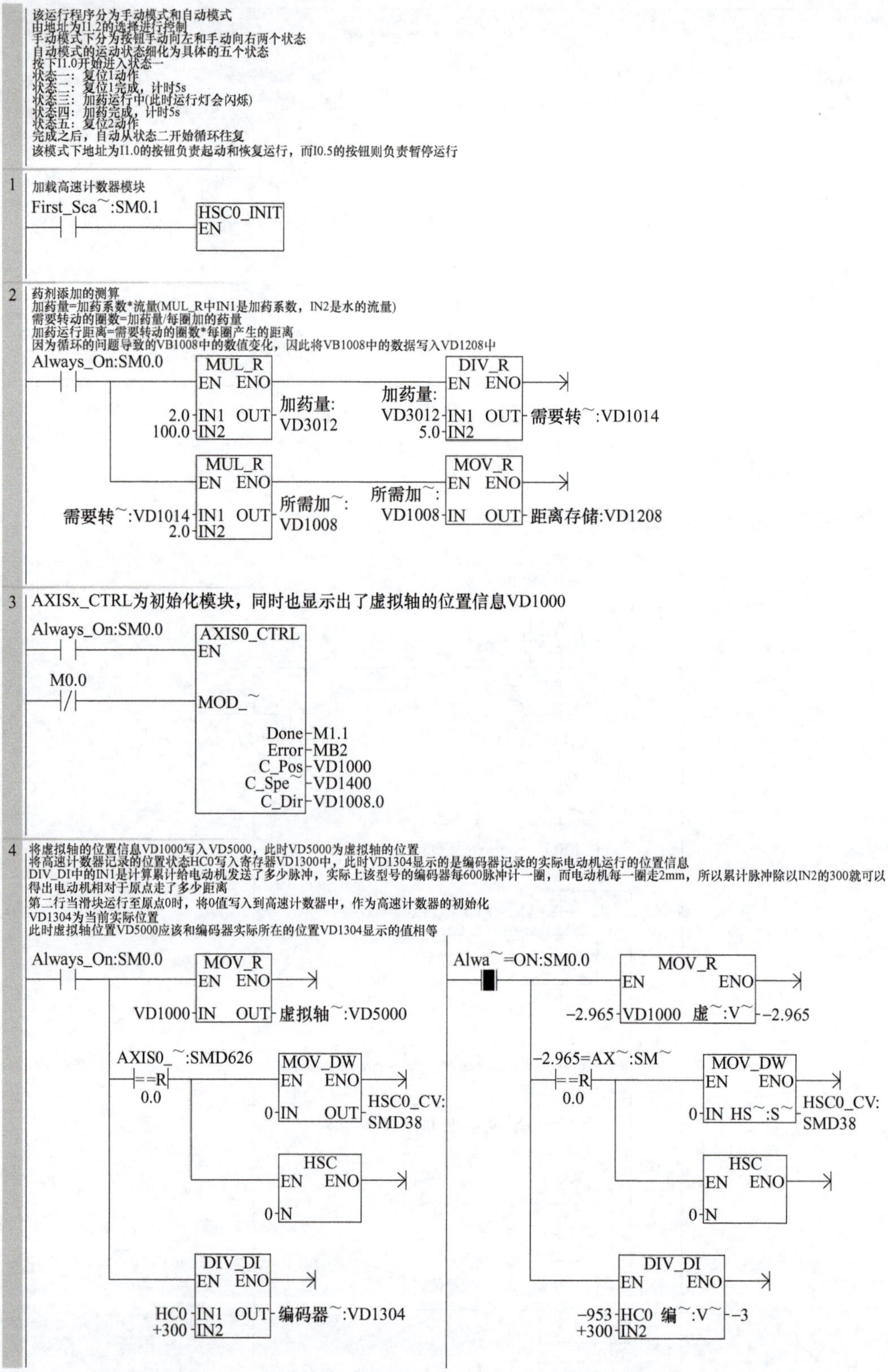

1 加载高速计数器模块

该运行程序分为手动模式和自动模式
由地址为I1.2的选择进行控制
手动模式下分为按钮手动向左和手动向右两个状态
自动模式的运动状态细化为具体的五个状态
按下I1.0开始进入状态一
状态二：复位1动作
状态三：复位1完成，计时5s
状态三：加药运行中(此时运行灯会闪烁)
状态四：加药完成，计时5s
状态五：复位2动作
完成之后，自动从状态二开始循环往复
该模式下地址为I1.0的按钮负责起动和恢复运行，而I0.5的按钮则负责暂停运行

1 加载高速计数器模块

First_Sca~:SM0.1 — HSC0_INIT / EN

2 药剂添加的测算
加药量=加药系数*流量(MUL_R中IN1是加药系数，IN2是水的流量)
需要转动的圈数=加药量/每圈加的药量
加药运行距离=需要转动的圈数*每圈产生的距离
因为循环的问题导致的VB1008中的数值变化，因此将VB1008中的数据写入VD1208中

Always_On:SM0.0
MUL_R EN ENO
2.0-IN1 OUT-加药量:VD3012
100.0-IN2

DIV_R EN ENO
加药量:VD3012-IN1 OUT-需要转~:VD1014
5.0-IN2

MUL_R EN ENO
需要转~:VD1014-IN1 OUT-所需加:VD1008
2.0-IN2

MOV_R EN ENO
所需加~:VD1008-IN OUT-距离存储:VD1208

3 AXISx_CTRL为初始化模块，同时也显示出了虚拟轴的位置信息VD1000

Always_On:SM0.0
M0.0 (/)
AXIS0_CTRL
EN
MOD_~
Done-M1.1
Error-MB2
C_Pos-VD1000
C_Spe~-VD1400
C_Dir-VD1008.0

4 将虚拟轴的位置信息VD1000写入VD5000，此时VD5000为虚拟轴的位置
将高速计数器记录的位置状态HC0写入寄存器VD1300中，此时VD1304显示的是编码器记录的实际电动机运行的位置信息
DIV_DI中的IN1是计算累计给电动机发送了多少脉冲，实际上该型号的编码器每600脉冲计一圈，而电动机每一圈走2mm，所以累计脉冲除以IN2的300就可以
得到电动机相对于原点走了多少距离
第二行当滑块运行至原点0时，将0值写入到高速计数器中，作为高速计数器的初始化
VD1304为当前实际位置
此时虚拟轴位置VD5000应该和编码器实际所在的位置VD1304显示的值相等

Always_On:SM0.0
MOV_R EN ENO
VD1000-IN OUT-虚拟轴~:VD5000

AXIS0_~:SMD626 ==R 0.0
MOV_DW EN ENO
0-IN OUT-HSC0_CV:SMD38

HSC EN ENO
0-N

DIV_DI EN ENO
HC0-IN1 OUT-编码器~:VD1304
+300-IN2

Alwa~=ON:SM0.0
MOV_R EN ENO
-2.965-VD1000 虚~:V~ -2.965

-2.965=AX~:SM~ ==R 0.0
MOV_DW EN ENO
0-IN HS~:S~ HSC0_CV:SMD38

HSC EN ENO
0-N

DIV_DI EN ENO
-953-HC0 编~:V~ -3
+300-IN2

图 6-28 梯形图

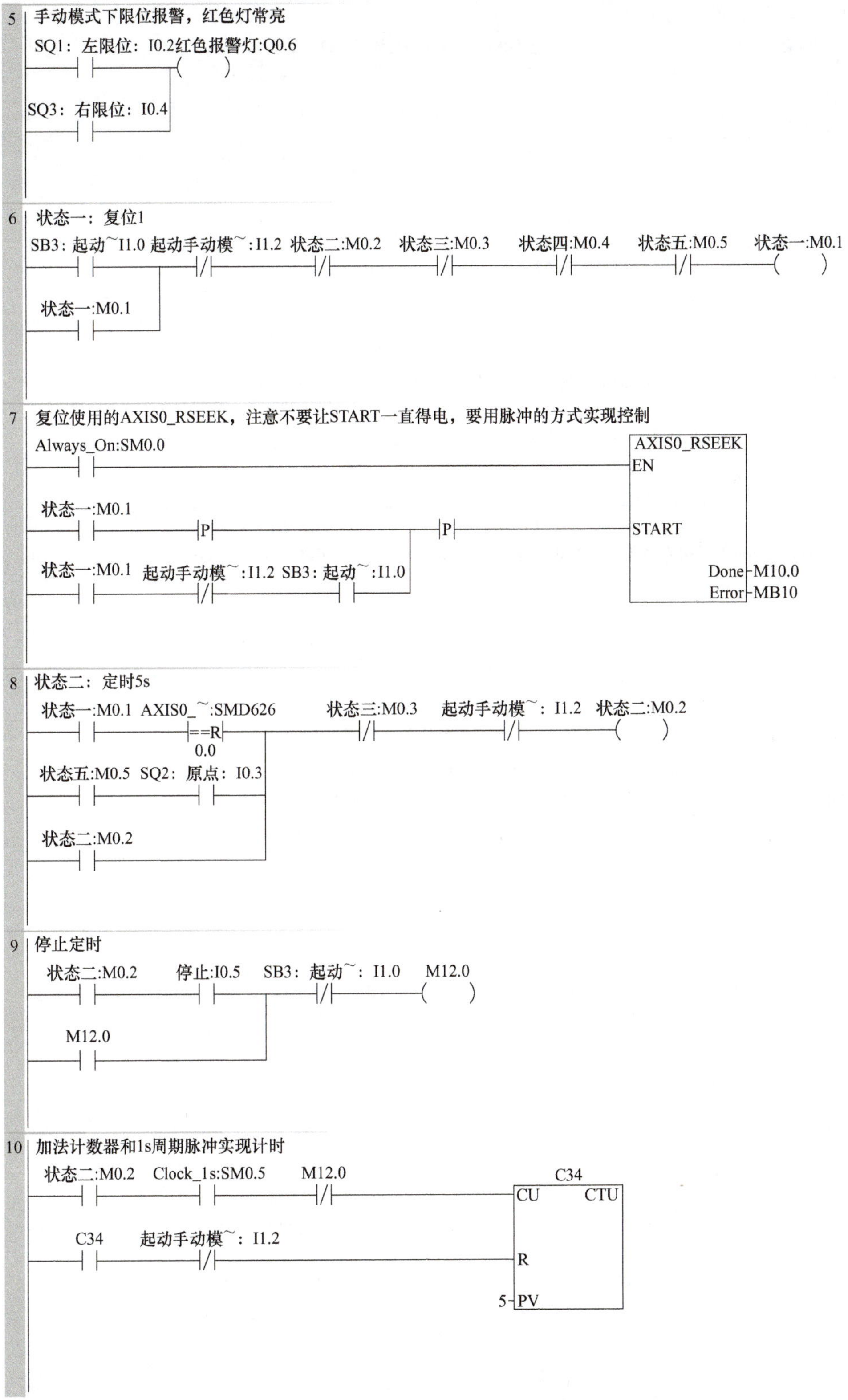

5　手动模式下限位报警，红色灯常亮

```
   SQ1：左限位：I0.2 红色报警灯:Q0.6
      ─┤ ├──────────( )
   SQ3：右限位：I0.4
      ─┤ ├───┘
```

6　状态一：复位1

```
   SB3：起动~I1.0 起动手动模~:I1.2 状态二:M0.2 状态三:M0.3 状态四:M0.4 状态五:M0.5 状态一:M0.1
      ─┤ ├───────┤/├───────┤/├──────┤/├──────┤/├──────┤/├──────( )
   状态一:M0.1
      ─┤ ├──┘
```

7　复位使用的AXIS0_RSEEK，注意不要让START一直得电，要用脉冲的方式实现控制

```
   Always_On:SM0.0                                        ┌AXIS0_RSEEK┐
      ──────────────────────────────────────────────────┤EN         │
                                                          │           │
   状态一:M0.1                                            │           │
      ─┤ ├────┤P├───────────────┤P├────────────────────┤START      │
   状态一:M0.1 起动手动模~:I1.2 SB3：起动~:I1.0                       │           │
      ─┤ ├──────┤/├──────────┤ ├┘                        │  Done├M10.0│
                                                          │ Error├MB10 │
                                                          └───────────┘
```

8　状态二：定时5s

```
   状态一:M0.1 AXIS0_~:SMD626        状态三:M0.3  起动手动模~：I1.2  状态二:M0.2
      ─┤ ├────┤==R├──┬───────────────┤/├──────────┤/├──────────( )
                 0.0  │
   状态五:M0.5 SQ2：原点：I0.3        │
      ─┤ ├──────┤ ├──┤
   状态二:M0.2                        │
      ─┤ ├─────────────┘
```

9　停止定时

```
   状态二:M0.2    停止:I0.5    SB3：起动~：I1.0    M12.0
      ─┤ ├────────┤/├────────┤/├──────────( )
   M12.0
      ─┤ ├──┘
```

10　加法计数器和1s周期脉冲实现计时

```
   状态二:M0.2  Clock_1s:SM0.5   M12.0            ┌───C34───┐
      ─┤ ├────────┤ ├──────────┤/├──────────────┤CU    CTU│
   C34        起动手动模~：I1.2                   │         │
      ─┤ ├──────────┤/├──────────────────────────┤R        │
                                                  │         │
                                                5─┤PV       │
                                                  └─────────┘
```

图 6-28　梯形图（续）

11 | 状态三：加药运行中

状态二:M0.2　　C34　　　　　状态四:M0.4　起动手动模式:I1.2　状态三:M0.3
　┤├　　　　　┤├　　　　　┤/├　　　　　　┤/├　　　　　　（　）

状态三:M0.3
　┤├

12 | 通过1s周期实现运行灯闪烁

状态三:M0.3　Clock_1s:SM0.5　运行灯:Q0.5
　┤├　　　　　┤├　　　　　　（　）

13 | 使用的AXIS0_GOTO实现加药，重点是将之前分析好的数据写入到Speed中

Always_On:SM0.0
　┤├

状态三:M0.3
　┤├　　　　　┤P├　　　　　　　　　　　┤P├

状态三:M0.3　起动手动模式:I1.2 SB3：起动~:I1.0
　┤├　　　　　┤/├　　　　　　┤├

```
                          ┌─────────────────┐
                          │   AXIS0_GOTO    │
                        ──┤EN               │
                          │                 │
                        ──┤START            │
          距离存储:VD1208─┤Pos         Done├─M10.4
                   16.0─┤Speed      Error├─MB10
                      0─┤Mode       C_Pos├─VD1408
                  M30.2─┤Abort      C_Spe~├─VD1412
                          └─────────────────┘
```

14 | 状态四：定时5s

状态一:M0.3 AXIS0_C~:SMD626　　状态五:M0.5　起动手动模式:I1.2　状态四:M0.4
　┤├　　　　　│==R│　　　　　　┤/├　　　　　┤/├　　　　　　（　）
　　　　所需加~:VD1008
状态四:M0.4
　┤├

15 | 停止定时

状态四:M0.4　　停止:I0.5　　SB3：起动~:I1.0　M14.0
　┤├　　　　　┤├　　　　　┤/├　　　　　（　）

M14.0
　┤├

16 | 加法计数器和1s周期脉冲实现计时

状态四:M0.4　Clock_1s:SM0.5　　M14.0
　┤├　　　　　┤├　　　　　　┤/├

C35　　起动手动模式:I1.2
　┤├　　　┤/├

```
        ┌─────────┐
        │   C35   │
      ──┤CU   CTU │
        │         │
      ──┤R        │
        │         │
      5─┤PV       │
        └─────────┘
```

图6-28　梯形图（续）

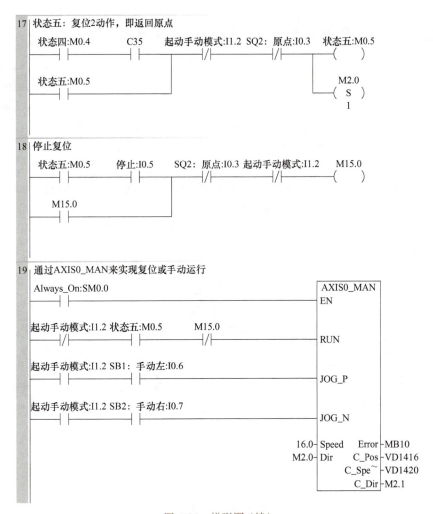

图 6-28　梯形图（续）

任务拓展

水处理系统的加药定量推进装置也可以根据水流的流量改变加药量，这种模式叫变量变速，具体控制要求如下：

1）在变量变速方式下，SQ1 处的水流量为 Q_1，SQ2 处的水流量为 Q_2，SQ3 处的水流量为 0，按下起动按钮 SB3，加药电动机从原点 SQ1 出发，按照计算好的速度 V_1 运行，在 SQ2 处速度变为 V_2，在 SQ3 处停止，停留 5s 后，以 4r/s 的速度返回到原点 SQ1 处。

2）加药装置在运行过程中具有暂停功能，即在运行中按下停止按钮 SB2，电动机停止工作，再次按下 SB1，电动机继续运行；当出现超程时，加药停止，并且红色报警灯 HL1 常亮；在加药过程中，绿色运行灯 HL2 以 1s 周期闪烁。

根据控制要求编制控制程序并进行调试。

任务 18　锂电池极片辊压机收放卷同步控制

收放卷控制
工艺

任务描述

　　锂电池极片辊压系统由收卷、主机和放卷三部分构成，极片材料从放卷部分开始经过主机辊压到收卷部分，在张力控制下整个系统线最大速度能达到 120m/min，收卷和放卷的电动机转速随着极片卷料轴半径的变化快速变化，这对运动控制系统控制提出了很高的要求。现用两个 G120 变频器驱动两个交流异步电动机拖动收卷和放卷部分，忽略主机的辊压环节和张力控制环节，模拟高速运转下收卷和放卷的同步运动控制过程，极片辊压机结构简图和极片辊压机整线模型分别如图 6-29 和图 6-30 所示。

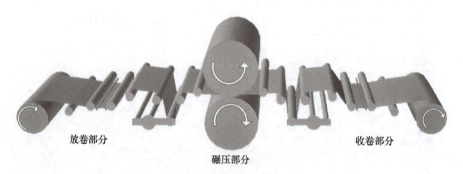

放卷部分　　　　　　　碾压部分　　　　　　　收卷部分

图 6-29　极片辊压机结构简图

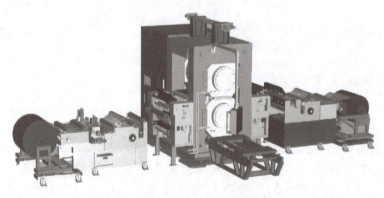

图 6-30　极片辊压机整线模型

　　收卷和放卷参数如下：最大卷料直径 D=1000mm，电动机和卷筒间的机械减速比为 2：1，电动机的额定转速 n=1490r/min，收放卷张力控制系统的速度范围 V 为 10～60m/min。

　　收放卷控制系统工艺如下：在整个系统运行过程中，为了保证不出现断带、堆带等情况，必须保证整条线各点的瞬时线速度相同，系统采用"虚轴"概念，从系统的 HMI 中设定整条线的速度，那么主机、收卷和放卷三部分都要以虚轴设定速度为基准，分别计算出各自的速度值。

任务要求

1）系统有手动和自动两种工作模式，通过选择开关 SA1 选择，在手动模式下可以通过选择开关 SA2 选择手动收卷和放卷，手动按钮 SB1 控制放卷电动机或收卷电动机按照一定速度旋转。

2）在自动模式下：设定系统的主速度 V 后，按下自动起动按钮 SB2，系统运行，放卷放料，收卷收料，并且实时显示收卷的直径 D_1 和放卷直径 D_2 到达收放卷设定值后系统停止。在整个过程中，运行指示灯 HL1 亮，停止后 HL1 灭。

3）在运行过程中，系统具有暂停功能，即在运行过程中按下停止按钮 SB3，收放卷电动机停止工作，再次按下起动按钮 SB2，系统继续运行；当出现变频器报警时候，按钮 SB4 复位。

任务目标

1）掌握 G120 变频器运动控制系统的构成。
2）掌握 G120 变频器与 S7-200 SMART PLC 硬线连接控制系统的应用。
3）掌握 G120 变频器与 S7-200 SMART PLC 的 PROFINET 通信的应用。

相关知识

1. 基础知识

（1）G120 变频器与 PLC 的硬线连接控制系统　　G120 是一个模块化的变频器，主要包括控制单元（CU）和功率模块（PM）两个部分，控制单元可以组合匹配不同功率段的功率模块。

G120 变频器运行的两个必要条件是运行信号和给定频率，PLC 与变频器二者之间可以交换一些模拟量和数字量信号，实现 PLC 对变频器的控制和对工作状态的监控，使运动控制系统更加完善。PLC 与变频器交换的信号如图 6-31 所示。

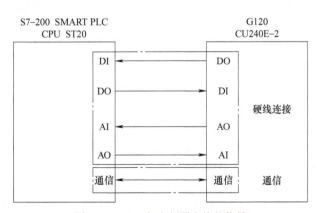

图 6-31　PLC 与变频器交换的信号

S7-200 SMART PLC 的 CPU 通过硬线连接 G120 变频器 CU240E-2 控制单元的端子，G120 变频器实物图如图 6-32 所示，控制单元接线图如图 6-33 所示。

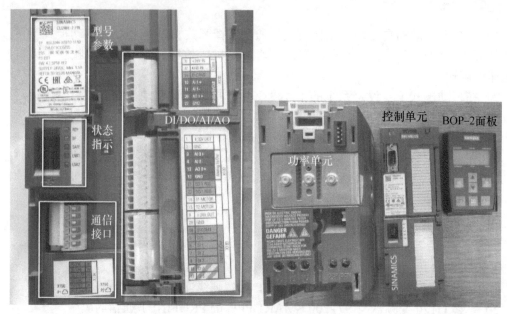

图 6-32　G120 变频器实物图

　　PLC 控制 G120 变频器完成运动控制，必须首先对变频器参数进行基本配置，配置的参数主要分为两类，一类是电动机参数，另一类是变频器的控制参数。在配置参数前，必须先恢复出厂设置，参数配置和恢复出厂可以用 BOP-2 操作面板，也可以用 V15 以上版本的 TIA 博途软件。

　　（2）G120 变频器与 S7-200 SMART PLC 的 PROFINET 通信　　S7-200 SMART PLC 对 G120 变频器的控制有两种方式：一种是硬线连接方式；另一种是通信方式，二者之间支持的通信有 PROFIBUS DP（分布式周边）、USS（通用串行接口协议）、Modbus RTU、PROFINET IO 和 EtherNet/IP（以太网 / 工业协议）。第一种硬线连接方式需要配置 G120 变频器，但在 S7-200 SMART PLC 中不需要配置，直接编程实现控制工艺即可；第二种通信方式不仅需要配置 G120 变频器，而且需要在 S7-200 SMART PLC 中配置 PROFINET，二者配置好后才能通信，再编程实现控制工艺。

　　使用 S7-200 SMART PLC 与 G120 变频器进行 PROFINET 通信时，PLC 的 CPU 和 STEP 7-Micro/WIN SMART 调试软件的版本必须是 V2.4 以上。PROFINET 通信的 S7-200 SMART PLC 配置流程如下。

　　1）安装 GSDML 文件：打开"GSDML 管理"对话框，安装需要进行通信的 G120 变频器所对应版本的 GSDML 文件，如图 6-34 所示。

　　2）S7-200 SMART PLC CPU 的设置。

　　① 添加 CPU，完成后单击"确定"按钮，如图 6-35 所示。

　　② 设置 PROFINET 网络，完成后单击"确定"按钮，如图 6-36 所示。

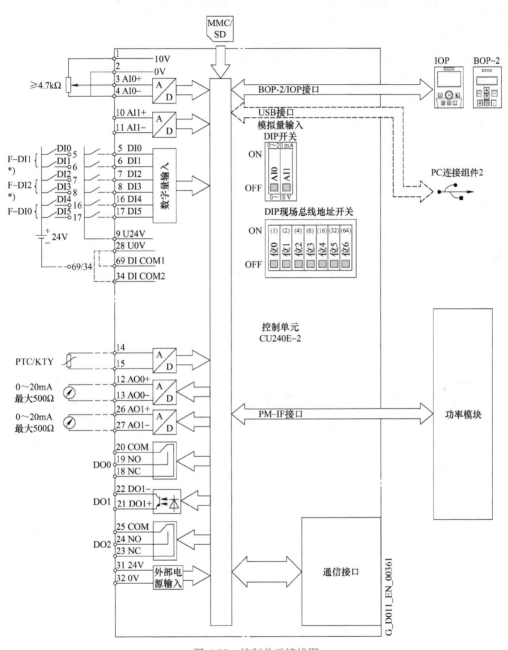

图 6-33　控制单元接线图

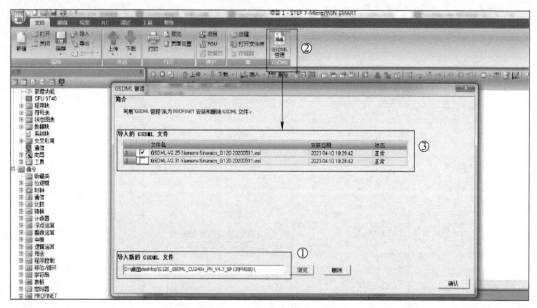

图 6-34 安装 GSDML 文件

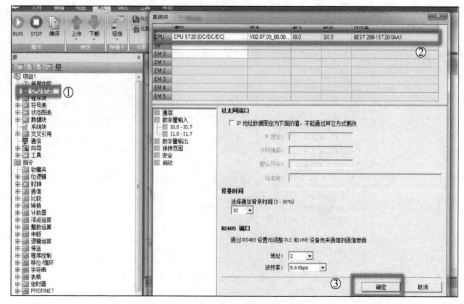

图 6-35 添加 CPU

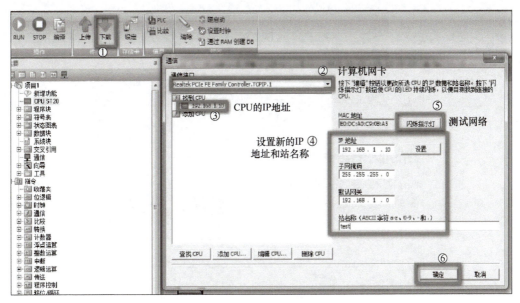

图 6-36　设置 PROFINET 网络

3）PROFINET 配置向导。

① 激活 PROFINET 网络的控制器，输入 PLC 的 IP 地址和子网掩码，完成后单击"下一步"按钮，如图 6-37 所示。

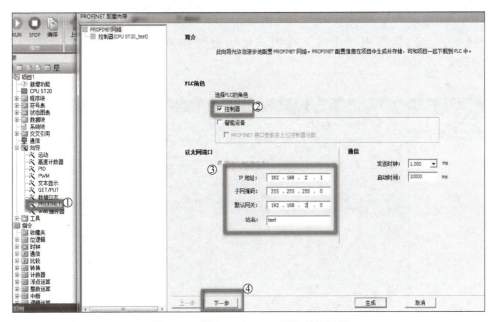

图 6-37　激活 PROFINET 网络的控制器

② 从右侧的设备目录树中找到对应的 G120 变频器的 CU240E–2 控制单元并添加，注意要和实际的 G120 变频器固件版本一致，为新添加的 G120 变频器设备输入设备名和 IP 地址，注意这里输入的设备名和 IP 地址需要与实际 G120 变频器当前的设备名和 IP 地址一致，完成后单击"生成"按钮，如图 6-38 所示。

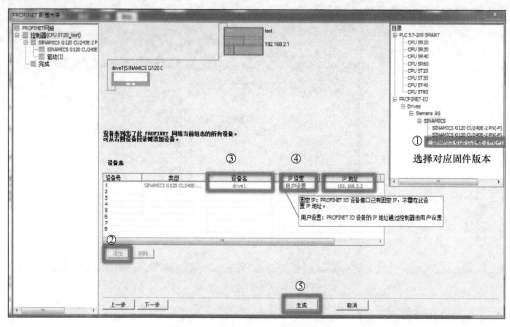

图 6-38　添加 CU240E-2 控制单元

③ 选择所需要的报文，使用 SINA_SPEED 功能块需要使用标准报文 1，所以在这里添加"标准报文 1，PZD-2/2"，然后单击"下一步"按钮，设置报文发送和接收的起始地址，完成后单击"生成"按钮。添加报文和设置报文起始地址如图 6-39 和图 6-40 所示。

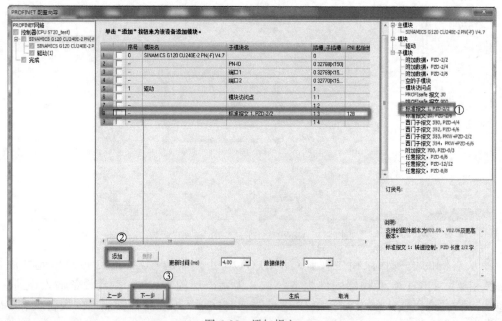

图 6-39　添加报文

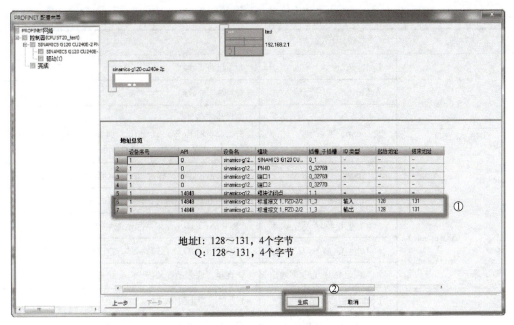

图 6-40　设置报文起始地址

④ PROFINET 配置向导的最后一步会总结当前的配置信息，确认 IP 地址后单击"生成"按钮，如果配置有问题，会有提示，排除后重新生成。配置信息查看如图 6-41 所示。

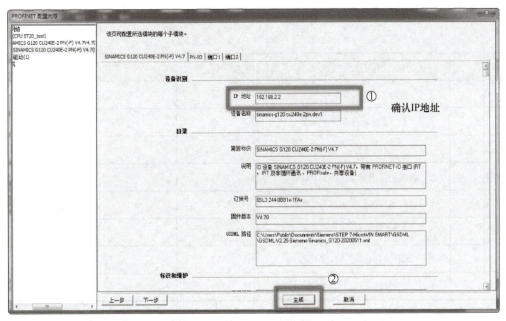

图 6-41　配置信息查看

（3）PROFINET 通信库指令　S7-200 SMART PLC 的 PROFINET 通信库 SINA_SPEED 指令可以方便地完成对 G120 变频器的速度控制，SINA_SPEED 指令参数说明见表 6-19。

表 6-19　SINA_SPEED 指令参数说明

梯形图	参数及其 I/O 类型	参数说明
	EnableAxis	1 为起动变频器
	AckError：布尔型输入	1 为确认轴故障
SINA_SPEED EN EnableAxis AckError SpeedSp　　AxisEnabled RefSpeed　　　Lockout ConfigAxis　ActVelocity Starting_I_add　　Error Starting_Q_add	SpeedSp：实数输入	速度设定值 SpeedSp 随 RefSpeed 变化，例如，若 RefSpeed 设置为 1000r/min，则 SpeedSp 的范围为 0 ~ 1000r/min
	RefSpeed：实数输入	变频器额定速度，标定因子，取值范围为 6 ~ 210000r/min
	ConfigAxis：字输入	要正向起动变频器时，设为 16#003F
	Starting_I_add：双字输入	PROFINET IO I 存储器起始地址的指针
	Starting_Q_add：双字输入	PROFINET IO Q 存储器起始地址的指针
	AxisEnabled：布尔型输出	正在执行或起动变频器
	Lockout：布尔型输出	1 为接通禁止激活
	ActVelocity：实数输出	实际速度，取决于标定因子 RefSpeed
	Error：布尔型输出	1 为组故障激活

　　SINA_SPEED 指令中，ConfigAxis 参数是运动轴的控制字，可以理解为前面已配置的标准报文 1 中的控制字 STW1，但是位定义稍有不同，ConfigAxis 的位定义见表 6-20。

表 6-20　ConfigAxis 的位定义

位	含义	位	含义
0	OFF2 自由停车，0 有效	8	电动电位计设定值增加位
1	OFF3 快速停车，0 有效	9	电动电位计设定值增加位
2	使能运行，1 有效	10	预留
3	使能斜坡函数发生器，1 有效	11	预留
4	继续斜坡函数发生器，1 有效	12	预留
5	使能速度设定值，1 有效	13	预留
6	运转方向，0 正转，1 反转	14	预留
7	强制打开抱闸，1 有效	15	预留

　　（4）PROFINET 通信库指令应用实例　G120 变频器最大速度为 1500r/min，设定速度为 500r/min，ConfigAxis 的控制字为 16#003F，Starting_I_add 为 &IB128，其为报文 I 存储器起始地址指针，Starting_Q_add 为 &QB128，其为报文 Q 存储器起始地址指针，注意 Starting_I_add 和 Starting_Q_add 的地址必须和配置的报文 1 的 I/O 地址对应，前面的"&"为间接寻址的指针符号。SINA_SPEED 指令应用实例如图 6-42 所示。

图 6-42　SINA_SPEED 指令应用实例

在其他参数不变的情况下，将 EnableAxis 设置为 1，变频器将起动运行，实际速度将按照设定斜坡上升到设定速度，从图 6-42 中可以看到，当实际速度到达设定速度时，ActVelocity 实际速度为 499.9695r/min。

在使用 SINA_SPEED 指令时，必须右击"程序块"下的"库"选项，打开"库存储器分配"对话框，分配指令所用的内存地址空间，否则编译时会有错误，如图 6-43 所示。

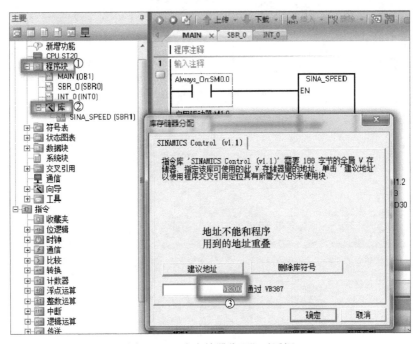

图 6-43　"库存储器分配"对话框

（5）PROFINET 通信 I/O 地址直接控制方式应用实例　以配置的标准报文 1 的控制字 STW1 直接写入对应的 Q 存储器输出地址，完成对变频器的起停、复位控制，通过控制字 STW2 完成给定频率的设定。读取对应 I 存储器的输入地址，状态字 ZTW1 为 G120 变频器反馈回来的工作状态，ZTW2 为运行频率的实际值。

在西门子变频器的通信中，速度给定值采用的是百分比，1 个字最大值是 65535，作为带符号整数它是 ±32767，代表 ±200%，因此 100% 的给定为 16384，即 16#4000。那么 16384（100% 的给定）是多少频率？通过变频器的转速基准值参数 p2000 标定百分比，

p2000=1500r/min，对应频率为 50Hz，则传送 16384 就等于 50Hz，那么 1Hz 对应的就是 327.68。

频率设定和起动控制分别如图 6-44 和图 6-45 所示。设定频率为 30Hz，转换为对应整数的数值就是 9830，输入起动控制字 16#047F 给地址 QW128，这里注意起动控制字 16#047F 与停止控制字 16#047E 进行逻辑联锁控制，这样才能使变频器起动运行，实际速度将按照设定斜坡上升到设定速度，从 IW130 读取实际速度数值为 9830，正好是设定的频率 30Hz，G120 变频器的面板显示实际速度为 900r/min。

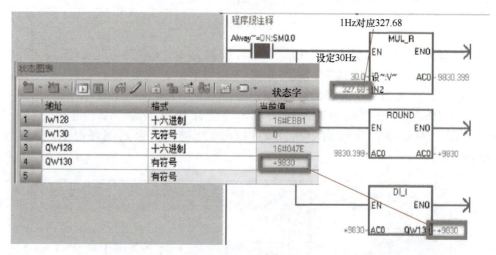

图 6-44　频率设定

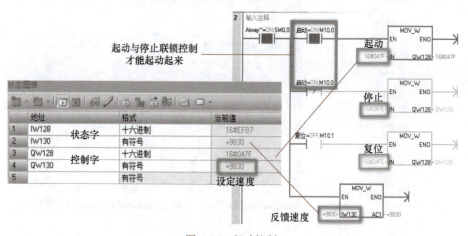

图 6-45　起动控制

2. 拓展知识

（1）收放卷控制工艺　在机械设备中，常常会见到各种卷料的收放卷控制问题，在保证整个控制系统中卷料运行总恒定线速度 V 恒定不变的情况下，放卷的卷径 D 会越来越小，电动机转速 n 越来越大，同时使用张力控制器，保证运行过程中卷料不会断料。

根据公式

$$V = \omega \cdot r = 2\pi f \cdot r = \frac{2\pi n}{k} \cdot r$$

推导出

$$n = (V \cdot k) / \pi D$$

式中，f 为频率；r 为轴半径；n 为电动机转速，单位为 r/s；V 为卷料的线速度，单位为 cm/s；D 为卷料的直径，单位为 cm；k 为机械减速比。

放卷的卷径在收放卷控制中是一个非常重要的参数，卷径的计算法比较多，测量方法一般有两种：一种是间接测量；另一种是直接测量。间接测量通过卷料的外半径 R、放完料的内半径 r 和料的厚度 h 这三个参数，采用厚度累加法间接算出实时的卷径。随着传感器的精度不断提高，现在常用超声波测距方法直接测量卷料半径，精度能达到 0.1mm。

超声波探头安装位置如图 6-46 所示，在卷料支架外侧安装超声波距离传感器，超声波探头与卷料上一点的法平面垂直。

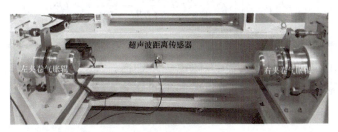

图 6-46　超声波探头安装位置

超声波测距标定方法如下。

1）标定空卷筒直径 D：取空卷筒，测量周长 C，算出直径 $D = C / \pi$，设 D=200mm。传感器为两线制，测量范围为 0 ～ 500mm，对应输出为 4 ～ 20mA，模拟量模块 EM AM03 输入 0 ～ 20mA 对应转换后的量程范围为 0 ～ 27648，在程序检测后的 AIW16 通道的数值为 9953，经过转换后的数值 100 为空卷筒半径，则空卷筒的直径 D=200mm，对应检测到 PLC 中数值为 9953。

2）标定满料时候卷料直径 D：取一个满料的卷筒，测量周长为 C，算出直径 D，设 D=1000mm，PLC 中检测到 IW01 通道的数值为 19222，则满料时直径 D=1000mm，对应检测到 PLC 中数值为 27468。

3）在 PLC 中调用库中的标定指令完整标定转换，卷径测量和标定如图 6-47 所示。

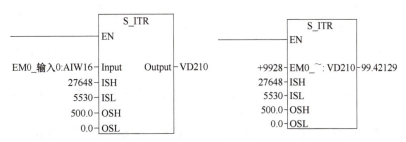

图 6-47　卷径测量和标定

在 scale（v1.0）标定库中有三个集成模块指令，S_ITR 是整数输入范围缩放为实数输出范围，S_RTR 是实数输入范围缩放为实数输出范围，S_RTI 是实数输入范围缩放为整数输出范围。表 6-21 为模拟量输入变换常用的 S_ITR 指令。

表 6-21　S_ITR 指令

梯形图	参数及其 I/O 类型	参数说明
S_ITR EN Input　　Output ISH ISL OSH OSL	Output：实数输出	已缩放输出值
	Input：整数输入	模拟量输入值
	OSH：实数输入	已缩放输出值的范围上限
	OSL：实数输入	已缩放输出值的范围下限
	ISH：整数输入	模拟量输入值的范围上限
	ISL：整数输入	模拟量输入值的范围下限

该指令内部按照公式变换完成由整数输入到实数输出的缩放。公式如下：

$$Output = \left[(OSH - OSL)\frac{(Input - ISL)}{(ISH - ISL)} \right] + OSL$$

（2）信号隔离器　信号隔离器是一种采用线性光耦隔离原理，将输入信号进行转换输出。输入、输出和工作电源三者相互隔离，特别适合与需要进行电隔离的设备仪表配合使用。信号隔离器是工业控制系统中重要的组成部分。信号隔离器如图 6-48 所示。

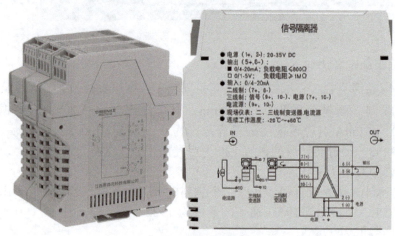

图 6-48　信号隔离器

信号隔离器工作原理如下：首先将变送器或仪表的信号通过半导体器件调制变换，然后通过光感或磁感器件进行隔离转换，再进行解调，变换回隔离前的原信号，同时对隔离后信号的供电电源进行隔离处理。保证变换后的信号、电源、地之间绝对独立。

1）信号隔离器的功能作用如下。

① 抑制公共接地、变频器、电磁阀及不明脉冲对系统的干扰，削弱环境噪声对测试电路的影响。

② 保护下级的控制回路，对下级设备具有限压、限流作用，对变送器、仪表、变频器、电磁阀、PLC 和 DCS（分散控制系统）的输入、输出及通信接口进行保护。

③ 隔离输入、输出和电源及大地之间的电位。因为仪表和设备之间的信号参考点之间存在电动势差，形成接地环路从而造成信号在传输过程中失真。

2）信号隔离器的主要类型如下。

① 隔离器：工业生产中为增加仪表负载能力并保证连接同一信号的仪表之间互不干扰，提高电气安全性能，对输入的电压、电流或频率、电阻等信号进行采集、放大、运算并进行抗干扰处理后，再输出隔离的电流和电压信号，安全送给二次仪表或 PLC 使用。隔离器根据现场信号传感器接线不同分为两线制和三线制电流隔离器和电压隔离器，图 6-49a 所示为两线制电流隔离器接线。

② 隔离变送器：工业现场一般需要采用两线制传输方式，既要为变送器等一次仪表提供 24V 配电电源，又要对输入电流信号进行采集、放大并进行抗干扰处理后，按照要求运算转换为标准信号，再输出隔离的电流和电压信号，供后面的 PLC 输入使用。图 6-49b 所示为三线制隔离变送器接线，Pt100 温度传感器接到隔离变送器，变送出 4～20mA 信号提供给后面的 PLC 使用。无论是隔离器还是隔离变送器，都需要提供 DC 24V 作为工作电源。

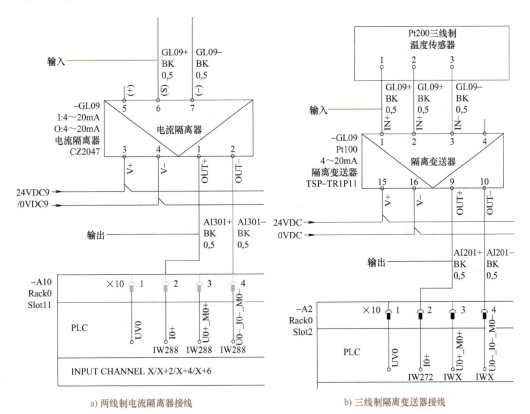

a) 两线制电流隔离器接线　　　　　　b) 三线制隔离变送器接线

图 6-49　两线制电流隔离器和三线制隔离变送器接线

任务实施

1. 变量地址分配

根据控制要求，首先确定控制变量点位，进行地址分配。变量地址分配表见表 6-22。

表 6-22　变量地址分配表

功能	地址	功能	地址
手动 / 自动选择开关	I1.1	设定主机速度	VD0
收卷 / 放卷选择开关	I1.2	放卷给定	VD10
手动按钮	I0.5	收卷给定	VD20
自动起动按钮	I0.6	放卷卷径	VD30
停止按钮	I0.7	收卷卷径	VD40
复位按钮	I1.0	收卷控制字	VW50
卷径检测	AIW16	收卷反馈速度	VD60
放卷运行	Q0.4	运行指示灯	Q0.5
放卷输出	AQW16		

2. 硬件配置

根据任务要求列出硬件配置，并画出电气原理图。

主要软硬件配置清单见表 6-23。

表 6-23　主要软硬件配置清单

序号	名称	型号	数量	单位	厂家	备注
1	断路器	NXB-63/2P C20A	1	个	正泰	总断路器
2	断路器	NXB-63/2P C4A	1	个	正泰	24V 电源
3	断路器	NXB-63/2P C6A	2	个	正泰	G120 变频器
4	CPU	ST20 DC/DC/DC 14DI/6DO	1	个	西门子	晶体管输出型
5	模拟量模块	EM AM06 4AI/2AO	1	个	西门子	
6	控制单元	CU240E-2	2	个	西门子	
7	功率单元	PM240-2	2	个	西门子	1.5kW
8	操作面板	BOP-2	2	个	西门子	
9	卷径传感器	T30UXIA W/30	1	个	邦纳	
10	按钮	LAY19	4	个	正泰	绿色两个，红 2 个
11	二档选择开关	NP2-BD25	2	个	正泰	一开一闭
12	开关电源	LRS-100-24	1	个	明纬	24V/5A

电气原理图如图 6-50 所示。

3. 设计程序

收放卷控制流程图如图 6-51 所示。

主程序如图 6-52 所示，程序说明如下：在程序编制过程中，虚轴为主机主设定，没有加入主机变频器的同步，同时忽略了系统起动运行时第一步应该为整个系统先建立张力，当张力满足时才能起动主机运行。

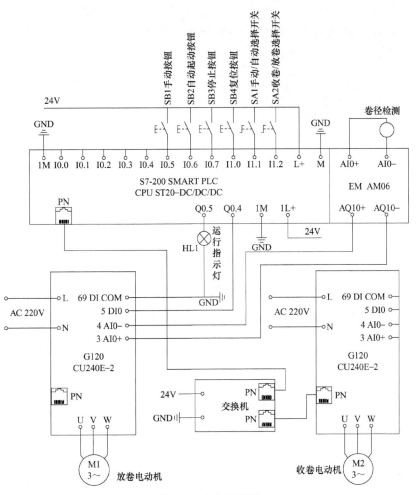

图 6-50 电气原理图

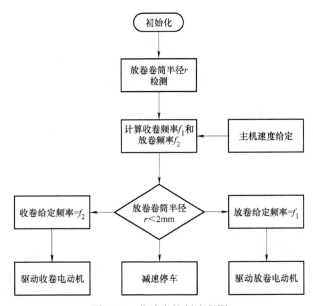

图 6-51 收放卷控制流程图

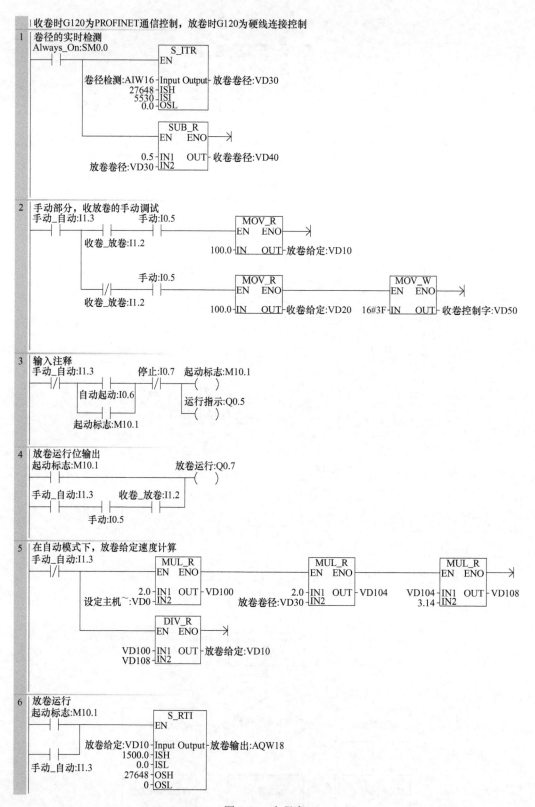

图 6-52　主程序

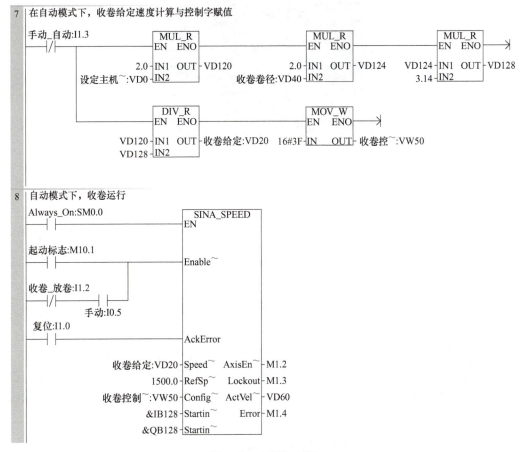

图 6-52　主程序（续）

在运行过程中，状态监控数据如图 6-53 所示。设定主机速度为 450r/min，系统从放卷卷径 0.4m 到 0.1m 变化过程中，放卷速度从 356r/min 逐渐变大到 1322r/min，收卷速度从 1461r/min 逐渐变到 365r/min。

	地址	格式	当前值		地址	格式	当前值
1	设定主机速度:VD0	浮点	450.0	1	设定主机速度:VD0	浮点	450.0
2	放卷给定:VD10	浮点	356.5554	2	放卷给定:VD10	浮点	1322.393
3	收卷给定:VD20	浮点	1461.4	3	收卷给定:VD20	浮点	365.9406
4	放卷卷径:VD30	浮点	0.4019351	4	放卷卷径:VD30	浮点	0.1083733
5	收卷卷径:VD40	浮点	0.09806493	5	收卷卷径:VD40	浮点	0.3916267
6	放卷输出:AQW18	无符号	6572	6	放卷输出:AQW18	无符号	24374
7	运行指示:Q0.5	位	2#1	7	运行指示:Q0.5	位	2#1
8	手动_自动:I1.3	位	2#0	8	手动_自动:I1.3	位	2#0

图 6-53　状态监控数据

运行实物图如图 6-54 所示。

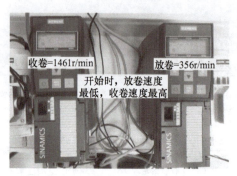

图 6-54 运行实物图

任务拓展

辊压机收放卷自动控制系统的运动部件主要由放卷电动机、主机电动机和收卷电动机三部分组成，电动机为交流三相异步电动机，分别由 G120 变频器驱动，控制方式为 PROFINET 通信控制。

控制系统的控制要求如下：

1）三部分的控制模式分为就地和远程两种，就地模式下，在机旁箱上完成对三台电动机的手动控制；远程模式下，在总控制台完成连续运行的起停控制。

2）远程模式下，一键起动系统，三部分协调运动，速度不低于 500r/min。

3）系统在运行过程中用三色灯和蜂鸣器指示系统工作状态，运行状态绿灯亮，报警状态黄灯亮，发生故障时红灯亮并且蜂鸣器发出报警声音，故障复位按钮可以复位故障。

思考与练习

1. 现有一套送料小车，在 A 地卸料，在 B 地装料，C 为停车位，小车在 A 地与 B 地之间来回往返装卸料，进行直线运动，小车运动由一套丝杠滑块机构实现，步进电动机与丝杠直接连接，小车固定在滑块上，丝杠螺距为 2mm，在 C 停车位装有起始点（参考点）限位开关 SQ1，在 A 地装有左极限限位 SQ3，在 B 地装有右极限限位 SQ2。小车送料示意图如图 6-55 所示。

图 6-55 小车送料示意图

控制要求如下：

1）初始状态下，断电手动调节小车回到起始停车位 C 点，按下按钮 SB1，小车以 8mm/s 的速度带动滑块向左移动，SQ2 检测到信号后，小车停 5s 完成装料，然后继续左行，SQ3 检测到信号后，小车停 5s 卸料，然后以 12mm/s 的速度带动滑块向右移动，SQ2 检测到信号后，小车装料，周期往返运动。

2）系统具有一键复位功能，小车无论在什么位置，按下按钮 SB3 时小车自动回到 C 停车位。

3）系统具有暂停功能，按下停止按钮 SB2，小车立即停止，再次按下 SB1 后，小车从停止位置开始继续运行。

2. 某供水系统中，使用一台变频器采用一拖三控制方式对 1～3 号三台水泵组成的泵组进行电气控制。现有一台 G120 变频器，采用 CU240E-2 控制单元，PM240-2 功率单元，输入 $U_n = 380V$，$I_n = 10A$ 分别拖动三台 2.2kW 水泵。

控制要求如下：

1）系统有手动和自动两种工作模式，通过开关 SA1 选择工作模式。

2）手动模式下，可以分别对 1～3 号水泵的起停单独控制。

3）自动模式下，设定倒泵时间为 24h，变频器拖动 1 号水泵运行，时间到后倒到 2 号泵运行，按照 1 号—2 号—3 号—1 号周期运行。

4）运行过程中，运行指示灯 HL1 亮；有故障时停机，故障灯 HL2 亮。

　　每个 S7-200 SMART PLC 都提供一个以太网端口和一个 RS485 端口。S7-200 SMART PLC 可实现 PLC、编程设备和 HMI 之间的多种通信。标准型 CPU 额外支持 SB CM01 信号板，信号板可通过 STEP 7-Micro/WIN SMART 软件组态为 RS232 通信端口或 RS485 通信端口。S7-200 SMART PLC 有以太网通信、EM DP01 模块通信、OPC［用于过程控制的 OLE（对象链接和嵌入）］通信、MD720 模块通信和串口通信等。S7-200 SMART PLC 通信方式如图 7-1 所示。

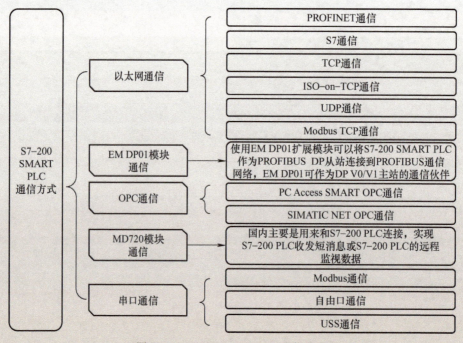

图 7-1　S7-200 SMART PLC 通信方式

TCP—传输控制协议　UDP—用户数据报协议

　　目前应用最多的是以太网通信和串口通信中的 Modbus 通信。

　　1）以太网主要用于以下五个方面：

　　① PLC 与 STEP 7-Micro/WIN SMART 软件之间的数据交换。

　　② PLC 与 HMI 之间的数据交换。

　　③ PLC 与其他 S7-200 SMART PLC 之间的 PUT/GET 通信。

　　④ PLC 与第三方设备之间的 Open IE（TCP、ISO-on-TCP 和 UDP）通信。

⑤ PLC 与 I/O 设备或控制器之间的 PROFINET 通信（注意：S7-200 SMART PLC V2.4 只支持用作进行 PROFINET 通信的 I/O 控制器，S7-200 SMART PLC V2.5 起支持用作进行 PROFINET 通信的控制器和 I/O 设备）。

2）串口 RS485/RS232 主要用于以下两个方面：

① PLC 与 HMI 之间的数据交换（PPI 协议）。

② PLC 使用自由口模式与其他设备之间的串行通信，如 XMT/RCV（发送/接收）通信、Modbus RTU 通信和 USS 通信等。

任务 19　S7-200 SMART PLC 的串口通信

任务描述

S7-200 SMART PLC 与 V20 变频器进行 Modbus RTU 通信，PLC 通过 V20 变频器控制三相异步电动机的正反转及指定频率运转。

Modbus RTU 电动机控制系统示意图如图 7-2 所示。

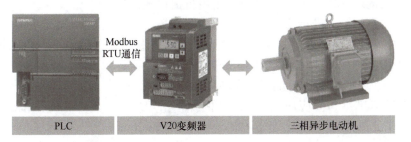

S7-200 SMART +V20 系统控制电机运转

图 7-2　Modbus RTU 电动机控制系统示意图

任务目标

1）熟悉 V20 变频器的端子资源等基本情况及其对电动机的控制方式。

2）熟悉 S7-200 SMART PLC 串口通信的方式及其硬件通信介质。

3）熟练掌握 Modbus 通信协议和 Modbus RTU 通信方式。

4）熟悉 PLC 的中断机制。

相关知识

1. 基础知识

（1）Modbus 通信协议　Modbus 是一种串行通信协议，是莫迪康（Modicon）公司（后被施耐德电气收购）于 1979 年为使用 PLC 通信而发表的。因为是莫迪康公司设计的，因此称为 Modbus。Modbus 目前已经成为工业领域通信协议的业界标准，并且现在是工业电子设备之间常用的连接方式。Modbus 允许多个设备连接在同一个网络上进行通信，在监控与数据采集系统（SCADA）中，Modbus 通常用来连接监控计算机和 RTU。

PLC 通信基础

1）Modbus 通信协议的版本。Modbus 是公开通信协议，其最简单的串行通信部分仅规定了在串行线路中的基本数据传输格式，在 OSI（开放系统互连）七层协议模型中只涉及一、二层，即物理层和数据链路层。Modbus 通信标准协议可以通过各种传输方式传播，如 RS232C、RS485、光纤和无线电等。大多数 Modbus 设备通信通过串口 RS485 物理层进行。

Modbus 具有 ASCII 和 RTU 两种串行传输模式，通信双方必须同时支持上述模式中的一种。Modbus RTU 是一种紧凑的、采用二进制表示数据的方式，RTU 格式后续的命令 / 数据带有循环冗余校验的校验和。Modbus ASCII 是一种可读的、冗长的表示方式，采用纵向冗余校验的校验和。设置为 RTU 变种的节点不会和设置为 ASCII 变种的节点通信，反之亦然。它们定义了数据打包、解码的不同方式，对于串行连接，存在的这两个变种在数值、数据表示和协议细节上略有不同。

Modbus 有一个扩展版本 ModbusPlus（也称为 Modbus+ 或 MB+），不过此协议与 Modbus 不同，是莫迪康专有的。

对于通过 TCP/IP（传输控制协议 / 互联网协议）的连接（如以太网），存在多个 Modbus TCP 变种，这种方式不需要校验和计算。Modbus ASCII、Modbus RTU 和 ModbusPlus 通信协议在数据模型和功能调用上都相同，只有封装方式不同。

支持 Modbus 协议的设备一般都支持 RTU 格式，但 S7-200 SMART PLC 不提供支持 Modbus ASCII 通信模式的现成指令库，需要用户使用自由口模式编程。

2）Modbus 通信的设备。Modbus 是一种单主站的主 / 从通信模式。Modbus 网络上只能有一个主站存在，主站在 Modbus 网络上没有地址，从站的地址范围为 0 ~ 247，其中 0 为广播地址，所以从站的实际地址范围为 1 ~ 247。

一个 Modbus 命令包含了打算执行的设备的 Modbus 地址。所有设备都会收到命令，但只有指定位置的设备会执行和回应命令（地址 0 例外，指定地址 0 的命令是广播命令，所有收到命令的设备都会执行命令，但不回应命令）。所有 Modbus 命令都包含了检查码，以确定到达的命令没有被破坏。基本的 ModBus 命令能使一个 RTU 改变它寄存器的某个值，控制或者读取一个 I/O 端口，以及指挥设备回送一个或者多个其寄存器中的数据。

3）Modbus 通信协议的数据类型。Modbus 通信协议规定了进行读写操作的数据类型，按照读写属性和类型可分为以下四种。

① 离散量输入（Discrete Input）：1 位，只读。

② 线圈（Coils）：1 位，读写。

③ 输入寄存器（Input Registers）：16 位，只读。

④ 保持寄存器（Holding Registers）：16 位，读写。

4）Modbus 通信协议的数据帧格式。一帧 Modbus 数据帧包含的内容有地址域、功能码、数据和差错校验，无论是哪种协议版本，Modbus 数据帧格式都是一样的。一帧 Modbus 数据帧示意图如图 7-3 所示。

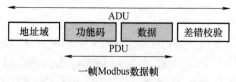

图 7-3　一帧 Modbus 数据帧示意图

ADU—应用数据单元　PDU—协议数据单元

① 地址域：主站要访问的从站地址，范围为 0 ～ 247。

② 功能码：主站要对从站进行的操作。Modbus 功能码是写在主站请求数据帧中的，决定主站进行读还是写操作，包括读线圈、离散量或寄存器，写单个寄存器或多个寄存器等，决定主站请求什么类型的数据。功能码主要有三类：公共功能码、用户定义功能码和保留功能码。功能码分类如图 7-4 所示。

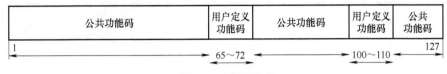

图 7-4　功能码分类

实际最常用的是公共功能码中的四个功能码：0x03、0x04、0x06 和 0x10，各自含义如下。

a）0x03：读多个保持寄存器。

b）0x04：读输入寄存器。

c）0x06：写单个保持寄存器。

d）0x10：写多个保持寄存器。

因为 PLC 主要控制的是继电器触点，所以在 PLC 上还会经常对线圈进行读写。这里需要特别注意的一点是，写保持寄存器需要区分写单个寄存器（0x06）和写多个寄存器（0x10），而读保持寄存器不区分读单个和读多个，读单个保持寄存器也使用 0x03，指定读取数量为 1 即可。

③ 数据：如果主站的请求是读数据，那么该数据要包含的信息有从哪里开始读数据和读多少数据；如果主站的请求是向从站写数据，那么该数据要包含的信息有从哪里开始写数据、写多少个字节数据和要写的具体数据。

④ 差错校验：为了保证数据传输的正确性，Modbus 通信协议会在数据帧最后加上两个字节的差错校验。

（2）中断　中断功能是 S7-200 SMART PLC 的重要功能，用于实时控制、高速处理、通信和网络等复杂、特殊的控制任务。S7-200 SMART PLC 最多有 38 个中断源（9 个预留），分为通信中断、I/O 中断和时基中断三大类，优先级由高到低依次是通信中断、I/O 中断和时基中断，每类中断中不同的中断事件又有不同的优先级。S7-200 SMART PLC 中使用中断服务程序（简称中断程序）响应这些内部、外部的中断事件。中断程序与子程序最大的不同是，中断程序不能由用户程序调用，只能由特定的事件触发执行。

1）中断系统的特点。S7-200 SMART PLC 中断系统的特点如下：

① 及时处理与用户程序的执行时序无关的操作，或者不能事先预测何时发生的事件。

② 只有把中断程序编号（名称）与中断事件联系起来，并开放系统中断后，才能进入等待中断并随时执行的状态。

③ 多个中断事件可以连接同一个中断程序，一个中断程序只能连接一个中断事件。

④ 中断程序只需与中断事件连接一次，除非需要重新连接。

⑤ 中断事件各有不同的优先级别，中断程序不能再被中断，如果再有中断事件发生，会按照中断事件发生的时间顺序和优先级排队。

⑥中断程序应短小而简单，处理程序语句不要延时过长，越短越好。

⑦中断程序一共可以嵌套四层子程序。

2）中断指令。S7-200 SMART PLC 的中断指令有六个，分别是 ENI、DISI、CRETI、ATCH、DTCH 和 CEVENT。中断指令表见表 7-1。

表 7-1　中断指令表

序号	指令	梯形图	功能说明
1	ENI	———(ENI)	中断启用指令，全局性启用对所有连接的中断事件的处理
2	DISI	———(DISI)	中断禁止指令，全局性禁止对所有中断事件的处理
3	CRETI	———(RETI)	中断有条件返回指令，可用于根据前面程序的逻辑条件从中断返回
4	ATCH	ATCH —EN　ENO— —INT —EVNT	中断连接指令，将中断事件 EVNT 与中断程序编号 INT 相关联，并启用中断事件
5	DTCH	DTCH —EN　ENO— —EVNT	中断分离指令，解除中断事件 EVNT 与所有中断程序的关联，并禁用中断事件
6	CEVENT	CLR_EVNT —EN　ENO— —EVNT	清除中断事件指令，从中断队列中移除所有类型为 EVNT 的中断事件。使用该指令可将不需要的中断事件从中断队列中清除。若该指令用于清除假中断事件，则应在清除事件之前从队列中分离事件，否则在执行清除中断事件指令后，将向队列中添加新事件

3）中断事件及其分类。在调用中断程序之前，必须指定中断事件和要在中断事件发生时执行的中断程序之间的关联。可以使用中断连接指令将中断事件（由中断事件编号指定）与中断程序（由中断程序编号指定）相关联。

连接中断事件和中断程序时，仅当程序已执行中断启用指令且中断事件处理处于激活状态时，新出现的事件才会执行所连接的中断程序，否则 PLC 会将该事件添加到中断事件队列中。如果使用中断禁止指令禁止所有中断，每次发生中断事件时 CPU 都会排队，直至使用中断启用指令重新启用中断或中断队列溢出。

可以使用中断分离指令取消中断事件与中断程序之间的关联，从而禁用单独的中断事件。中断分离指令使中断返回未激活或被忽略状态。表 7-2 列出了不同类型的中断事件。

表 7-2　中断事件说明表

事件	功能说明	事件	功能说明
0	I0.0 上升沿	4	I0.2 上升沿
1	I0.0 下降沿	5	I0.2 下降沿
2	I0.1 上升沿	6	I0.3 上升沿
3	I0.1 下降沿	7	I0.3 下降沿

（续）

事件	功能说明	事件	功能说明
8	端口 0 接收字符	25	端口 1 接收字符
9	端口 0 发送完成	26	端口 1 发送完成
10	定时中断 0（SMB34 控制时间间隔）	27	HSC0 方向改变
11	定时中断 1（SMB35 控制时间间隔）	28	HSC0 外部复位
12	HSC0 CV=PV（当前值 = 预置值）	29	HSC4 CV=PV
13	HSC1 CV=PV	30	HSC4 方向改变
14 ～ 15	保留	31	HSC4 外部复位
16	HSC2 CV=PV	32	HSC3 CV=PV
17	HSC2 方向改变	33	HSC5 CV=PV
18	HSC2 外部复位	34	PTO2 脉冲计数完成
19	PTO0 脉冲计数完成	35	I7.0 上升沿（信号板）
20	PTO1 脉冲计数完成	36	I7.0 下降沿（信号板）
21	定时器 T32 CT=PT（当前值 = 预置值）	37	I7.1 上升沿（信号板）
22	定时器 T96 CT=PT	38	I7.1 下降沿（信号板）
23	端口 0 接收消息完成	43	HSC5 方向改变
24	端口 1 接收消息完成	44	HSC5 外部复位

从表 7-2 中可以看出，S7-200 SMART PLC 支持的中断事件类型有以下三种。

① I/O 中断。I/O 中断包括上升沿 / 下降沿中断、高速计数器中断和脉冲串输出中断。

PLC 可以为输入通道 I0.0、I0.1、I0.2、I0.3 及带有可选数字量输入信号板的标准 PLC 的输入通道 I7.0 和 I7.1 生成输入上升沿和下降沿中断，可对这些输入点中的每一个捕捉上升沿和下降沿事件，这些上升沿和下降沿事件可用于指示在事件发生时必须立即处理的状况。

高速计数器中断可以对下列情况做出响应：当前值达到预置值、与轴旋转方向反向、相对应的计数方向发生改变或计数器外部复位。这些高速计数器事件均可触发实时执行的操作，以响应在 PLC 扫描速度下无法控制的高速事件。

脉冲串输出中断在指定的脉冲计数完成输出时立即进行通知。脉冲串输出中断的典型应用为步进电动机控制。

② 通信端口中断。PLC 的串行通信端口可通过程序进行控制。通信端口的这种操作模式称为自由口模式。在自由口模式下，程序定义波特率、每个字符的位数、奇偶校验和协议，接收和发送中断可简化程序控制的通信。

③ 基于时间的中断。基于时间的中断包括定时中断和定时器 T32/T96 中断。

可使用定时中断指定循环执行的操作，循环时间在 1 ～ 255ms 之间，按增量为 1ms 进行设置，必须在定时中断 0 的 SMB34 和定时中断 1 的 SMB35 中写入循环时间。每次定时器定时时间到时，定时中断事件都会将控制权传递给相应的中断程序。通常可以使用定时中断控制模拟量输入的采样或定期执行 PID 回路。

将中断程序连接到定时中断事件时，启用定时中断并开始定时。连接期间，系统捕捉周期时间值，因此 SMB34 和 SMB35 的后续变化不会影响周期时间。要更改周期时间，必须修改周期时间值，然后将中断程序重新连接到定时中断事件。重新连接时，定时中断功能会清除先前连接的所有累计时间，并开始用新值计时。

定时中断启用后将连续运行，每个连续时间间隔后，会执行连接的中断程序。如果退出运行模式或分离定时中断，定时中断将禁用。如果执行了中断禁止指令，定时中断会继续出现，但是不处理所连接的中断程序。每次定时中断出现均排队等候，直至中断启用或队列已满。

使用定时器 T32/T96 中断可及时响应指定时间间隔的结束。仅 1ms 分辨率的 TON 和 TOF 定时器 T32 和 T96 支持此类中断，否则 T32 和 T96 正常工作。启用中断后，如果在 PLC 中执行正常的 1ms 定时器更新期间，激活定时器的当前值等于预置值，将执行连接的中断程序。可通过将中断程序连接到 T32（事件 21）和 T96（事件 22）中断事件启用这些中断。

4）中断优先级、排队。当中断优先级相同时，PLC 按照先来先处理的原则处理中断。在某一时间仅执行一个用户中断程序。中断程序开始执行后，一直执行直至完成，其他中断程序无法预先清空该程序，即使是更高优先级的程序。正在处理另一个中断时，当前发生的中断会进行排队等待处理。表 7-3 给出了三种中断队列及它们能存储的最大中断数（队列深度）。

表 7-3　三种中断队列的最大中断数

中断队列	最大中断数
通信端口中断队列	4
I/O 中断队列	16
定时中断队列	8

出现的中断有可能比队列所能容纳的中断更多，因此中断队列溢出位（标识已丢失的中断事件类型）由系统进行维护。表 7-4 给出了中断队列溢出位。应仅在中断程序中使用这些位，因为当队列清空时，这些位将复位，并且控制权将返回到扫描周期。

表 7-4　中断队列溢出位

中断队列	SM 位（0 为无溢出，1 为溢出）
通信端口中断队列	SM4.0
I/O 中断队列	SM4.1
定时中断队列	SM4.2

若多个中断事件同时发生，则优先级（组和组内）会确定首先处理哪一个中断事件。处理了优先级最高的中断事件之后，检查队列，以查找仍在队列中的当前优先级最高的事件，并执行连接到该事件的中断程序。继续执行这一步骤，直至队列为空且控制权返回到扫描周期。中断事件的优先级顺序见表 7-5，每个优先级组内的中断事件优先级并列。

表 7-5 中断事件的优先级顺序

优先级组	中断事件	功能说明
通信端口中断 （最高优先级）	8	端口 0 接收字符
	9	端口 0 发送完成
	23	端口 0 接收消息完成
	24	端口 1 接收消息完成
	25	端口 1 接收字符
	26	端口 1 发送完成
I/O 中断 （中等优先级）	19	PTO0 脉冲计数完成
	20	PTO1 脉冲计数完成
	34	PTO2 脉冲计数完成
	0	I0.0 上升沿
	2	I0.1 上升沿
	4	I0.2 上升沿
	6	I0.3 上升沿
	35	I7.0 上升沿（信号板）
	37	I7.1 上升沿（信号板）
	1	I0.0 下降沿
	3	I0.1 下降沿
	5	I0.2 下降沿
	7	I0.3 下降沿
	36	I7.0 下降沿（信号板）
	38	I7.1 下降沿（信号板）
	12	HSC0 CV=PV
	27	HSC0 方向改变
	28	HSC0 外部复位
	13	HSC1 CV=PV
	16	HSC2 CV=PV
	17	HSC2 方向改变
	18	HSC2 外部复位
	32	HSC3 CV=PV
	29	HSC4 CV=PV
	30	HSC4 方向改变
	31	HSC4 外部复位
	33	HSC5 CV=PV
	43	HSC5 方向改变
	44	HSC5 外部复位

（续）

优先级组	中断事件	功能说明
定时中断 （最低优先级）	10	定时中断 0
	11	定时中断 1
	21	定时器 T32 CT=PT
	22	定时器 T96 CT=PT

5）中断示例：设计输入信号沿（如 I0.0 下降沿）检测器中断程序。

① 主程序如图 7-5 所示。

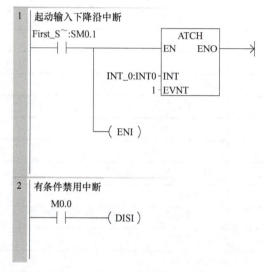

图 7-5　主程序

程序段 1：第一次扫描时，将中断程序 INT_0 定义为 I0.0 的下降沿中断，全局启用中断。

程序段 2：当 M0.0 接通时，会禁用所有中断。禁用时，所连接的中断事件将排队，但是不会执行相应的中断程序，直至使用中断启用指令重新启用中断。

② 中断程序如图 7-6 所示。

图 7-6　中断程序

I0.0 下降沿中断程序：因为前面的常开触点是 SM5.0，所以该程序段为基于 I/O 错误的有条件返回。

（3）S7-200 SMART PLC 的 Modbus RTU 通信方式

1）S7-200 SMART PLC 支持 Modbus 通信协议的模式。S7-200 SMART PLC CPU

上的通信端口 0 和端口 1（Port 0 和 Port 1）通过指令库支持 Modbus RTU 主站模式。S7-200 SMART PLC CPU 上的通信端口 0 和端口 1（Port 0 和 Port 1）通过指令库支持 Modbus RTU 从站模式。

2）Modbus RTU 主站。西门子在 STEP 7-Micro/WIN SMART 中推出 Modbus RTU 主站指令库（西门子标准库指令）。使用 Modbus RTU 主站指令库，可以读写 Modbus RTU 从站的数字量、模拟量 I/O 和保持寄存器。Modbus RTU 主站指令库如图 7-7 所示。

Modbus RTU 主站指令库的功能是通过在用户程序中调用预先编写好的指令块实现的，该指令库对 PLC 集成的 RS485 通信端口和 CM01 信号板有效，但不能同时应用于 RS485 通信端口和 CM01 信号板。该指令库将设置通信端口工作在自由口模式下。Modbus RTU 主站指令库使用了一些用户中断功能，编写其他程序时不能在用户程序中禁止中断。

① 主站通信初始化指令 MBUS_CTRL 如图 7-8 所示。使用 SM0.0（Always_On）调用 MBUS_CTRL 指令完成 Modbus RTU 主站的初始化，并启动其功能控制。

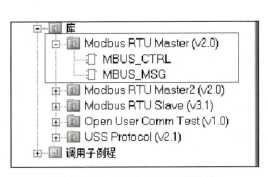

图 7-7　Modbus RTU 主站指令库

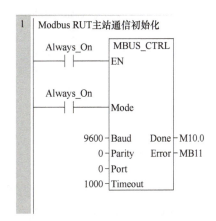

图 7-8　主站通信初始化指令 MBUS_CTRL

MBUS_CTRL 指令参数说明见表 7-6。

表 7-6　MBUS_CTRL 指令参数说明

参数	功能	说明
EN	使能端	必须保证每一个扫描周期都被使能
Mode	模式	1 为使能 Modbus 协议功能 0 为恢复为系统 PPI 协议
Baud	波特率	支持的通信波特率为 1200、2400、4800、9600、19200、38400、57600 和 115200
Parity	校验	校验方式选择：0 为无校验，1 为奇校验，2 为偶校验
Port	端口号	0 为 CPU 集成的 RS485 通信端口 1 为可选 CM01 信号板
Timeout	超时	主站等待从站响应的时间，以 ms 为单位，典型的设置值为 1000ms（1s），允许设置的范围为 1 ～ 32767。需要注意的是，这个值必须设置足够大以保证从站有时间响应
Done	完成位	初始化完成，此位会自动置 1 可以用该位启动 MBUS_MSG 进行读写操作

（续）

参数	功能	说明
Error	错误代码	初始化错误代码（只有在 Done 位为 1 时有效） 0 为无错误 1 为校验选择非法 2 为波特率选择非法 3 为超时无效 4 为模式选择非法 9 为端口无效 10 为信号板端口 1 缺失或未组态

② 主站读写指令 MBUS_MSG 如图 7-9 所示。调用 MBUS_MSG 指令发送一个 Modbus 请求。

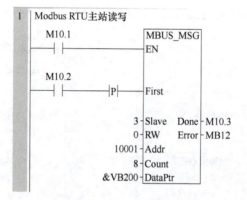

图 7-9 主站读写指令 MBUS_MSG

MBUS_MSG 指令参数说明见表 7-7。

表 7-7 MBUS_MSG 指令参数说明

参数	功能	说明
EN	使能端	同时刻只能有一个 MBUS_MSG 指令使能 建议每一个 MBUS_MSG 指令都用上一个 MBUS_MSG 指令的 Done 位激活，以保证所有 MBUS_MSG 指令循环进行
First	读写请求位	每一个新的读写请求必须使用脉冲触发
Slave	从站地址	可选择的范围为 1～247
RW	读写请求	0 为读，1 为写 需要注意的是，开关量输出和保持寄存器支持读和写功能，开关量输入和模拟量输入只支持读功能
Addr	读写从站的数据地址	通常 Modbus 地址由 5 位数字组成，包括起始的数据类型代号和后面的偏移地址 Modbus 主站指令库把标准的 Modbus 地址映射为所谓 Modbus 功能号，读写从站的数据 选择读写的数据类型如下 00001～09999 表示开关量输出 10001～19999 表示开关量输入 30001～39999 表示模拟量输入 40001～49999 表示保持寄存器

（续）

参数	功能	说明
Count	数据个数	通信的数据个数（位或字的个数） 需要注意的是，Modbus 主站可读写的最大数据量为 120 个字（指每一个 MBUS_MSG 指令）
DataPtr	数据指针	若是读指令，则读回的数据放到这个数据区中；若是写指令，则要写出的数据放到这数据区中
Done	完成位	读写功能完成位
Error	错误 代码	只有在 Done 位为 1 时，错误代码才有效 0 为无错误 1 为响应校验错误 2 为未用 3 为接收超时（从站无响应） 4 为请求参数错误 5 为 Modbus/ 自由口未使能 6 为 Modbus 正忙于其他请求 7 为响应错误（响应不是请求的操作） 8 为响应循环冗余校验和错误 101 为从站不支持请求的功能 102 为从站不支持数据地址 103 为从站不支持此种数据类型 104 为从站设备故障 105 为从站接受了信息，但是响应被延迟 106 为从站忙，拒绝了该信息 107 为从站拒绝了信息 108 为从站存储器奇偶错误

MBUS_MSG 指令有以下常见的错误代码：

a）如果多个 MBUS_MSG 指令同时使能，错误代码为 6。

b）从站 Delay 参数设的时间过长，错误代码为 3。

c）从站掉电或不运行、网络故障，错误代码为 3。

③ 在 V 存储器中为 Modbus RTU 主站指令库分配存储器，如图 7-10 所示。Modbus 主站指令库需要 286 字节的全局 V 存储器。

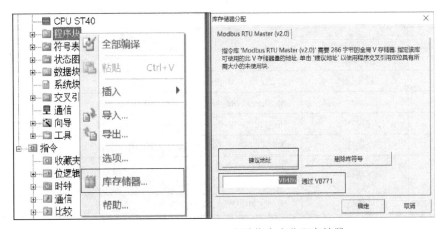

图 7-10　为 Modbus RTU 主站指令库分配存储器

调用 STEP 7-Mciro/WIN SMART 指令库需要分配库存储器。库存储器是相应库的子程序和中断程序所要用到的变量存储空间。如果编程时不分配库存储器，编译时会产生许多错误。

在项目树的"项目"中，右击"程序块"选项，在弹出的快捷菜单中选择"库存储器"命令，弹出"库存储器分配"对话框，设置库存储器。

可以使用"建议地址"按钮设置库存储器，但要注意，编程软件设置的库存储器地址只考虑了其他一般寻址，而未考虑如 Modbus 数据保持寄存器等的设置。

库存储器分配应当确保不与其他任何已使用的存储器重叠、冲突，所以一般不选择 VB0 ～ VB285，因为该区域容易被程序占用。

3）Modbus RTU 从站。S7–200 SMART PLC 的 CPU 本体集成通信端口（Port 0）、可选信号板（Port 1）可以支持 Modbus RTU 协议，成为 Modbus RTU 从站。此功能是通过 S7–200 SMART PLC 的自由口通信模式实现的。Modbus RTU 从站指令库中包括 MBUS_ INIT 和 MBUS_SLAVE 两个指令，如图 7-11 所示。

① 从站初始化指令 MBUS_INIT 如图 7-12 所示。

图 7-11　Modbus RTU 从站指令库

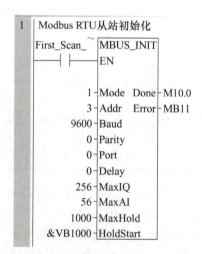

图 7-12　从站初始化指令 MBUS_INIT

使用 SM0.1 调用 MBUS_INIT 指令进行初始化，MBUS_INIT 指令参数说明见表 7-8。

表 7-8　MBUS_INIT 指令参数说明

参数	功能	说明
EN	使能端	
Mode	模式选择	启动 / 停止 Modbus，1 为启动，0 为停止
Addr	从站地址	Modbus 从站地址，取值 1 ～ 247
Baud	波特率	可选 1200、2400、4800、9600、19200、38400、57600 和 115200
Parity	奇偶校验	0 为无校验，1 为奇校验，2 为偶校验
Port	端口	0 为 PLC 集成的 RS485 1 为可选信号板上的 RS485 或 RS232
Delay	延时	附加字符间延时，默认值为 0

参数	功能	说明
MaxIQ	最大 I/Q 位	用于设置 Modbus 地址 0xxxx 和 1xxxx 可用的输入和输出点数，取值范围是 0 ～ 256。值为 0 时，将禁用所有对输入和输出的读写操作 建议将 MaxIQ 设置为 256
MaxAI	最大模拟量输入字数	用于设置 Modbus 地址 3xxxx 可用的模拟量输入字寄存器数，取值范围是 0 ～ 56。值为 0 时，将禁止读取模拟量输入 建议将 MaxAI 设置为以下值，以允许访问所有 CPU 模拟量输入：设置为 0，用于 CR20s、CR30s、CR40s 和 CR60s；设置为 56，用于所有其他 CPU 型号
MaxHold	最大保持寄存器	用于设置 Modbus 地址 4xxxx 或 4yyyyy 可访问的 V 存储器中的字保持寄存器数。例如，如果要允许 Modbus 主站访问 2000 字节的 V 存储器，需要将 MaxHold 的值设置为 1000
HoldStart	保持寄存器区起始地址	表示 V 存储器中保持寄存器的起始地址 该值通常设置为 VB0，因此参数 HoldStart 设置为 &VB0（地址 VB0）。也可将其他 V 存储器地址指定为保持寄存器的起始地址，以便在项目中的其他位置使用 VB0 Modbus 主站可访问起始地址为 HoldStart、字数为 MaxHold 的 V 存储器
Done	完成位	初始化完成标志，成功初始化后置 1
Error	错误代码	初始化错误代码。仅当 Done 接通时，该输出才有效。如果 Done 关闭，则错误参数不会改变

② MBUS_SLAVE 指令如图 7-13 所示。

使用 SM0.0 调用 MBUS_SLAVE 指令。

MBUS_SLAVE 指令中，Done 表示 Modbus 执行，通信中置 1，无 Modbus 通信活动时为 0；Error 为错误代码，0 为无错误，1 ～ 12 错误代码含义见表 7-9。

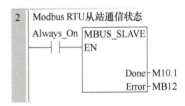

图 7-13　MBUS_SLAVE 指令

表 7-9　MBUS_SLAVE 指令错误代码含义

错误代码	含义
1	存储器范围错误
2	波特率和奇偶校验非法
3	从站地址非法
4	Modbus 参数值非法
5	保持寄存器和 Modbus 从站符号重叠
6	收到奇偶校验错误
7	收到循环冗余校验错误
8	功能请求非法或功能不支持
9	请求中的存储器地址非法
10	从站功能未启用
11	端口号无效
12	信号板端口 1 缺失或未组态

③ 在 V 存储器中为 Modbus RTU 从站指令库分配存储器，如图 7-14 所示。

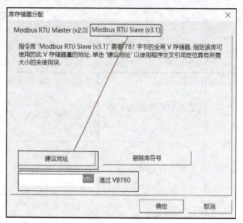

图 7-14　为 Modbus RTU 从站指令库分配存储器

Modbus 从站指令库需要 781 字节的全局 V 存储器。调用 STEP 7-Mciro/WIN SMART 指令库需要分配库存储器。库存储器是相应库的子程序和中断程序所要用到的变量存储空间。如果编程时不分配库存储器，编译时会产生许多错误。

在项目树的"项目"中，右击"程序块"选项，在弹出的快捷菜单中选择"库存储器"命令弹出"库存储器分配"对话框设置库存储器。

库存储器分配应当确保不与其他任何已使用的存储器重叠、冲突，所以一般不选择 VB0 ~ VB780，因为该区域容易被程序占用。

（4）自由口通信　S7-200 SMART PLC 本体集成的 RS485 通信端口和扩展信号板（RS485/RS232）可以设置为自由口模式。选择自由口模式后，用户程序就可以完全控制通信端口的操作，通信协议也完全受用户程序控制。S7-200 SMART PLC 本体集成的通信端口在电气上是标准的 RS485 半双工串行通信口，自由口模式可以灵活应用。STEP 7-Micro/WIN SMART 的两个指令库（USS 和 Modbus RTU）就是使用自由口模式编程实现的。在进行自由口通信程序调试时，可以使用 RS232/PPI 电缆（设置到自由口通信模式）连接计算机和 CPU，在计算机上运行串口调试软件［或者 Windows 的 Hyper Terminal（超级终端）］调试自由口程序。

自由口串行通信字符的格式见表 7-10。

表 7-10　自由口串行通信字符的格式

序号	参数
1	1 个起始位
2	7 或 8 位字符（数据字节）
3	1 个奇偶校验位，或没有校验位
4	1 个停止位

自由口通信波特率可以设置为 1200、2400、4800、9600、19200、38400、57600 或 115200。

应用自由口通信首先要把通信端口定义为自由口模式，同时设置相应的通信波特率和通信格式。用户程序通过特殊存储器 SMB30（对端口 0 即 PLC 本体集成 RS485 端口）、SMB130（对端口 1 即扩展信号板）控制通信端口的工作模式。

PLC 通信端口工作在自由口模式时，不支持其他通信协议（如 PPI）。通信端口的工作模式是可以在运行过程中由用户程序重复定义的。自由口通信的核心指令是 XMT 和 RCV 指令。自由口通信常用的中断有 RCV 指令结束中断、XMT 指令结束中断和字符接收中断。用户程序不能直接控制通信端口，而必须通过操作系统，用户程序使用通信数据缓冲区和特殊存储器与操作系统交换相关的信息。

XMT 与 RCV 指令的数据缓冲区类似，起始字节为需要发送的或接收的字符个数，随后是数据字节本身。若接收的消息中包括了起始或结束字符，则它们也算数据字节。调用 XMT 和 RCV 指令时只需要指定通信端口和数据缓冲区的起始字节地址。

需要注意的是，XMT 和 RCV 指令与网络上通信对象的"地址"无关，仅对本地的通信端口进行操作。如果网络上有多个设备，消息中必然包含地址信息，这些包含地址信息的消息才是 XMT 和 RCV 指令的处理对象。并且，由于 S7-200 SMART PLC 的通信端口是半双工 RS485 端口，XMT 和 RCV 指令不能同时有效。

1）自由口通信端口定义。SMB30（端口 0）和 SMB130（端口 1）用于定义通信端口的工作模式。当 S7-200 SMART PLC 处于运行模式时，才能进行 PPI 通信模式或自由口通信模式的选择；当 PLC 处于停止模式时，自由口通信模式被禁用，自动进入 PPI 通信模式。

通信端口工作模式如图 7-15 所示。

MSB 7							LSB 0
a	a	b	c	c	c	d	d

a	a	奇偶校验选择
0	0	无奇偶校验
0	1	偶校验
1	0	无奇偶校验
1	1	奇校验

b	通信字符的数据位
0	8 位
1	7 位

c	c	c	波特率
0	0	0	38400
0	0	1	19200
0	1	0	9600
0	1	1	4800
1	0	0	2400
1	0	1	1200
1	1	0	115200
1	1	1	57600

d	d	通信模式选择
0	0	PPI/从站模式
0	1	自由口通信模式
1	0	保留（缺省时为 PPI/从站模式）
1	1	保留（缺省时为 PPI/从站模式）

注意：当使用 PLC 集成的 RS485 端口时，设置 SMB30；当使用信号板 SB CM01 时，设置 SMB130

图 7-15　通信端口工作模式

例如，要求使用 PLC 集成的 RS485 端口，定义 S7-200 SMART PLC 通信端口 0 为自由口通信模式，8 位数据位，偶校验，波特率为 9600，则应该把 SMB30 设置为 2#01001001。

2）XMT 指令。XMT 指令用于在自由口通信模式下将发送缓冲区（TBL）的数据通过指定的通信端口（PORT）发送出去。XMT 指令一次最多可以发送 255 个字符。XMT 指令发送缓冲区格式见表 7-11。

表 7-11 XMT 指令发送缓冲区格式

字节偏移量	功能描述
0	发送字符的个数 N
1	发送的第 1 个字符
2	发送的第 2 个字符
⋮	⋮
N	发送的第 N 个字符

　　例如，S7-200 SMART PLC 每秒读取一次 PLC 实时时钟，并将年、月、日、时、分和秒数据转换成 ASCII 码，从 PLC 集成的 RS485 通信端口 0 发送出去。

　　XMT 指令应用示例程序如图 7-16 所示。程序段 1 的功能为通信接口初始化。程序段 2 的功能为使用 XMT 指令发送 PLC 实时时钟数据的 ASCII 码。

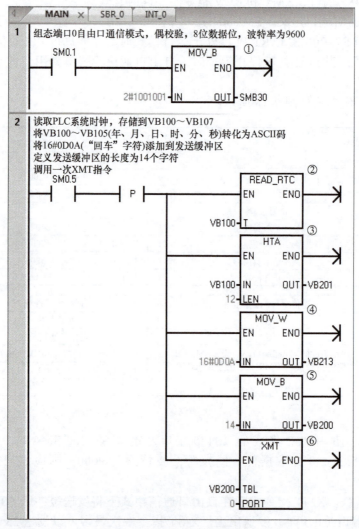

图 7-16 XMT 指令应用示例程序

程序按步骤释义如下:

① 组态 S7-200 SMART PLC 端口 0 为自由口通信模式, 偶校验, 8 位数据位, 波特率为 9600。

② 读取 PLC 系统时钟, 存储到 VB100 ~ VB107。

③ 调用 HTA 指令, 将 BCD 码存储格式的 PLC 系统时钟转化成 ASCII 码格式, 存储到 VB201 ~ VB212。

④ 将 "回车" 字符添加到 VB213 ~ VB214。

⑤ 定义发送缓冲区的长度为 14 个字符。

⑥ 将发送缓冲区的数据发送出去。

3) RCV 指令。RCV 指令所需要的控制比 XMT 指令多一些。

① RCV 指令的基本工作过程如下:

a) 当逻辑条件满足时, 启动一次 RCV 指令, 进入接收等待状态。

b) 监视通信端口, 等待设置的消息起始条件满足, 然后进入消息接收状态。

c) 若满足了设置的消息结束条件, 则结束消息, 然后退出接收状态。

所以, RCV 指令启动后并不一定接收消息, 如果没有满足让它开始接收消息的条件, 通信端口就一直处于等待接收的状态; 如果消息始终没有开始或者结束, 通信端口就一直处于接收状态。这时如果尝试执行 XMT 指令, 就不会发送任何消息。所以确保不同时执行 XMT 和 RCV 指令非常重要, 可以使用发送完成中断和接收完成中断, 在中断程序中启动另一个指令。

② RCV 指令接收缓冲区格式。RCV 指令用于在自由口通信模式下通过指定的通信端口 (PORT) 接收数据, 接收的数据存储到接收缓冲区 (TBL), 数据长度最多为 255 个字符。RCV 指令接收缓冲区格式见表 7-12。

表 7-12　RCV 指令接收缓冲区格式

字节偏移量	功能描述
0	接收字符的个数 N
1	接收的第 1 个字符
2	接收的第 2 个字符
⋮	⋮
N	接收的第 N 个字符

如果中断程序连接到接收完成事件, PLC 将在接收到最后一个字符后产生一个中断事件 (对于端口 0 为中断事件 23, 对于端口 1 为中断事件 24)。

如果不使用中断, 也可以通过监视接收消息状态字节 SMB86 (端口 0) /SMB186 (端口 1) 判断接收是否完成。SMB86/SMB186 等于 0 表示相应的通信端口正处于接收状态。接收消息状态字节 SMB86/SMB186 如图 7-17 所示。

③ RCV 指令的接收消息控制字节。执行 RCV 指令时, 必须预先使用接收消息控制字节 SMB87 (端口 0) /SMB187 (端口 1) 定义接收消息的起始和结束条件。接收消息的起始条件可以同时包含多个条件, 只有所有条件都满足才开始接收消息; 接收消息的结束

条件也可以同时包含多个条件，只要有一个条件满足就会结束消息的接收。接收消息控制字节 SMB87/SMB187 如图 7-18 所示。

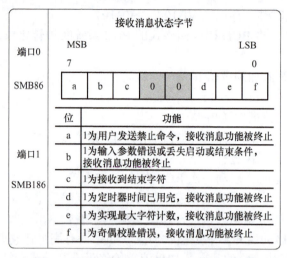

图 7-17　接收消息状态字节 SMB86/SMB186

图 7-18　接收消息控制字节 SMB87/SMB187

④ RCV 指令的起始条件和结束条件。

RCV 指令的起始条件见表 7-13。

表 7-13　RCV 指令的起始条件

il 位	sc 位	bk 位	起始条件	说明
1	0	0	空闲线检测	SMW90/SMW190 为空闲线超时（单位为 ms）
0	1	0	起始字符检测	忽略 SMW90/SMW190，SMB88/SMB188 为起始字符

（续）

il 位	sc 位	bk 位	起始条件	说明
1	1	0	空闲线和起始字符检测	SMW90/SMW190 大于 0，SMB88/SMB188 为起始字符
0	0	1	断开检测	忽略 SMW90/SMW190，忽略 SMB88/SMB188
0	1	1	断开检测和起始字符	忽略 SMW90/SMW190，SMB88/SMB188 为起始字符
1	0	0	任意字符	SMW90/SMW190 为 0，忽略 SMB88/SMB188

RCV 指令接收消息支持多种结束条件，结束条件可以是一种条件或者几种条件的组合。使用任意字符检测为 RCV 指令的起始条件时，可以选择消息定时器为 RCV 指令的结束条件。RCV 指令的结束条件见表 7-14。

表 7-14　RCV 指令的结束条件

ec 位	c/m 位	tmr 位	结束条件	说明
1	x	x	结束字符检测	SMB89/SMB189 为结束字符
x	0	1	字符间定时器	SMW92/SMW192 为超时（单位为 ms）
x	1	1	消息定时器	SMW92/SMW192 为超时（单位为 ms）
x	x	x	最大字符个数	SMB94/SMB194 为最大字符个数
x	x	x	奇偶校验	奇偶校验错误
x	x	x	用户终止	en 位为 0，SM87.7/SM187.7 为 0，同时再调用 RCV 指令，将立即终止消息接收功能

⑤ RCV 接收指令示例：S7-200 SMART PLC 集成的 RS485 端口（端口 0）实现与条码扫描枪通信。

条码扫描枪的通信端口通常为 RS232 端口，其与 S7-200 SMART PLC 集成的 RS485 端口连接时需要使用 RS232/RS485 转换设备或 RS232/PPI 多主站电缆。条码扫描枪接收到条码后会自动通过 RS232 端口发送报文，S7-200 SMART PLC 需要调用 RCV 指令接收报文，并在接收完成中断中再次使能 RCV 指令以循环接收报文。

该示例的 PLC 程序由主程序和中断程序组成。主程序梯形图如图 7-19 所示。

主程序设置了 SMB30、SMB87 和 SMW90、SMW92、SMW94。

中断程序梯形图如图 7-20 所示。

2. 拓展知识

S7-200 SMART PLC 上的通信端口在自由口模式下可以支持 USS 通信协议。这是因为 S7-200 SMART PLC 自由口模式的（硬件）字符传输格式可以定义为 USS 通信对象所需要的模式。S7-200 SMART PLC 将在 USS 通信中作为主站。

（1）USS 通信协议简介　USS 是西门子专为驱动装置开发的通信协议，即通用串行接口协议。最初 USS 用于对驱动装置进行参数化操作，即更多地面向参数设置，在驱动装置与操作面板、调试软件（如 DriveES/STARTER）的连接中得到广泛应用。近来 USS 因其协议简单、硬件要求较低，也越来越多地用于与控制器（如 PLC）的通信，实现一般水平的通信控制。

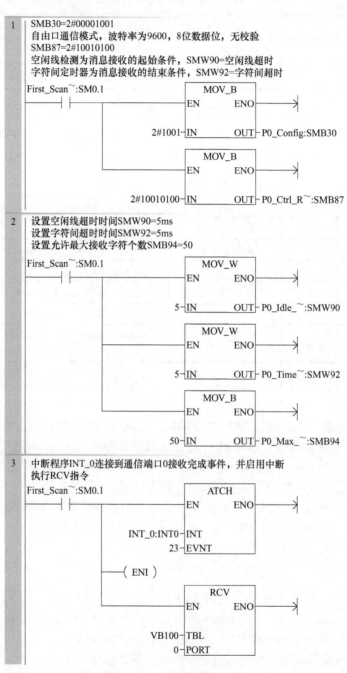

1 SMB30=2#00001001
自由口通信模式，波特率为9600，8位数据位，无校验
SMB87=2#10010100
空闲线检测为消息接收的起始条件，SMW90=空闲线超时
字符间定时器为消息接收的结束条件，SMW92=字符间超时

First_Scan~:SM0.1

MOV_B
EN   ENO
2#1001 — IN   OUT — P0_Config:SMB30

MOV_B
EN   ENO
2#10010100 — IN   OUT — P0_Ctrl_R~:SMB87

2 设置空闲线超时时间SMW90=5ms
设置字符间超时时间SMW92=5ms
设置允许最大接收字符个数SMB94=50

First_Scan~:SM0.1

MOV_W
EN   ENO
5 — IN   OUT — P0_Idle_~:SMW90

MOV_W
EN   ENO
5 — IN   OUT — P0_Time~:SMW92

MOV_B
EN   ENO
50 — IN   OUT — P0_Max_~:SMB94

3 中断程序INT_0连接到通信端口0接收完成事件，并启用中断
执行RCV指令

First_Scan~:SM0.1

ATCH
EN   ENO
INT_0:INT0 — INT
23 — EVNT

(ENI)

RCV
EN   ENO
VB100 — TBL
0 — PORT

图 7-19   主程序梯形图

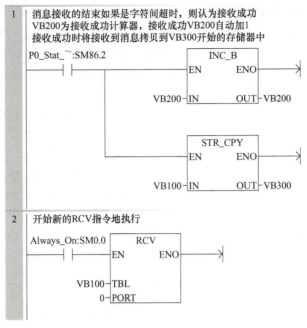

图 7-20　中断程序梯形图

1）USS 协议的基本特点：①支持多点通信；②可采用单主站的主 / 从访问机制。③一个网络上最多可以有 32 个节点（最多 31 个从站）。④具有简单可靠的报文格式，使数据传输灵活高效。⑤易实现，成本低。

2）USS 的工作机制：①通信总是由主站发起，USS 主站不断循环轮询各个从站。②从站根据收到的指令，决定是否响应以及如何响应，从站永远不会主动发送数据。③如果接收到的主站报文没有错误，并且本从站在接收到主站报文中被寻址这个条件不满足，或者主站发出的是广播报文，从站不会做任何响应。④对于主站来说，从站必须在接收到主站报文之后的一定时间内发回响应，否则主站将视为出错。

3）USS 字符帧格式。USS 在串行数据总线上的字符帧长度为 11 位，具体格式见表 7-15。连续的字符帧组成 USS 报文。在一条报文中，字符帧之间的间隔延时要小于两个字符帧的传输时间（这个时间取决于传输速率）。

表 7-15　USS 字符帧格式

起始位	数据位								校验位	停止位
1	0	1	2	3	4	5	6	7	偶	1

4）USS 报文帧格式。USS 报文帧由一连串的字符组成，具体格式如图 7-21 所示。

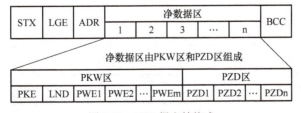

图 7-21　USS 报文帧格式

STX、LGE、ADR 和 BCC 每小格代表 1 个字符（1 字节）。STX 为起始字符，总是 02H；LGE 为报文长度；ADR 为从站地址和报文类型；BCC 为校验符。

在 ADR 和 BCC 之间的数据字节，称为 USS 的净数据。主站和从站交换的数据都包括在每条报文的净数据区域内，净数据区由 PKW 区和 PZD 区组成，净数据区每小格代表 1 个字（2 字节）。

PKW 用于读写参数值、参数定义或参数描述文本，并可修改和报告参数的改变。其中，PKE 为参数 ID（标识），包括代表主站指令和从站响应的信息以及参数号等；IND 为参数索引，主要用于与 PKE 配合定位参数；PWEm 为参数值数据。

PZD 用于在主站与从站之间传递控制和过程数据，控制参数按设定好的固定格式在主、从站之间对应往返。其中，PZD1 为主站发给从站的控制字或从站返回主站的状态字；PZD2 为主站发给从站的给定或从站返回主站的实际反馈。

（2）S7-200 SMART PLC 的 USS 通信程序设计步骤　S7-200 SMART PLC 的 USS 标准指令库包括 USS_INIT、USS_CTRL 指令和 USS 参数读写指令（USS_RPM_X、USS_WPM_X）等指令。调用这些指令时会自动增加一些子程序和中断程序。S7-200 SMART PLC 的 USS 编程主要包括以下三个步骤。

① 调用 USS_INIT 指令。首先要进行 USS 通信的初始化，使用 USS_INIT 指令初始化 USS 通信功能。USS_INIT 指令参数说明请参考西门子 PLC 手册。USS_INIT 指令的 Active 参数用来表示网络上哪些 USS 从站要被主站访问，即在主站的轮询表中激活。其次要分配库存储器地址。调用 USS_INIT 指令后就可以为 USS 指令库分配库存储器。USS 指令库需要 402 个字节的 V 存储器用于支持其工作。也可以在编程的稍后阶段分配库存储器，但这一步是必不可少的，否则程序无法通过编译。并且分配给指令库的存储器绝对不能与其他程序使用的存储器有任何重叠，否则会出错。

② 调用 USS_CTRL 指令。USS_CTRL 指令用于对单个驱动装置进行运行控制。这个指令利用了 USS 协议中的 PZD 数据传输，控制和反馈信号更新较快。网络上的每一个激活的 USS 驱动装置从站，都要在程序中调用一个独占的 USS_CTRL 指令，而且只能调用一次。需要控制的驱动装置必须在 USS_INIT 指令运行时定义为激活。

③ 调用 USS 参数读写指令。USS 指令库中共有六种参数读写指令，分别用于读写驱动装置中不同规格的参数。USS 参数读写指令见表 7-16。

表 7-16　USS 参数读写指令

序号	指令名	指令功能	数据格式
1	USS_RPM_W	读取无符号字参数	字
2	USS_RPM_D	读取无符号双字参数	双字
3	USS_RPM_R	读取浮点型参数	浮点型
4	USS_WPM_W	写入无符号字参数	字
5	USS_WPM_D	写入无符号双字参数	双字
6	USS_WPM_R	写入浮点型参数	浮点型

任务实施

1. I/O 地址分配

根据控制要求，首先确定 S7-200 SMART PLC 的 I/O 点个数，进行 I/O 地址分配。数字量输入和 Modbus 通信地址分配见表 7-17。PLC 通信控制系统外部接线示意图如图 7-22 所示。

表 7-17　数字量输入和 Modbus 通信地址分配

数字量输入			Modbus 通信地址		
符号	地址	功能	Modbus 地址	地址	功能
SB1	I0.3	起停按钮	40100	VW100	控制字
SB2	I0.4	正转按钮	40101	VW200	转速设定值
SB3	I0.5	反转按钮	40110	VW300	状态字
SB4	I0.2	测量当前转速	40111	VW400	实际转速

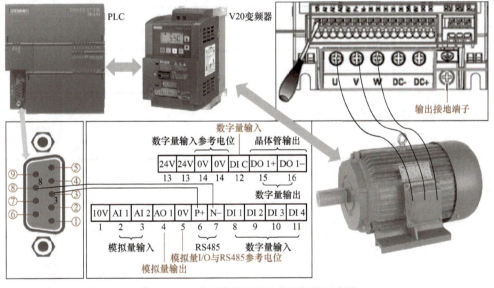

图 7-22　PLC 通信控制系统外部接线示意图

2. V20 变频器参数设置

1）三相异步电动机参数设置见表 7-18。

表 7-18　三相异步电动机参数设置

序号	参数	功能	本任务设定值
1	p0100[0]	频率选择	0
2	p0304[0]	电动机额定电压	380V
3	p0305[0]	电动机额定电流	1.12A
4	p0307[0]	电动机额定功率	0.18kW

（续）

序号	参数	功能	本任务设定值
5	p0308[0]	电动机额定功率因数	0.82
6	p0310[0]	电动机额定频率	50Hz
7	p0311[0]	电动机额定转速	1430r/min
8	p1900	选择电动机数据识别	0

2）V20 变频器连接宏参数设置（设置当前宏为 Cn011），见表 7-19。

表 7-19　V20 变频器连接宏参数设置

序号	参数	描述	Cn011 默认值	实际设置	备注
1	p0700[0]	选择命令源	5	5	RS485 为命令源
2	p1000[0]	选择频率	5	5	RS485 为速度设定值
3	p2023[0]	RS485 协议选择	2	2	Modbus RTU 协议
4	p2010[0]	USS/Modbus 波特率	6	6	波特率为 9600
5	p2021[0]	Modbus 站地址	1	1	V20 变频器的 Modbus 地址
6	p2022[0]	Modbus 应答超时	1000	1000	向主站发回应答的最大时间
7	p2014[0]	USS/Modbus 报文间断时间	100	0	接收数据时间
8	p2034	Modbus 奇偶校验	2	2	Modbus 报文奇偶校验
9	p2035	Modbus 停止位	1	1	Modbus 报文中停止位数

3）编程地址备用表见表 7-20。

表 7-20　编程地址备用表

寄存器编号		描述	访问类型	读取	写入
V20 变频器	Modbus				
99	40100	控制字 STW	读 / 写	PZD1	PZD1
100	40101	转速设定值 HSW	读 / 写	PZD2	PZD2
109	40110	状态字 ZSW	读	PZD1	
110	40111	实际转速 HIW	读	PZD2	

4）V20 变频器常用控制字见表 7-21。

表 7-21　V20 变频器常用控制字

序号	控制字	功能描述
1	16#047E	运行准备、停止
2	16#047F	正转
3	16#0C7F	反转
4	16#057E	正向点动
5	16#067E	反向点动
6	16#04FE	故障确认

通过 Modbus RTU 通信方式，用 RS485 通信端口进行报文控制，实现对电动机的起停控制、正反转控制和指定频率（转速）运转控制。

3. 设计程序

根据控制电路的要求，在计算机中编写程序，程序 1 ～ 13 如图 7-23 ～图 7-30 所示。在该程序中，采用 MBUS_CTRL 和 MBUS_MSG 指令进行定时，分步骤完成控制要求，利用多个 MBUS_MSG 指令传输数据，采用轮询机制。

程序段 1：PLC 上电初始化，16#047E 给 VW100，使电动机为上电停转状态，其他数据清 0。

程序段 1 如图 7-23 所示。

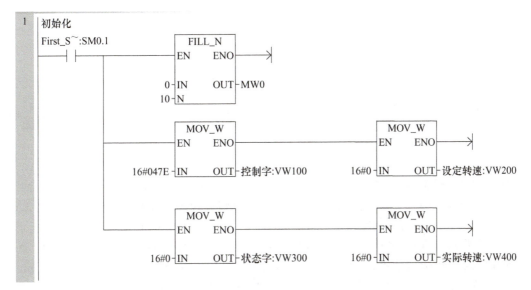

图 7-23 程序段 1

程序段 2：把程序段 2 放在程序段 3 的前面是为了得到 MBUS_CTRL 指令 Done 位的上升沿。上升沿的使用规则如下：上升沿指的是当前扫描周期的值与上一扫描周期的值做比较，上一扫描周期是 0，当前扫描周期是 1。PLC 上电后，先执行程序段 2，M0.0 为 0，当程序段 3 执行后，M0.0 变成 1，本周期执行结束后，进入下一周期时，就出现了 M0.0 的上升沿，进而使 MB10 自加 1，变成了 1。

如果将程序段 3 提到程序段 2 之前，将会出现 Done 位先一步置 1，从而致使程序段 2 中的 M0.0 常开触点在本周期为 1，而下一周期也为 1，从而不能得到 M0.0 的上升沿，使程序无法按要求完成功能。

程序段 3：调用 MBUS_CTRL 指令进行初始化、监视或禁用 Modbus 通信。在执行 MBUS_MSG 指令前，程序必须先执行 MBUS_CTRL 指令且不出现错误，该指令完成后，将 Done 位置 1，然后再继续执行下一条指令。EN 位输入接通时，每次扫描均执行该指令。此外，波特率设置为 9600，校验采用偶校验（Parity=2），因为使用的集成 RS485 接口，所以 Port 设置为 0。

程序段 2 和程序段 3 如图 7-24 所示。

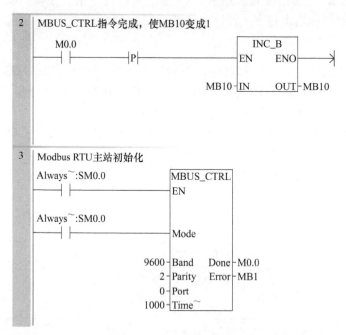

图 7-24　程序段 2 和程序段 3

　　程序段 4：MBUS_MSG 指令传输控制字数据。当程序段 2 的上升沿出现后，MB10 变成了 1。当 MB10=1 时，利用 MBUS_MSG 指令将 VW100 的数据写入从站设备（V20 变频器）地址 40100 的控制字 STW。Slave 设置为 1，表示是第 1 台从站设备；RW 设置为 1，表示要写数据；Addr 设置为 40100，表示要为 V20 变频器的 STW 写入数据。程序将 DataPtr 值以间接地址指针的形式传递到 MBUS_MSG 指令中。本任务写入 Modbus 从站设备的数据始于 PLC 的地址 VW100，所以 DataPtr 的值为 &VB100（地址 VB100）。指针必须始终是 VB 类型，即使它们指向字数据。

　　程序段 5：轮询机制语句。当程序段 4 中的 MBUS_MSG 指令完成通信设置，其 Done 位为 1 时，程序段 5 的 M0.1 出现上升沿，此时使 MB10 自加 1，变成 2，并将 M0.1 复位，从而使程序段 4 结束，为下一个 MBUS_MSG 指令的通信做好准备。

　　程序段 4 和程序段 5 如图 7-25 所示。

　　程序段 6：MBUS_MSG 指令传输转速设定值数据。当程序段 5 的上升沿出现后，MB10 变成了 2。当 MB10=2 时，利用 MBUS_MSG 指令将 VW200 的数据写入从站设备地址 40101 的转速设定值 HSW。Slave 设置为 1，表示是第 1 台从站设备；RW 设置为 1，表示要写数据；Addr 设置为 40101，表示要为 V20 变频器的 HSW 写入数据。本任务写入到 Modbus 从站设备的数据始于 PLC 的地址 VW200，所以 DataPtr 的值为 &VB200（地址 VB200）。

　　程序段 7：轮询机制语句。当程序段 6 中的 MBUS_MSG 指令完成通信设置，其 Done 位为 1 时，程序段 7 的 M0.2 出现上升沿，此时使 MB10 自加 1，变成 3，并将 M0.2 复位，从而使程序段 6 结束，为下一个 MBUS_MSG 指令的通信做好准备。

　　程序段 6 和程序段 7 如图 7-26 所示。

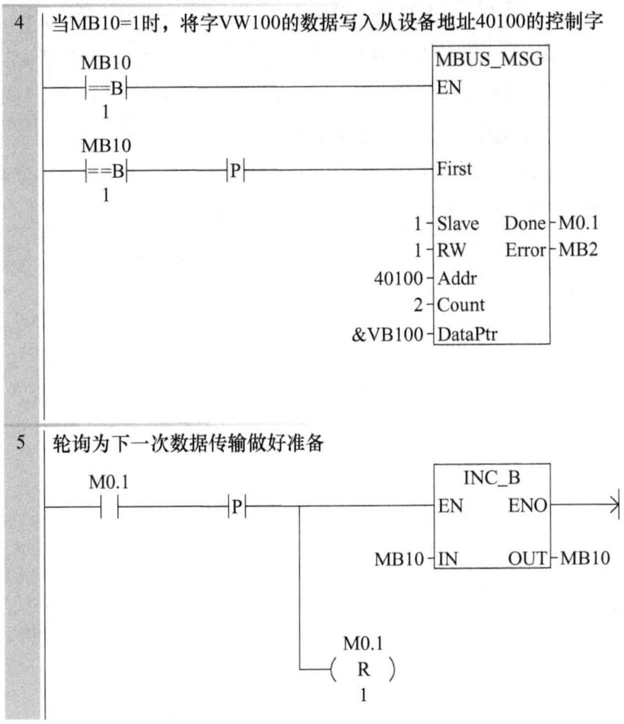

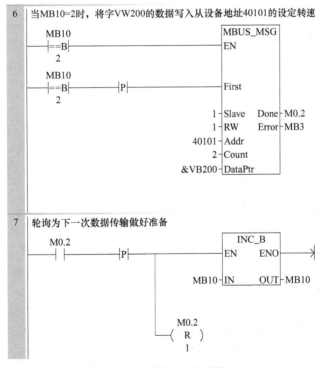

4 | 当MB10=1时，将字VW100的数据写入从设备地址40100的控制字

5 | 轮询为下一次数据传输做好准备

图 7-25 程序段 4 和程序段 5

6 | 当MB10=2时，将字VW200的数据写入从设备地址40101的设定转速

7 | 轮询为下一次数据传输做好准备

图 7-26 程序段 6 和程序段 7

程序段 8：MBUS_MSG 指令传输状态字数据。当程序段 7 的上升沿出现后，MB10 变成了 3。当 MB10=3 时，利用 MBUS_MSG 指令将 VW300 的数据写入从站设备地址 40110 的 ZSW 状态字。RW 设置为 0，表示要读数据；Addr 设置为 40110，表示要为 V20 变频器的 ZSW 写入数据。本任务读取 Modbus 从站设备的数据始于 PLC 的地址 VW300，所以 DataPtr 的值将为 &VB300（地址 VB300）。

程序段 9：轮询机制语句。当程序段 8 中的 MBUS_MSG 指令完成通信设置，其 Done 位为 1 时，程序段 9 的 M0.3 出现上升沿，此时使 MB10 自加 1，变成 4，并将 M0.3 复位，从而使程序段 8 结束，为下一个 MBUS_MSG 指令的通信做好准备。

程序段 8 和程序段 9 如图 7-27 所示。

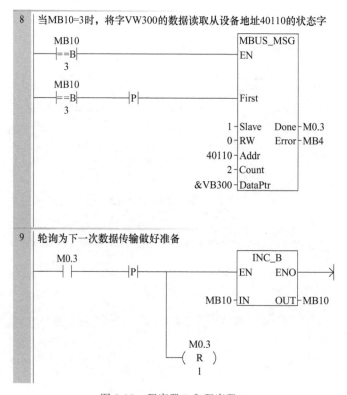

图 7-27 程序段 8 和程序段 9

程序段 10：MBUS_MSG 指令传输状态字数据。当程序段 9 的上升沿出现后，MB10 变成了 4。当 MB10=4 时，利用 MBUS_MSG 指令将 VW400 的数据写入从站设备地址 40111 的实际转速 HIW。RW 设置为 0，表示要读数据；Addr 设置为 40111，表示要为 V20 变频器的 HIW 写入数据。本任务读取 Modbus 从站设备的数据始于 PLC 的地址 VW400，则 DataPtr 的值将为 &VB400（地址 VB400）。

程序段 11：轮询机制语句。当程序段 10 中的 MBUS_MSG 指令完成通信设置，其 Done 位为 1 时，程序段 11 的 M0.4 出现上升沿，此时使 MB10 自加 1，变成 5，并将 M0.4 复位，从而使程序段 10 结束，为下一个 MBUS_MSG 指令的通信做好准备。

程序段 10 和程序段 11 如图 7-28 所示。

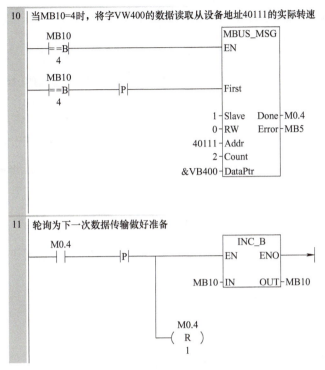

图 7-28　程序段 10 和程序段 11

程序段 12：每次按下停止、正转、反转和读取实际转速按钮进行数据重新传输，即再轮询实现一遍 MBUS_MSG 指令，进而得到 STW、HSW、ZSW 和 HIW 的最新值。程序段 12 如图 7-29 所示。

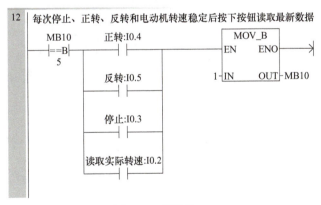

图 7-29　程序段 12

程序段 13：当按下停止、正转和反转按钮时为控制字 VW100 赋值。首先为 VW200 赋值，使变频器带动电动机按指定转速转动。按下停止按钮，将 16#047E 送到 VW100，实现电动机停转；按下正转按钮，将 16#047F 送到 VW100，实现电动机正转；按下反转按钮，将 16#0C7F 送到 VW100，实现电动机反转。程序段 13 如图 7-30 所示。

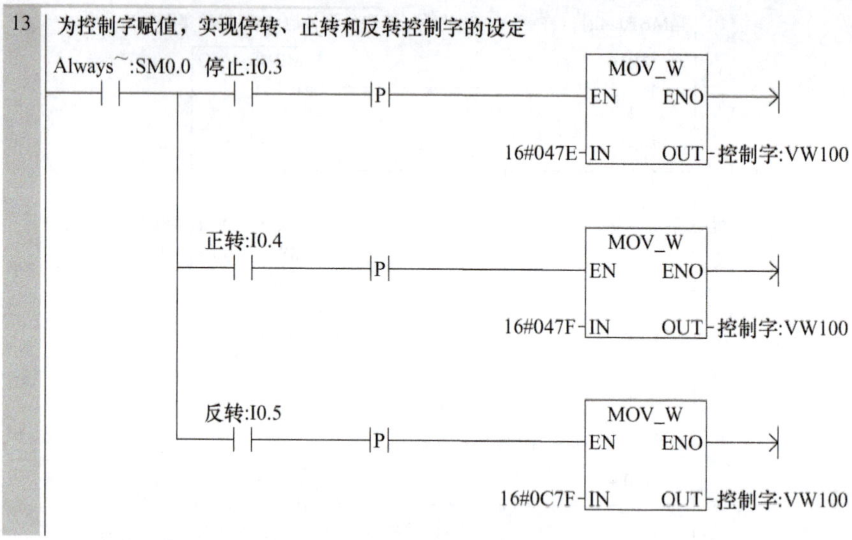

13　为控制字赋值，实现停转、正转和反转控制字的设定

Always~:SM0.0　停止:I0.3 ──| |──| |──|P|──

```
        MOV_W
    EN        ENO
16#047E─IN   OUT─控制字:VW100
```

正转:I0.4 ──| |──|P|──

```
        MOV_W
    EN        ENO
16#047F─IN   OUT─控制字:VW100
```

反转:I0.5 ──| |──|P|──

```
        MOV_W
    EN        ENO
16#0C7F─IN   OUT─控制字:VW100
```

图 7-30　程序段 13

4. 程序调试

1）设置库存储器地址。右击左侧菜单栏的"程序块"选项，单击弹出菜单的"库存储器"命令，弹出"库存储器分配"对话框，单击"建议地址"按钮，将该 286 字节的地址设置靠后一些，不要与其他 V 存储器地址产生重叠。库存储器地址分配如图 7-31 所示。

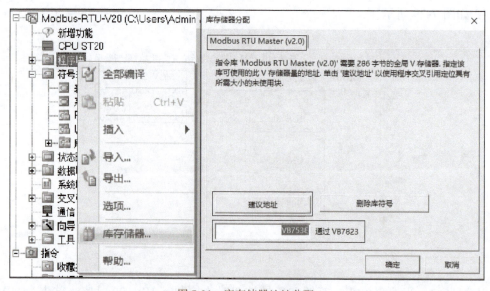

图 7-31　库存储器地址分配

2）设置 VW100、VW200、VW300 和 VW400 的状态图表。数据状态监控及强制赋值如图 7-32 所示。

图 7-32　数据状态监控及强制赋值

3）程序调试及程序运行状态监控。程序状态监控如图 7-33 所示。

图 7-33　程序状态监控

将程序编译下载到 PLC 中，然后单击图 7-33 中的"程序状态"图标，程序就进入调试状态。图 7-34 所示为 MBUS_CTRL 指令运行状态。

将变量状态图表设置成监视状态。PLC 一上电，MBUS_MSG 指令就自动经过一轮轮询，可以监控这四个关键变量的值。初始状态如图 7-35 所示。可以看到控制字 VW100 的初始状态为 16#047E，表示电动机为停止状态；设定 VW200 的初始状态为 0，状态字 VW300 的初始状态为 16#EB31，表示变频器准备就绪；因为还没给电动机设定转速，也没起动电动机，所以实际转速 VB400 也为 0。

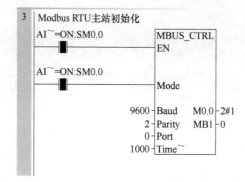

图 7-34　MBUS_CTRL 指令运行状态

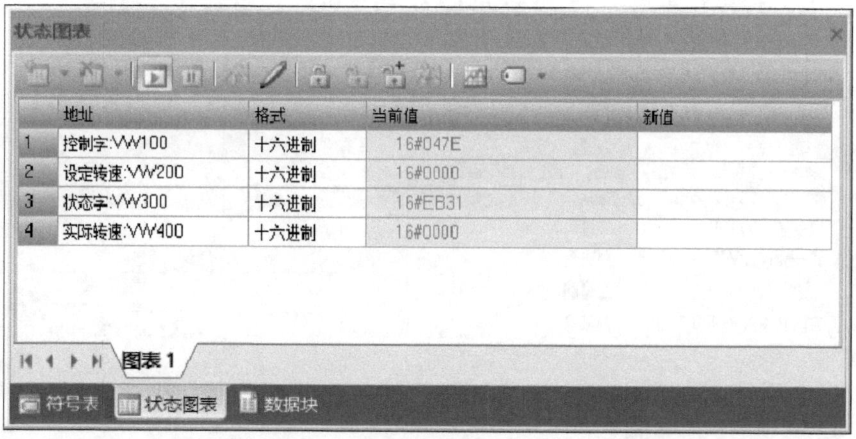

	地址	格式	当前值	新值
1	控制字:VW100	十六进制	16#047E	
2	设定转速:VW200	十六进制	16#0000	
3	状态字:VW300	十六进制	16#EB31	
4	实际转速:VW400	十六进制	16#0000	

图 7-35　初始状态

按下 SB2（I0.4）正转按钮或 SB3（I0.5）反转按钮，可以看到 VW100 的值切换成 16#047F 或 16#0C7F。未给速度时的状态如图 7-36 所示。

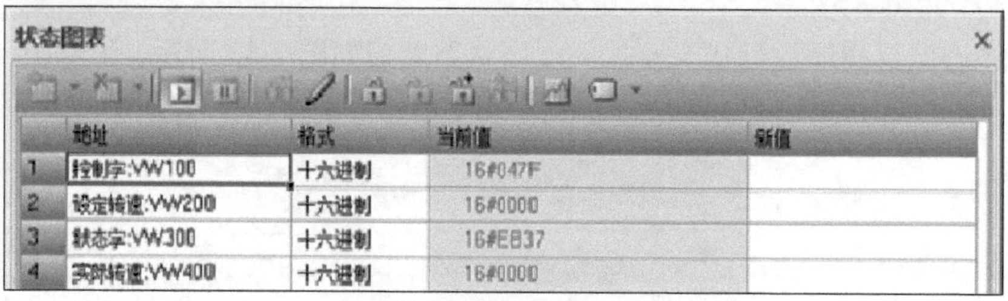

	地址	格式	当前值	新值
1	控制字:VW100	十六进制	16#047F	
2	设定转速:VW200	十六进制	16#0000	
3	状态字:VW300	十六进制	16#EB37	
4	实际转速:VW400	十六进制	16#0000	

a）按下 SB2

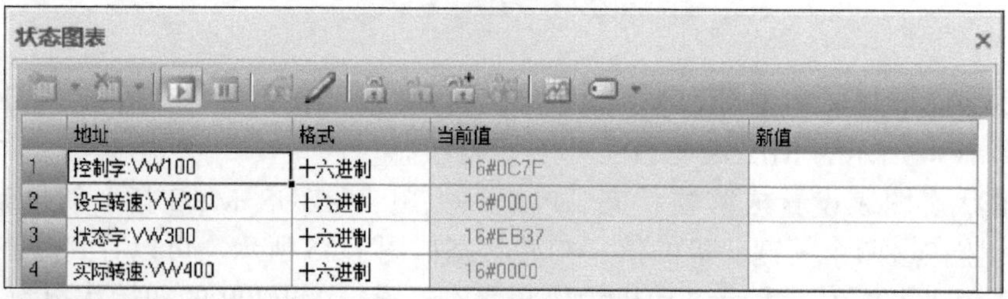

	地址	格式	当前值	新值
1	控制字:VW100	十六进制	16#0C7F	
2	设定转速:VW200	十六进制	16#0000	
3	状态字:VW300	十六进制	16#EB37	
4	实际转速:VW400	十六进制	16#0000	

b）按下 SB3

图 7-36　未给速度时的状态

设置正向转速为 50Hz（16384 或 16#4000），实际运行情况和状态图表如图 7-37 所示。经验证，V20 变频器面板显示 50Hz，电动机全速正向转动。经 VW400 反馈的值非常接近 50Hz（设定转速 16#4000 为 16384，实际转速 16#3FF8 为 16376）。

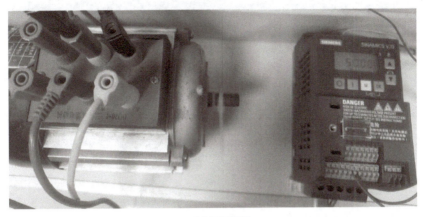

a) 实际运行情况

	地址	格式	当前值	新值
1	控制字:VW100	十六进制	16#047F 正转	
2	设定转速:VW200	十六进制	16#4000 50Hz	
3	状态字:VW300	十六进制	16#EF37	
4	实际转速:VW400	十六进制	16#3FF8 实际转速接近50Hz	

b) 状态图表

图 7-37　50Hz 正转

设置反向转速为 25Hz（−8192 或 16#2000），实际运行情况和状态图表如图 7-38 所示。

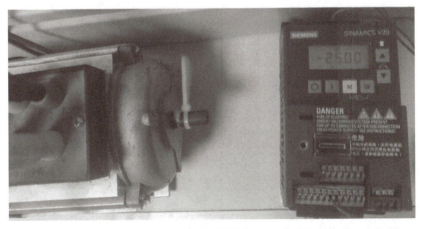

a) 实际运行情况

图 7-38　25Hz 反转

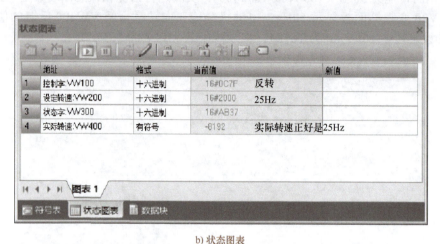

b) 状态图表

图 7-38　25Hz 反转（续）

经过上述步骤，该任务实现了 S7-200 SMART PLC 与 V20 变频器之间的 Modbus RTU 通信，并且实现了 PLC 通过 V20 变频器对三相异步电动机的正反转控制和指定频率运转控制。

任务拓展

实现两台 S7-200 SMART PLC 之间的 Modbus RTU 主 / 从通信，控制要求如下：

1）主站 PLC 的 I0.0 ～ I0.7 控制从站 PLC 的 Q0.0 ～ Q0.7。

2）从站 PLC 的 I0.0 ～ I0.7 控制主站 PLC 的 Q0.0 ～ Q0.7。

3）读取从站 PLC AIW16 所采集的数值到主站 PLC VW100 中。

4）把主站 PLC MW10 ～ MW16 中的数据写给从站 PLC VW100 ～ VW106 中。

任务示意图如图 7-39 所示。

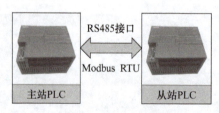

图 7-39　任务示意图

总结反思

任务 20   S7-200 SMART PLC 的以太网通信

任务描述

利用 S7 通信完成两台 S7-200 SMART PLC 之间的数据传输，其中 1 号机 IP 地址设置为 192.168.2.1，2 号机 IP 地址设置为 192.168.2.10，要求 1 号机的 VB20 与 2 号机的 VB30 能够同步变化，网络配置如图 7-40 所示。

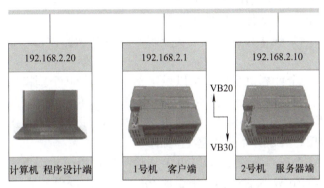

图 7-40   网络配置

任务目标

1）熟悉利用工业以太网对两个 PLC 实施的通信。

2）熟悉 S7 通信的 PUT/GET 指令及向导设置。

3）了解 Modbus TCP 通信方式。

相关知识

1.基础知识

（1）PROFINET   PROFINET 是由 PROFIBUS 国际组织（PROFIBUS International，PI）推出，由西门子公司和 PI 联合开发的新一代基于工业以太网技术的自动化总线标准。PROFINET 为自动化通信领域提供了一个完整的网络解决方案，囊括了如实时以太网、运动控制、分布式自动化、故障安全和网络安全等当前自动化领域的焦点，可以完全兼容工业以太网和现有的现场总线（如 PROFIBUS）技术。

西门子 S7
通信协议及
PUT GET 指令

PROFINET 技术定义了以下三种类型：PROFINET 1.0 基于组件的系统主要用于控制器与控制器之间的通信，PROFINET-SRT（PROFINET 软实时）系统用于控制器与 I/O 设备之间的通信，PROFINET-IRT（PROFINET 硬实时）系统用于运动控制。

在 PROFINET 的概念中，设备和工厂被分成技术模块，每个模块包括机械、电子和应用软件。这些应用软件可使用专用的编程工具进行开发并下载到相关的控制器中。这些专用软件必须实现 PROFINET 组件软件接口，能够将 PROFINET 对象定义导出为 XML（可扩展标记）语言文件，XML 文件用于输入与制造商无关的 PROFINET 连接编辑器来生成 PROFINET 元件，连接编辑器对网络上 PROFINET 元件之间的交换操作进行定义，最终连接信息通过以太网 TCP/IP 下载到 PROFINET 设备中。

PROFINET 网络与外部设备的通信是借由 PROFINET IO 实现的，PROFINET IO 定义与现场连接的外部设备的通信机能，其基础是级联性的实时概念。PROFINET IO 定义控制器（有主站机能的设备）和其他设备（有从站机能的设备）之间完整的资料交换、参数设定及诊断机能。支持 PROFIBUS 通信协定的设备可以与 PROFINET 网络无缝连接，不需要 I/O 代理器（I/O Proxy）之类的设备。

1）PROFINET IO 系统包括以下三种设备。

① I/O 控制器：控制自动化的任务工作。

② I/O 设备：一般是现场设备，受 I/O 控制器的控制和监控，一个 I/O 设备可能包括数个模组或子模组。

③ I/O 监控器：一个计算机软件，可以设定参数以及诊断个别模组的状态。

一个 I/O 设备的特性会由设备制造商在 GSD（General Station Description 通用站描述）文件中说明，所使用的语言是 GSDML（通用站描述标记语言），GSD 文件提供计算机监控软件规划 PROFINET 组态所需要的基本资料。

2）S7-200 SMART PLC 配置 PROFINET 通信一般可以分为以下三步。

① 在 STEP 7-Micro/WIN SMART 中添加 PROFINET IO 设备的 GSD 文件。

② 配置 PROFINET 向导。

③ 为 PROFINET IO 设备分配设备名称。

需要注意 S7 通信与 PROFINET 通信的关系。很多人认为 S7 通信从属于 PROFINET 通信。其实 PROFINET 是总线协议的一种，S7 通信是属于 OSI 第七层的通信协议，因此两者不能混为一谈。S7 通信可以是 PROFINET、PROFIBUS 和 MPI 等，物理接口也不限于工业以太网，可以是 RS485，它属于西门子内部协议，是不公开的；PROFINET 是通用的总线协议，物理接口是以太网，它属于国际通用协议，是公开的。

（2）S7 通信 S7 通信是需要建立连接的协议，分为单向连接和双向连接，S7-200 SMART PLC 只有 S7 单向连接功能。S7-200 SMART PLC 使用 PUT/GET 指令实现与通信伙伴的 S7 通信。PUT/GET 指令只需要在主动建立连接的 PLC 侧进行编程与配置，被动建立连接的一侧不需要任何编程，因此也称为 S7 单边通信。

S7-200 SMART PLC V2.0 以上版本支持以下功能：一个连接用于与 STEP 7-Micro/WIN SMART 软件（即程序调试计算机）的通信，八个连接用于 CPU 与 HMI 之间的通信；八个连接用于 CPU 与其他 S7-200 SMART PLC 的 CPU 之间使用 PUT/GET 指令主动连接或用于 CPU 与其他 S7-200 SMART PLC 的 CPU 之间使用 PUT/GET 指令被动连接。

1）S7-200 SMART PLC 的以太网端口有以下三个特点。

① 功能强大。S7-200 SMART PLC 以太网下载程序速度快。使用 GET/PUT 指令的 S7 通信可以实现 S7-200 SMART PLC 之间的通信、与 HMI 的通信，和与其他西门子 PLC（S7-200/300/400/1200/1500）的通信。S7-200 SMART PLC 既可以作为 S7 通信的客户端也可以作为服务器端。

S7-200 SMART PLC 之间的以太网通信类似于 S7-200 PLC 之间使用网络读写指令

NETR/NETW 的通信，但是 NETR/NETW 指令只能读写远程站点最多 16 字节的数据。PUT 指令用来将数据写入通信伙伴中，最多可写入 212 字节的数据；GET 指令用来从通信伙伴中读取数据，最多可读取 222 字节的数据。

② 硬件成本低。S7-200 PLC 为了实现以太网通信，需要配备价格昂贵的以太网模块 CP243-1，而 S7-200 SMART PLC 集成了以太网接口的功能。S7-1200 PLC 也有以太网接口，但是只能作为 S7 通信的服务器端，不能作为客户端。S7-300/400 PLC 有的 CPU 有以太网接口，但是价格很高，有的需要配价格较高的以太网模块。

③ 简洁便利。S7-200 PLC 与 S7-200 SMART PLC 的以太网 S7 通信一样，都有编程向导，但是 S7-200 PLC 的向导需要设置更多参数，如模块命令字节地址、本地和远程的传输层服务访问点（TSAP）、连接的符号名称、数据传输的符号名、是否生成循环冗余校验保护以及是否使能连接的"保持活动"功能。S7-200 SMART PLC 的 GET/PUT 向导去掉了上述冗余设置，组态参数简化到了极致。CPU 作为服务器也需要用向导组态，而 S7-200 SMART PLC 作为服务器不需要用向导组态。

2）通过指令实现 S7-200 SMART PLC 的 S7 通信。

① PUT/GET 指令。S7-200 SMART PLC 提供了 PUT/GET 指令，用于 S7-200 SMART PLC 之间的以太网通信。PUT/GET 指令只需要在主动建立连接的 CPU 中调用执行，被动建立连接的 CPU 不需要进行通信编程。PUT/GET 指令中的 TABLE 参数用于定义远程 CPU 的 IP 地址、本地 CPU 和远程 CPU 的数据区域及通信长度。PUT/GET 指令见表 7-22。

表 7-22　PUT/GET 指令

序号	指令	梯形图	功能说明
1	PUT	PUT ─EN　ENO─ ─TABLE	PUT 指令启动以太网端口上的通信操作，将数据写入远程设备
2	GET	GET ─EN　ENO─ ─TABLE	GET 指令启动以太网端口上的通信操作，从远程设备获取数据

PUT/GET 指令 TABLE 参数说明见表 7-23。

表 7-23　PUT/GET 指令 TABLE 参数说明

字节偏移量	位	功能说明
0	0～3	错误代码
	4	0
	5（E）	通信发生错误，错误原因需要查询错误代码
	6（A）	通信激活标志位
	7（D）	通信完成标志位，表示通信已经成功完成或者通信发生错误
1		远程 CPU 的 IP 地址，如 192
2		远程 CPU 的 IP 地址，如 168
3		远程 CPU 的 IP 地址，如 2

（续）

字节偏移量	位	功能说明
4	远程 CPU 的 IP 地址，如 1	
5	预留（必须设置为 0）	
6	预留（必须设置为 0）	
7～10	指向远程 CPU 通信存储器的地址指针，允许存储器包括 I、Q、M 和 V	
11	通信数据长度	
12～15	指向本地 CPU 通信存储器的地址指针，允许存储器包括 I、Q、M 和 V	

② 两个 S7-200 SMART PLC 的 S7 通信示例。

任务要求：PLC1 为主动端（服务器端），其 IP 地址为 192.168.2.1，调用 PUT/GET 指令；PLC2 为被动端（客户端），其 IP 地址为 192.168.2.2，不需调用 PUT/GET 指令。网络配置如图 7-41 所示。通信任务是把 PLC1 的实时时钟信息写到 PLC2 中，把 PLC2 中的实时时钟信息读写到 PLC1 中。

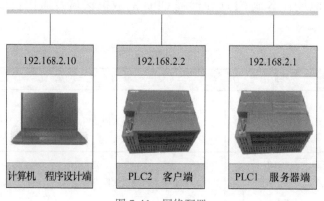

图 7-41　网络配置

首先，设置三端的 IP 地址。

设置计算机 IP 地址的方法在此节不再赘述。设置 S7-200 SMART PLC 的 IP 地址有以下两种方法。

第一种方法是利用系统块设置 PLC 的 IP 地址，如图 7-42 所示。但是该方法需要将系统块下载后，才能设置 PLC 的 IP 地址。

第二种方法是利用"通信"对话框设置 PLC 的 IP 地址，如图 7-43 所示。这样可以不经过下载系统块，直接设置 PLC 的 IP 地址。

其次，进行客户端程序设计。

PLC1 的主程序如图 7-44 所示，其中包含读取其实时时钟，初始化 PUT/GET 指令的 TABLE 参数表以及调用 PUT 指令和 GET 指令等。READ_RTC 指令用于读取 PLC1 的实时时钟指令，并将其存储到从字节地址 T 开始的 8 字节时间缓冲区中，数据格式为 BCD 码。

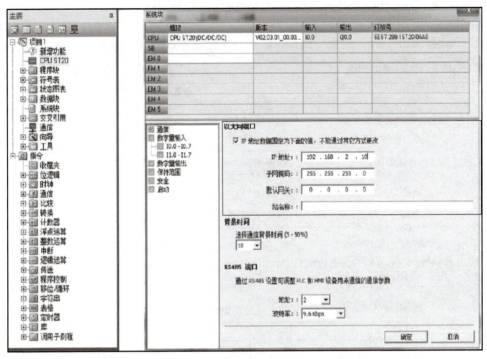

图 7-42　利用系统块设置 PLC 的 IP 地址

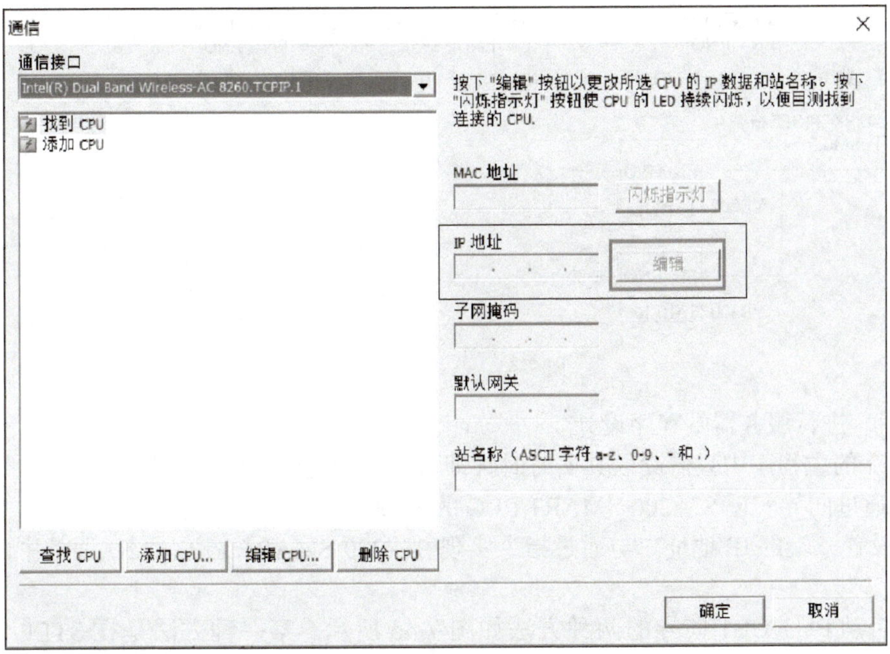

图 7-43　利用"通信"对话框设置 PLC 的 IP 地址

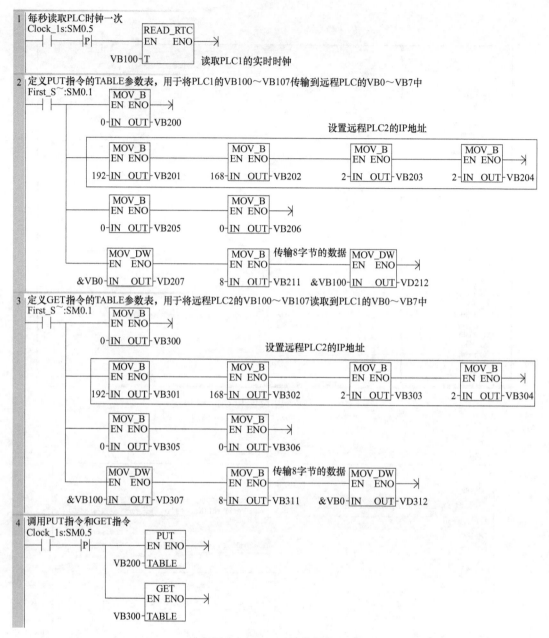

图 7-44 PLC1 的主程序

最后，进行服务器端程序设计。

PLC2 的主程序中只需读取其实时时钟即可，其他通信程序均不需要。

3）通过向导实现 S7-200 SMART PLC 的 S7 通信。

① 设置三端的 IP 地址。与通过指令实现 S7-200 SMART PLC 的 S7 通信中的设置方法相同。

② 启动 PUT/GET 向导的两种方法如图 7-45 所示。第一种方法是在 STEP 7-Micro/WIN SMART "工具" 菜单中的 "向导" 区域单击 "Get/Put" 按钮，启动 PUT/GET 向导；第二种方法是在左侧项目栏单击 "向导" 选项，双击 "向导" 选项中的 "GET/PUT" 选

项，启动 PUT/GET 向导。

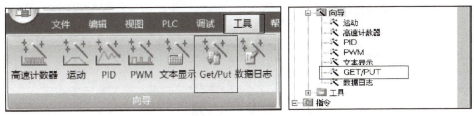

a) 第一种方法　　　　　　　　　　　　　　b) 第二种方法

图 7-45　启动 PUT/GET 向导的两种方式

③ 添加 PUT/GET 操作。先单击"Get/Put 向导"对话框的"操作"选项，打开"操作"界面如图 7-46 所示。

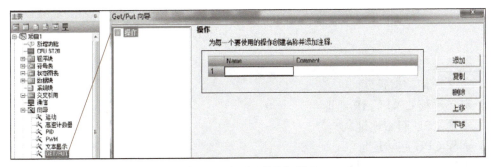

图 7-46　打开"操作"界面

添加 PUT/GET 操作，如图 7-47 所示。

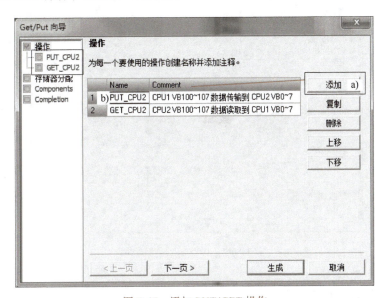

图 7-47　添加 PUT/GET 操作

a）单击"添加"按钮，添加 PUT/GET 操作。

b）为每个操作创建名称并添加注释。

④ 定义 PUT 操作，如图 7-48 所示。

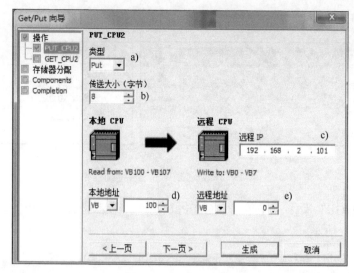

图 7-48　定义 PUT 操作

a）选择操作类型为"Put"。

b）定义通信数据长度。

c）定义远程 CPU 的 IP 地址。

d）本地 CPU 起始地址。

e）远程 CPU 起始地址。

⑤定义 GET 操作，如图 7-49 所示。

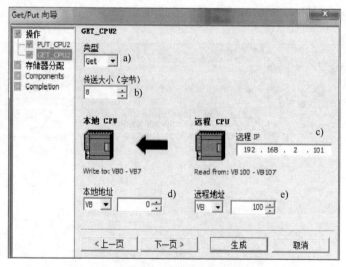

图 7-49　定义 GET 操作

a）选择操作类型为"Get"。

b）定义通信数据长度。

c）定义远程 CPU 的 IP 地址。

d）本地 CPU 的通信区域和起始地址。

e）远程 CPU 的通信区域和起始地址。

⑥ 分配存储器地址，如图 7-50 所示。

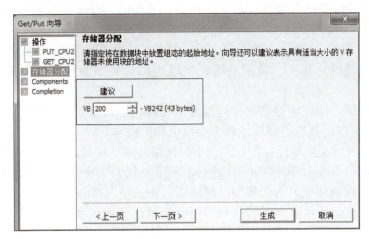

图 7-50　分配存储器地址

单击"建议"按钮，向导会自动分配存储器地址。需要确保程序中已经占用的地址、PUT/GET 向导中使用的通信区域与不能分配的存储器地址重复，否则将导致程序不能正常工作。

在图 7-50 中单击"生成"按钮，将自动生成网络读写指令及符号表。只需在主程序中调用向导生成的网络读写指令即可，如图 7-51 所示。

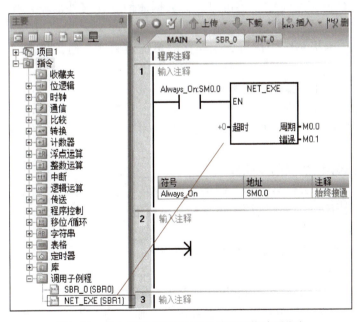

图 7-51　在主程序中调用向导生成的网络读写指令

2. 拓展知识

（1）通信基础知识

1）OSI 参考模型。通信网络的核心是 OSI（Open System Interconnection，开放式系统互连）参考模型。国际标准化组织（ISO）制定了 OSI 模型。这个模型把网络通信的工作分为七层，分别是物理层、数据链路层、网络层、传输层、会话层、表示层和应用层。一至四层是低层，这些层与数据移动密切相关；五至七层是高层，包含应用程序级的数据。每一层负责一项具体的工作，然后把数据传送到下一层。

① 物理层：定义了传输介质、连接器和信号发生器的类型，规定了物理连接的电气、机械功能特性，建立、维护和断开物理连接。典型的物理层设备有集线器和中继器。

② 数据链路层：确定传输站点物理地址以及将消息传送到协议栈，提供顺序控制和数据流向控制。典型的数据链路层设备有交换机和网桥等。

③ 网络层：进行逻辑地址寻址，实现不同网络之间的路径选择。网络层协议有 ICMP（互联网控制报文协议）、IGMP（互联网组管理协议）、IP、ARP（地址解析协议）和 RARP（反向地址解析协议）等。典型的网络层设备是路由器。

④ 传输层：定义传输数据的协议端口号，以及进行流控和差错校验。传输层协议有 TCP 和 UDP。网关是互联网设备中最复杂的，它是传输层及以上层的设备。

⑤ 会话层：建立、管理和终止会话。

⑥ 表示层：数据的表示、安全和压缩。

⑦ 应用层：网络服务与最终用户的一个接口。应用层协议有 HTTP（超文本传送协议）、FTP（文件传送协议）、TFTP（简易文件传送协议）、SMTP（简单邮件传送协议）、SNMP（简单网络管理协议）和 DNS（域名服务）等。

2）PLC 的网络术语。

① 站：在 PLC 网络系统中，将可以进行数据通信、连接外部输入和输出的物理设备称为站。

② 主站：PLC 网络系统中进行数据连接的系统控制站，通常每个网络系统只有一个主站。

③ 从站：除主站外，其他的站称为从站。

④ 远程设备站：PLC 网络系统中，能同时处理二进制位、字的从站。

⑤ 本地站：PLC 网络系统中，带有 CPU 模块并可以与主站及其他本地站进行循环传输的站。

⑥ 网关：用于不同协议的互联。

⑦ 中继器：用于放大信号，延长网络连接长度。

⑧ 路由器：用于把信息通过源地点移动到目标地点。

⑨ 交换机：用于解决通信阻塞。

⑩ 网桥：连接两个局域网的一种存储转发设备。

（2）Modbus TCP 通信

1）Modbus TCP 通信简介。Modbus TCP 通信是通过工业以太网 TCP/IP 网络传输的 Modbus 通信。S7-200 SMART PLC 采用客户端 – 服务器主从控制方法，Modbus 客户端设备通过该方法发起与 Modbus 服务器的 TCP/IP 连接。建立连接后，客户端向服务器发出请求，服务器将响应客户端的请求。客户端可请求从服务器读取部分存储器，或将一定数量的数据写入服务器的存储器中。若请求有效，则服务器响应该请求；若请求无效，则服务器会回复错误消息。

S7-200 SMART PLC 可以作为 Modbus TCP 的客户端，也可以作为服务器，不仅能实现 PLC 之间的通信，还可以与支持此通信协议的第三方设备通信。通信伙伴数量比较多的时候，可以使用交换机，扩展以太网接口。

STEP 7-Micro/WIN SMART 从 V2.4 版本起直接在软件中集成 Modbus TCP 的指令库。Modbus TCP 指令位于 STEP 7-Micro/WIN SMART 右侧项目树"指令"文件夹下的"库"文件夹中。Modbus TCP 指令分为客户端和服务器两种，如图 7-52 所示。

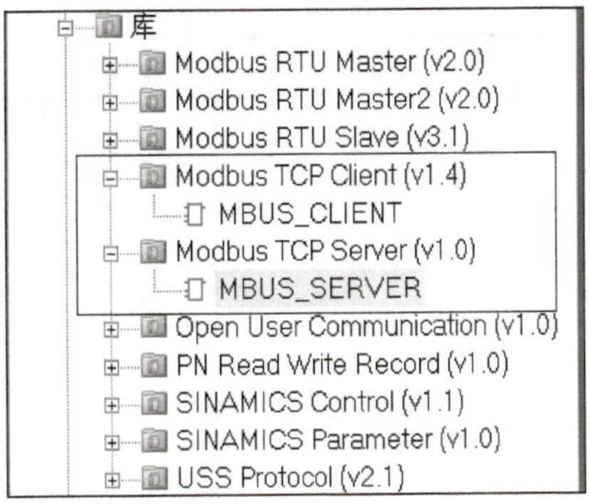

Modbus TCP 客户端占用主动连接资源，最多有八个主动连接资源，连接多个服务器时，自动生成连接 ID；有一个指令、2849 字节的程序空间和 638 字节的 V 存储器模块。

图 7-52　Modbus TCP 指令

Modbus TCP 服务器占用被动连接资源，最多有八个被动连接资源，连接多个客户端时，自动生成连接 ID；有一个指令、2969 字节的程序空间和 445 字节的 V 存储器模块。

指令库编程后，必须从 STEP 7-Micro/WIN SMART 中为使用的指令分配库存储器。

2）Modbus TCP 客户端。

① MBUS_CLIENT 指令。单击主程序中程序段 1 的编程区域，从"库"文件夹下找到 Modbus TCP 客户端指令 MBUS_CLIENT 并双击，指令就会出现在程序段中。

MBUS_CLIENT 指令见表 7-24。

表 7-24　MBUS_CLIENT 指令

指令	梯形图	功能说明
MBUS_CLIENT	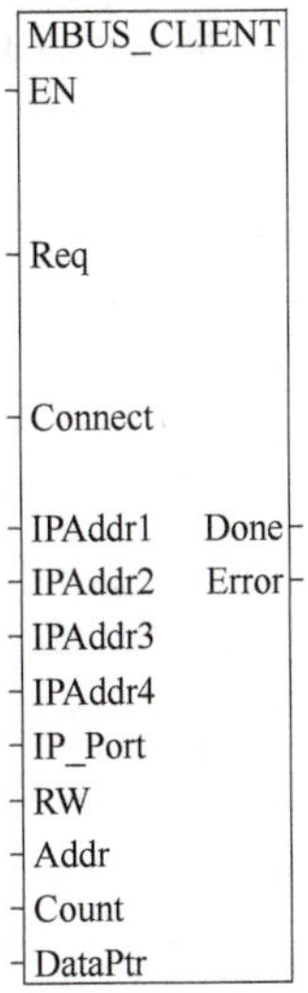 MBUS_CLIENT EN Req Connect IPAddr1　Done IPAddr2　Error IPAddr3 IPAddr4 IP_Port RW Addr Count DataPtr	MBUS_CLIENT 作为 Modbus TCP 客户端指令，通过 S7-200 SMART PLC 上的以太网端口进行通信 　MBUS_CLIENT 指令可建立客户端-服务器端连接，发送 Modbus 功能请求，接收客户端响应，以及连接至 Modbus TCP 服务器和断开与此服务器的连接 　程序执行周期每次扫描都必须调用 MBUS_CLIENT 指令，直到 Done 输出为 TRUE。在每个周期中，MBUS_CLIENT 指令均会退出，以便程序可以继续运行。当客户端完成请求时，MBUS_CLIENT 指令将 Done 设置为 TRUE

MBUS_CLIENT 指令的参数说明见表 7-25。

表 7-25　MBUS_CLIENT 指令的参数说明

序号	参数	类型	数据类型	功能说明
1	Req	输入	布尔型	1 表示向服务器发送 Modbus 请求
2	Connect	输入	布尔型	1 表示尝试与分配的 IP 地址和端口号建立连接 0 表示尝试断开已经建立的连接，忽略 Req 的任何请求

（续）

序号	参数	类型	数据类型	功能说明
3	IPAddr1 ～ 4	输入	字节	填写 Modbus TCP 服务器的 IP 地址 IPAddr1 ～ 4 为由高到低字节，例如 192.168.2.2
4	IP_Port	输入	字节	填写 Modbus TCP 服务器的端口号
5	RW	输入	字节	指定操作模式，0 为读，1 为写
6	Addr	输入	双字	要进行读写的参数的 Modbus 起始地址
7	Count	输入	整型	要进行读写的参数的数据长度 对于数字量输入，Count=1 表示 1 位，最大 1920 位；对于模拟量输入和保持寄存器，Count 最大值为 120 字
8	DataPtr	输入 / 输出	双字	数据寄存器地址指针，指向本地用于读写操作的数据寄存器的首地址
9	Done	输出	布尔型	TRUE 表示满足以下任一条件：客户端已与服务器建立连接；客户端已与服务器断开连接；客户端已接收 Modbus 响应；发生错误 FALSE 表示客户端正忙于建立连接或等待来自服务器的 Modbus 响应
10	Error	输出	布尔型	出现错误，仅一个周期有效

② 客户端程序设计。编写客户端程序，填写客户端指令参数。客户端程序如图 7-53 所示。右击"程序块"文件夹，在弹出菜单中单击"库存储器"命令，在"库存储器分配"对话框中手动输入存储器的起始地址。例如，从 VB4634 开始，以使指令库可以正常工作。确保库存储器与程序中其他已使用的地址不冲突。使用建议地址无法确定是否有地址重叠，所以推荐手动输入正确的库存储器起始地址。

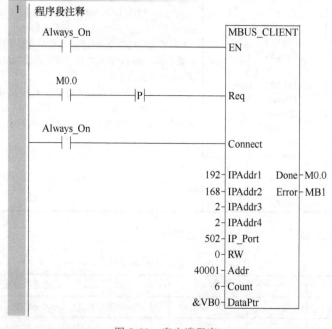

图 7-53　客户端程序

3）Modbus TCP 服务器。

① MBUS_SERVER 指令。单击主程序中程序段 1 的编程区域，从"库"文件夹下找到 Modbus TCP 服务器指令 MBUS_SERVER 并双击，指令就会出现在程序段中。

MBUS_SERVER 指令见表 7-26。

表 7-26　MBUS_SERVER 指令

指令	梯形图	功能说明
MBUS_SERVER	MBUS_SERVER EN Connect IP_Port　　Done MaxIQ　　Error MaxAI MaxHold HoldStart	MBUS_SERVER 作为 Modbus TCP 服务器指令，通过以太网端口进行通信 MBUS_SERVER 指令可接受与 Modbus TCP 客户端连接的请求，接收 Modbus 功能请求，以及发送响应消息

MBUS_SERVER 指令的参数说明见表 7-27。

表 7-27　MBUS_SERVER 指令的参数说明

序号	参数	类型	数据类型	功能说明
1	Connect	输入	布尔型	1 表示服务器接受来自客户端的请求 0 表示服务器可以断开已经建立的连接
2	IP_Port	输入	字	服务器本地端口号
3	MaxIQ	输入	字	对应数字量 I/O 点（对应 Modbus 地址参数 0xxxx 或者 1xxxx） 可设置范围：0 ~ 256 0 表示禁用对 I/O 点的所有读取和写入 建议将 MaxIQ 值设置为 256
4	MaxAI	输入	字	对应模拟量输入参数（对应 Modbus 地址参数 3xxxx） 可设置范围：0 ~ 56 0 表示禁用对模拟量输入的读取 要允许访问所有 CPU 模拟量输入，MaxAI 的建议值如下：对于 CPU CR40 和 CPU CR60，为 0；对于所有其他 CPU 型号，为 56
5	MaxHold	输入	字	用于 Modbus 地址 4xxxx 或 4yyyyy 的 V 存储器中的字保持寄存器数
6	HoldStart	输入	双字	指向 V 存储器中保持寄存器起始位置的指针
7	Done	输出	布尔型	TRUE 表示满足以下任一条件：客户端已与服务器建立连接；客户端已与服务器断开连接；客户端已接收 Modbus 响应；发生错误 FALSE 表示客户端正忙于建立连接或等待来自服务器的 Modbus 响应
8	Error	输出	布尔型	出现错误，仅一个周期有效

② 服务器程序设计。编写服务器程序，填写服务器指令参数。服务器程序如图 7-54 所示。右击"程序块"文件夹，在弹出菜单中单击"库存储器"命令，在"库存储器分配"对话框中手动输入存储器的起始地址，注意地址冲突问题。

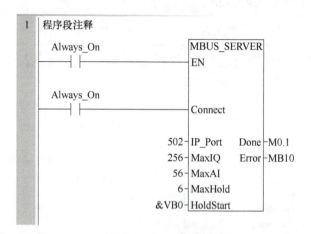

图 7-54　服务器程序

任务实施

1. IP 地址分配

根据控制要求，首先确定 S7-200 SMART PLC 的 IP 地址分配，并根据 PLC 型号进行硬件组态。IP 地址分配见表 7-28。

表 7-28　IP 地址分配

机号	说明	IP 地址
1 号	客户端	192.168.2.1
2 号	服务器	192.168.2.10
3 号	计算机程序设计端	192.168.2.20

设置三端的 IP 地址，方法与通过指令实现 S7-200 SMART PLC 的 S7 通信中的方法相同。

2. 利用通信向导设计程序

1）启动 PUT/GET 向导。

2）添加并定义 PUT/GET 操作。

① 打开"操作"界面，如图 7-55 所示。

添加两个操作：一个命名为"发送"，一个命名为"接收"，如图 7-56 所示。

② 定义"发送"操作，如图 7-57 所示。

图 7-55　打开"操作"界面

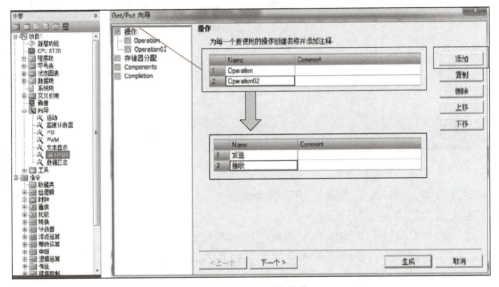

图 7-56　添加两个操作

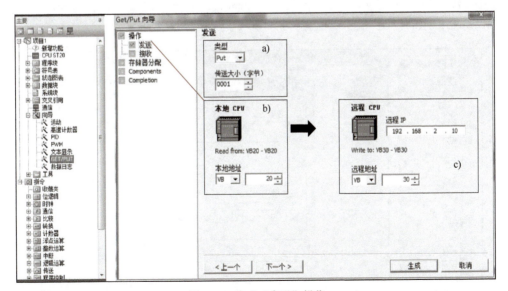

图 7-57　定义"发送"操作

a）定义类型为"Put"，传送的字节数为 1。

b）定义发送的本地 CPU 地址。

c）定义远程 CPU 的 IP 地址和接收数据的远程地址。

③定义"接收"操作，如图 7-58 所示。

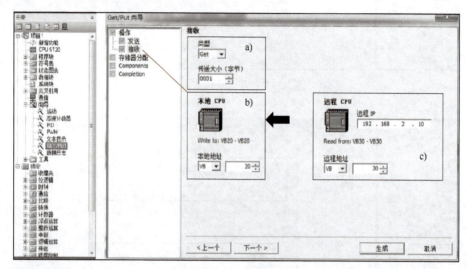

图 7-58　定义"接收"操作

a）定义类型为"Get"，传送的字节数为 1。

b）定义接收的本地 CPU 地址。

c）定义远程 CPU 的 IP 地址和发送数据的远程地址。

经过如此定义，将 1 号机的 VB20 与 2 号机的 VB30 关联，为二者同步变化做好了准备。

3）分配存储器地址，如图 7-59 所示。因为 PUT/GET 向导在应用时要占用 70 字节的 V 存储器，因此在设置其 V 存储器时，尽量向后面的未用区域设置，这样就不会发生同区域被重复占用的情况。

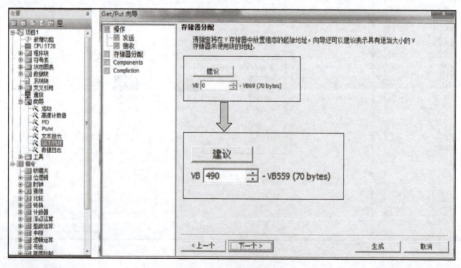

图 7-59　分配存储器地址

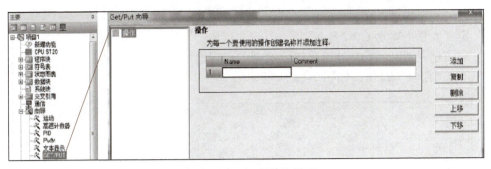

图 7-55　打开"操作"界面

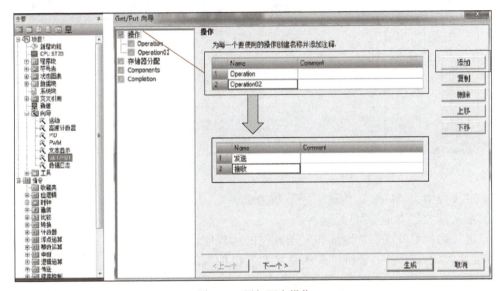

图 7-56　添加两个操作

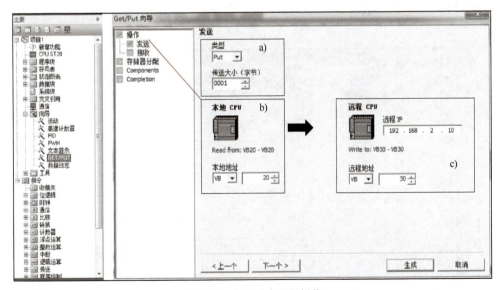

图 7-57　定义"发送"操作

a）定义类型为"Put"，传送的字节数为 1。

b）定义发送的本地 CPU 地址。

c）定义远程 CPU 的 IP 地址和接收数据的远程地址。

③定义"接收"操作，如图 7-58 所示。

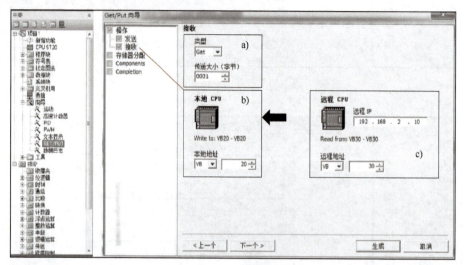

图 7-58 定义"接收"操作

a）定义类型为"Get"，传送的字节数为 1。

b）定义接收的本地 CPU 地址。

c）定义远程 CPU 的 IP 地址和发送数据的远程地址。

经过如此定义，将 1 号机的 VB20 与 2 号机的 VB30 关联，为二者同步变化做好了准备。

3）分配存储器地址，如图 7-59 所示。因为 PUT/GET 向导在应用时要占用 70 字节的 V 存储器，因此在设置其 V 存储器时，尽量向后面的未用区域设置，这样就不会发生同区域被重复占用的情况。

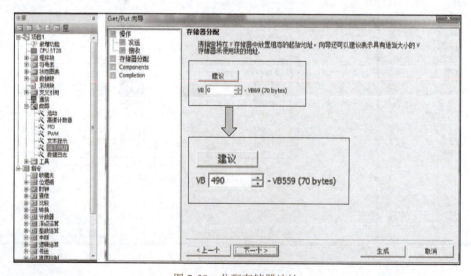

图 7-59 分配存储器地址

4）生成组件，如图 7-60 所示。单击"生成"按钮，可以生成 NET_EXE 等子程序。

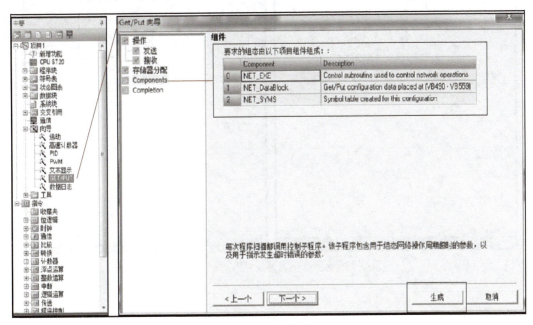

图 7-60 生成组件

5）1 号机调用向导生成的子程序。1 号机主程序及其调试如图 7-61 所示。

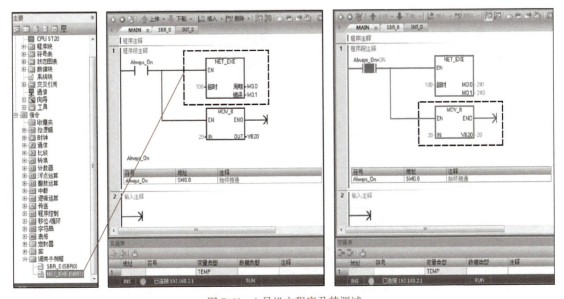

图 7-61 1 号机主程序及其调试

6）2 号机调用监视程序。2 号机监视程序及其调试如图 7-62 所示。

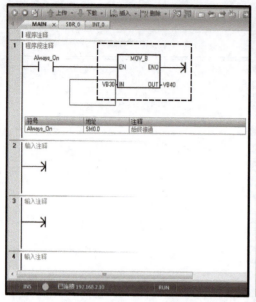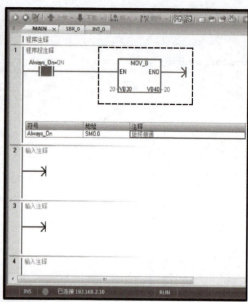

图 7-62　2 号机监视程序及其调试

任务拓展

拓展任务要求：两台 S7-200 SMART PLC，1 号机 IP 地址为 192.168.2.1，2 号机 IP 地址为 192.168.2.2，要求 1 号机 I0.0 接一个按钮，控制 2 号机 Q0.0 接的灯亮灭。任务示意图如图 7-63 所示。

图 7-63　任务示意图

总结反思

_____

_____

_____

■ 思考与练习

1. S7-200 SMART PLC 以太网通信方式有哪些？

2. S7-200 SMART PLC 串口通信方式有哪些？

3. RS485 的 9 孔接口中每一针的含义是什么？

4. Modbus 有哪两种串行传输模式?

5. S7-200 SMART PLC 提供 Modbus ASCII 通信模式的现成指令库吗?

6. Modbus 的数据帧格式是什么?

7. 如何理解 PLC 的中断机制?

8. S7-200 SMART PLC 提供的中断指令有哪些?

9. S7-200 SMART PLC 的中断时间及其分类有哪几种?

10. 如何理解中断事件的优先级?

11. 简述 S7-200 SMART PLC Modbus RTU 通信主站程序的编制方法。

12. 简述 S7-200 SMART PLC Modbus RTU 通信从站程序的编制方法。

13. 自由口串行通信字符的格式是什么?

14. USS 字符帧格式是什么?

15. 如何通过指令实现 S7-200 SMART PLC 的 S7 通信?

16. 如何使用 PUT/GET 向导实现 S7-200 SMART PLC 的 S7 通信?

17. OSI 参考模型有哪七层?

18. 计算机、PLC、HMI 的 IP 地址如何设置才能实现以太网通信?

19. 如何实现 Modbus TCP 通信?

20. 简述 S7 通信与 PROFINET 通信的关系。

参考文献

[1] 陈丽 . PLC 控制系统编程与实现 [M]. 3 版 . 北京：中国铁道出版社，2022.

[2] 廖常初 . S7-200 SMART PLC 编程及应用 [M]. 3 版 . 北京：机械工业出版社，2022.

[3] 向晓汉 . S7-200 SMART PLC 完全精通教程 [M]. 北京：机械工业出版社，2013.